Christian Nocke

Raumakustik im Alltag

Christian Nocke

Raumakustik im Alltag

Hören, Planen, Verstehen

Fraunhofer IRB Verlag

Bibliografische Information der Deutschen Nationalbibliothek:
Die Deutsche Nationalbibliothek verzeichnet diese Publikation in der Deutschen Nationalbibliografie; detaillierte bibliografische Daten sind im Internet über www.dnb.de abrufbar.

ISBN (Print): 978-3-8167-8967-3
ISBN (E-Book): 978-3-8167-8968-0

Lektorat: Sigune Meister
Redaktion: Sabine Marquardt
Herstellung: Tim Oliver Pohl, Gabriele Wicker
Layout und Satz: Christian Nocke
Umschlaggestaltung: Martin Kjer
Druck: Druckerei & Verlag Steinmeier GmbH & Co. KG, Deiningen

Bildrechte: Christian Nocke, Anne-Marie Pogoda-Dorsch

Fraunhofer-Informationszentrum
Raum und Bau IRB
Nobelstraße 12, 70569 Stuttgart
Telefon +49 711 970-2500
Telefax +49 711 970-2508
irb@irb.fraunhofer.de
www.baufachinformation.de

Inhaltsverzeichnis

Vorwort

Akustik ist die Lehre von mechanischen Schwingungen und Wellen, von deren Erzeugung, Ausbreitung, Messung und – für einen kleinen Ausschnitt von Schwingungsfrequenzen und Wellenlängen – von deren Wahrnehmung. Wir vermögen einen Teil der akustischen Naturerscheinungen mit unseren Sinnen zu erfassen. Damit wird das objektiv Physikalische mit dem subjektiv Erlebten verbunden. Der Hörbereich mechanischer Wellen ist besonders hervorzuheben aus der vielfältigen Erscheinung und breiten Anwendung akustischer Phänomene, die von langsamen seismischen Schwankungen oder wetterbedingten Luftdruckwechseln über Straßenlärm, Musik, Kommunikationsakustik, Ultraschalldiagnostik bis hin zu hochfrequenten Vibrationen in Kristallen und Halbleitern für moderne elektronische Signalverarbeitung reichen.

Akustik ist ein Teil der Physik, in der Anwendung ein Objekt der Ingenieurwissenschaft. Ohne Physik und ohne Ingenieurkunst lassen sich akustische Phänomene nicht verstehen und nur intuitiv beeinflussen. Die Geigen alter Meister oder die Akustik antiker Amphitheater wurden zwar ohne die Kenntnisse moderner physikalischer Technik in kunstvoller Vollendung gestaltet, aber es lag der Fertigung ein Wissen und langjährige Erfahrung über akustische Wellen und Schwingungen zugrunde, die nicht notwendigerweise in mathematischen Formeln festgeschrieben werden mussten. Weil Physik und Technik auch die Basis der Hörakustik sind, kann das Gehörte – sei es im Konzertsaal, sei es in der Kommunikation im Großraumbüro, sei es beim Lernen und Verstehen im Klassenzimmer – nicht ohne Kenntnis der physikalisch-technischen Grundlagen verändert werden; und »Veränderung« heißt hier im Allgemeinen eine zur »guten« Akustik. Es ist daher zu begrüßen, dass ein ausgewiesener Physiker mit umfangreicher Erfahrung in technischer Akustik sein praktisches Wissen in einem fundierten Werk zu einem wichtigen Teilgebiet der »Akustik in Räumen« veröffentlicht, nämlich zu Räumen, in denen wir uns im Alltag aufhalten: Wohnungen, Büros, Schulen, Restaurants, Mehrzweckhallen etc. Es geht hierbei nicht um ein abstraktes Lehrbuch der Akustik sondern um die konkrete

Anwendung zur Lösung alltäglicher akustischer Probleme bzw. zur nachhaltigen Planung. Sogenannte Akustikprobleme lassen sich von Anfang an vermeiden.

Weil die nutzbringende Beeinflussung akustischer Wellenausbreitung in Räumen der tieferen physikalischen Kenntnis bedarf, vermittelt das Buch zunächst die Grundlagen der Raumakustik. Eine wichtige Maßnahme, um »gute« Akustik zu erzielen, ist die differenzierte Absorption akustischer Energie – ein Gebiet, auf dem der Autor sehr erfolgreich wissenschaftlich geforscht hat. Die Grundlagen werden im Text mit der Fülle ingenieurwissenschaftlicher und technischer Erfahrung verbunden und erläutert, die in Regelwerken, Normen und Empfehlungen niedergeschrieben sind. Ein Schwerpunkt liegt – wie der Titel andeutet – in jenen Kenngrößen, die sich auf die Raumakustik beziehen. Besonders hilfreich ist es, dass sogleich auch realistische Planungsabläufe zur objektbezogenen Optimierung der Akustik einschließlich des darin befindlichen Mobiliars ausführlich beschrieben werden. In vielen Tabellen und Grafiken werden die akustischen Normen, Vorschriften und Empfehlungen so veranschaulicht, dass es auch »Nicht–Akustikern« gelingen sollte, wertvolle Hinweise in die Planung einzubeziehen. Tabellen mit akustischen Materialkenngrößen ergänzen das Werk.

Die praxisnahe Darstellung verbindet der Autor auch mit kritischen Anmerkungen zu fehlerhaften oder zumindest unzweckmäßigen Empfehlungen, die sich leider in manchen Schriften halten. Die Räume des Alltags werden oft ohne die Kenntnis entworfen und gebaut, die ein akustisch stressfreies Arbeiten, Lernen, Verweilen ermöglicht. Das Buch »Raumakustik im Alltag« ist eine hervorragende Planungshilfe für alle Menschen, die mit der Architektur, dem Bau oder dem Design der Räumlichkeiten befasst sind, in denen wir uns Tag für Tag aufhalten. Ich hoffe, dass die kenntnisreichen Ausführungen auf offene und nicht auf taube Ohren treffen!

Oldenburg, im Juni 2014

Prof. Dr. Volker Mellert

1 Einführung

Dieses Buch geht auf die raumakustischen Anforderungen in verschiedenen Räumen des Alltags ein. Die dargestellten Anforderungen, Empfehlungen und Hinweise unterstützen die Raumakustikplanung auf dem Weg zu einer »guten Akustik«. Vom heimischen Umfeld und Wohnräumen über öffentliche Räume wie Schulen bis hin zu Arbeitsräumen wie Büros wird die Bedeutung der Raumakustik erläutert. Das Hören für alle Menschen an jedem Ort zu jeder Zeit ist hierbei als Leitlinie zu verfolgen.

Die Raumakustik als Teilgebiet der Akustik beschäftigt sich mit der Schallausbreitung in Räumen. Neben der Raumform, der Gestaltung der Raumausstattung und den Festlegungen von Hörer- und Sprecherpositionen, sind für die Wahrnehmung und Bewertung der akustischen Bedingungen auch subjektive Empfindungen und Erfahrungen der Menschen in den jeweiligen Räumen von großer Bedeutung. Was eine »gute Akustik« ist, lässt sich mitunter nicht eindeutig definieren, solange nicht die subjektiven Erwartungen und Vorerfahrungen der Nutzer eines Raumes bekannt sind. Insofern wird die Raumakustik immer auch durch das Wechselspiel zwischen Nutzung und Raumgestaltung geprägt.

Die Einschätzung und Wahrnehmung der Akustik in einem Raum ist ein Vorgang, der von vielen technischen, aber auch subjektiven Faktoren beeinflusst wird. Physik, Psychoakustik, Architektur, Innenarchitektur und Raumausstattung tragen zum Gelingen einer angemessenen und letztlich zu der für die Nutzung eines Raums passenden Akustik bei. Bei der Planung und raumakustischen Gestaltung von Räumen sind neben den bautechnischen Aspekten auch die Erwartungen, Wünsche und Erfahrungen der Nutzer von großer Bedeutung. In Abbildung 1.1 sind weitere Einflussfaktoren auf die Raumakustik dargestellt. Akustisch wirksame Oberflächen müssen auch anderen bauphysikalischen Anforderungen entsprechen und stellen häufig auch ein Gestaltungselement in einem Raum dar. Effiziente Schallabsorber, die keine Lichtreflexion ermöglichen oder aber brennbar sind, wären nicht zur raumakustischen Gestaltung zu gebrauchen.

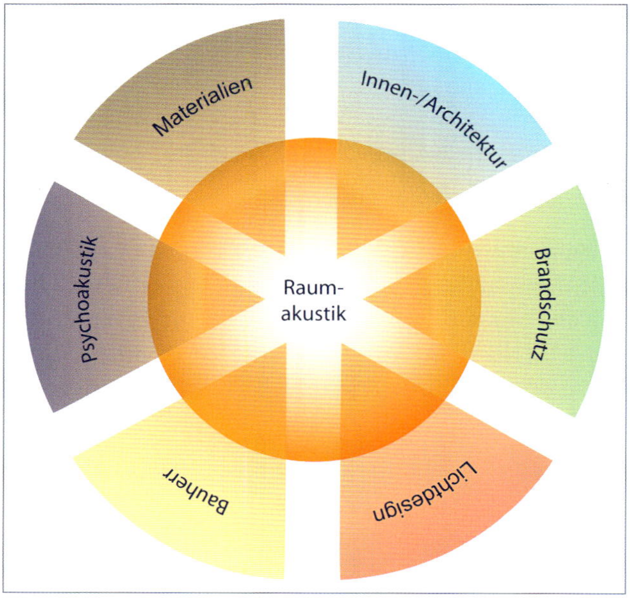

Abbildung 1.1 Einflussfaktoren auf die raumakustische Gestaltung von Räumen

Musik und Sprache, elektrisch verstärkte und unverstärkte Musik, aber auch Kommunikation und Konzentration, stellen einige Gegensätze in der raumakustischen Gestaltung von Räumen dar. Auf dieses generelle Problem der Mehrzwecknutzungen in Teilen der Raumakustik wird im Laufe dieses Buchs eingegangen. Gerade im Bereich der Musik sind vielfältigste Erwartungen und Nutzungen kaum in nur einem Raum zu vereinen. Hierzu wird in diesem Buch auf die umfangreiche Literatur zur Akustik von Räumen für Musik verwiesen. Fragen nach dem besten Konzertsaal der Welt, dem klangvollsten Opernhaus oder aber der ruhigsten Kirche sind vor diesem Hintergrund nicht sinnvoll zu stellen. Hingegen sind Erfordernisse für die Gestaltung einer angenehmen und behaglichen Akustik in Räumen des Alltags vergleichsweise leicht zu beschreiben und umzusetzen. Es mag daher erstaunen, dass immer noch viele Schulen, Restaurants, Einkaufszentren, Schwimm- und Sporthallen und andere Räume über ausgesprochen ungünstige raumakustische Bedingungen verfügen.

Der Wunsch nach Ruhe und Behaglichkeit gewinnt an vielen Orten und auch in Räumen immer mehr an Bedeutung. Unerwünschte Geräusche bzw. Lärm werden zunehmend als Belastung oder zumindest als Belästigung wahrgenommen. Demgegenüber stehen gestalterische und bauphysikalische Trends in der modernen Architektur, die angemessene raumakustische Bedingungen in Räumen regelrecht verhindern. Minimalistische, glatte und akustisch reflektierende Oberflächen, wie Beton oder Glas, aber auch thermisch aktivierte Bauteile sind Beispiele dieser Trends.

Mit diesem Buch soll Bauherren, Architekten, Innenarchitekten und anderen, für die die Raumakustik nicht den Schwerpunkt ihrer Arbeit darstellt, ein Leitfaden und eine Übersicht an die Hand gegeben werden, anhand dessen sich angemessene raumakustische Bedingungen erzielen lassen, um damit die raumakustischen Bedingungen in Räumen des alltäglichen Lebens zu verbessern.

Für dieses Ziel werden – wo es sinnvoll erscheint – Vereinfachungen getroffen und überschlägige Betrachtungen präsentiert. Dieser bewusst gewählte Ansatz soll es auch Nicht-Akustikern ermöglichen, sich dem ab und an komplex erscheinenden Thema Raumakustik zu nähern. Durch Hinweise auf vertiefende Literatur wird die Möglichkeit eröffnet, das Thema zu vertiefen.

Letztlich bedeutet raumakustische Planung eine berechenbare Tätigkeit, die als Ergebnis ein konkret messbares Resultat erzielt: im besten Fall eine der Nutzung angemessene Hörsamkeit des Raums, in dem sich die Menschen wohlfühlen, in dem sie ohne Mühe die gewünschte Kommunikation führen können und der nicht als zu laut oder zu leise empfunden wird. Zu zeigen, wie dies auch in den Räumen des Alltags gelingen kann, ist Ziel dieses Buchs.

Die einzelnen Kapitel bauen teilweise aufeinander auf. In Kapitel 2 werden die zum weiteren Verständnis der Raumakustik notwendigen Begriffe und Zusammenhänge kurz erklärt. Schalldruckpegel und Frequenz als zentrale physikalische Größen der Akustik wie auch einige Anmerkungen zur Wahrnehmung und Bewertung von Schallereignissen werden dargestellt.

In Kapitel 3 folgt nach einem kurzen Rückblick auf die Literatur zur Raumakustik eine Einführung in die Grundlagen. Schallausbreitung in Räumen wie auch die Beschreibung von Materialien aus dem Blickwinkel des Raumakustikers dienen dem Verständnis von Messverfahren zur Absorption und deren Bewertung.

Die akustischen Kenngrößen in den Räumen des Alltags werden im Kapitel 4 eingeführt und erläutert. Auch wenn eine Vielzahl von Kenngrößen inzwischen leicht gemessen oder durch Simulation berechnet werden können, genügt es in vielen Räumen mit einer geringen Anzahl der bekannten Kenngrößen zu agieren.

In Kapitel 5 werden die einschlägigen Anforderungen und Empfehlungen zur Raumakustik von Alltagsräumen zusammengefasst. Hierbei sind aktuelle Entwicklungen aus der Normung berücksichtigt, u.a. wird der aktuelle Diskussionsstand zur Neufassung der VDI-Richtlinie 2569 »Schallschutz und akustische Gestaltung im Büro« zusammengefasst. Weiterhin kommentiert dieses Kapitel die Überarbeitung der DIN 18041 »Hörsamkeit in kleinen und mittelgroßen Räumen«. Neben diesen beiden maßgeblichen Regelwerken für die Räume des Alltags werden weitere Empfehlungen und Hinweise aus anderen Quellen zusammenfassend beschrieben.

In Kapitel 6 wird das Thema raumakustische Planung behandelt. Nach einer allgemeinen Beschreibung des Ablaufs wird anhand eines konkreten Beispiels die Durchführung einer Planung demonstriert. Nachfolgend werden die Grenzen der klassischen Sabineschen Betrachtung diskutiert. Das speziell in Büros wichtige Thema Schallschirmung als auch ein Ausblick auf computergestützte Rechenverfahren zeigen mögliche Vertiefungen der raumakustischen Planung auf. Schlussendlich widmet sich das Kapitel dem Thema der HOAI, wobei der Schwerpunkt auf den Leistungsphasen und notwendigen Leistungsbildern liegt.

Den Abschluss bilden das Kapitel 7 mit Beispielen aus der Beratungspraxis des Autors sowie der Anhang mit einer umfangreichen Sammlung von Absorptionswerten, mit deren Hilfe die raumakustische Planung erleichtert wird.

Zur Lektüre des Buches sind besondere mathematische oder physikalische Kenntnisse nicht als Voraussetzung zu sehen; das gängige Schulwissen dieser Fächer sollte genügen. Die diesem Buch beigefügten Hörbeispiele zu einigen der beschriebenen Sachverhalte sind durch das an der Seite dargestellte Symbol gekennzeichnet und unter folgender Kurz-URL als Download verfügbar: http://s.fhg.de/hoerbeispiele

2 Allgemeine Begriffe der Akustik

In diesem Abschnitt werden die zum weiteren Verständnis wichtigen Begriffe und Zusammenhänge zusammengestellt und erläutert. Wissenschaftliche Grundlagen der Akustik und der Raumakustik sind nicht in diesem Buch zu finden; auf die dafür ausgelegte weiterführende Literatur wird jedoch verwiesen, sodass der Leser bei Interesse diese weiter verfolgen kann. Außer den physikalischen Grundbegriffen werden arbeitsrechtliche Begriffe und Definitionen, die speziell in Arbeits-Räumen Anwendung finden, dargestellt.

Neben den physikalischen Zusammenhängen spielt in der Raumakustik auch immer die subjektive Wahrnehmung des Gehörten eine wichtige Rolle. Daher sind im Folgenden auch einige der für die Raumakustik in Alltagsräumen wichtigen Zusammenhänge der Psychoakustik aufgeführt.

2.1 Schalldruck, Schallpegel, Pegelrechnung

Die grundlegende Frage, wie Schall als physikalisches Phänomen beschrieben werden kann, ist im Rahmen dieses Buchs nicht vertiefend zu beantworten. Hierzu sind allgemeine Definitionen und Ableitungen in der entsprechenden Fachliteratur zu den Grundlagen der Akustik [88, 96, 109, 121] oder auch der Hydrodynamik als Teilgebiet der Physik, beispielsweise in [92], zu finden.

Sehr allgemein kann Schall rein physikalisch als eine Schwingung in einem elastischen Medium beschrieben werden. Ein elastisches Medium kann ein Fluid wie Wasser oder Luft oder auch ein fester Körper wie Metall, Holz oder Stein sein. Für die Raumakustik ist die Ausbreitung von Schwingungen in Luft von Bedeutung; entsprechend wird von Luftschall gesprochen. Die teilweise wesentlich komplexeren Phänomene des Körperschalls können für die Raumakustik in diesem Zusammenhang unerwähnt bleiben.

Die Anregung der Luftschwingung kann durch eine schwingende Membran eines Lautsprechers, schwingende Saiten wie bei vielen Musikinstrumenten, die schwingenden Stimmbänder des Menschen oder auch durch andere Anregungsformen erfolgen. All diesen Anregungen ist gemeinsam, dass dem vorhandenen Luftdruck eine winzige Änderung überlagert wird. Der Luftdruck ändert sich lokal, d. h. die Luftmoleküle in einem kleinen Volumenelement werden an bestimmten Orten verdichtet. Die lokale Zunahme des Drucks bzw. der Dichte führt zwangsläufig dazu, dass sich in den dazwischen liegenden Bereichen der Druck bzw. die Dichte verringert (siehe Abbildung 2.1). Luftdruckschwankung und Dichteschwankung können in der Akustik als gleichwertig betrachtet werden. Gebiete mit niedrigem Druck entsprechen dann einer geringeren Dichte; hoher lokaler Luftdruck einer höheren lokalen Dichte. Üblicherweise erfolgt die Beschreibung von Luftschall mit Hilfe des (Schall-)Drucks.

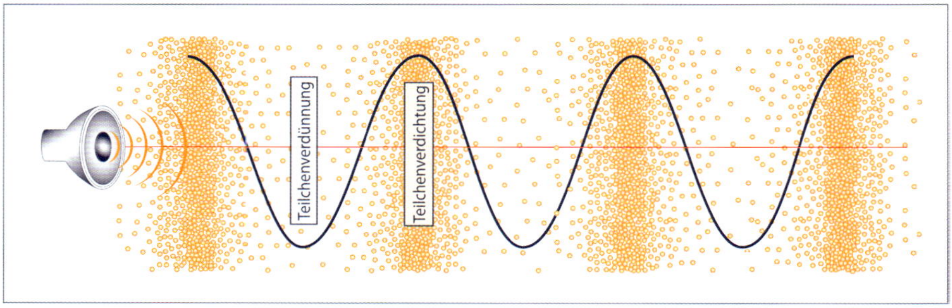

Abbildung 2.1 Schall als lokale Änderung der Luftdichte bzw. des Luftdrucks

Der Schalldruck wird in der Akustik mit dem kleinen Buchstaben p abgekürzt. Die Schwingung in der Luft, d. h. die lokale Verdichtung und Verdünnung gegenüber dem statischen Luftdruck, wird als Schallwelle bezeichnet. Der statische Luftdruck liegt typischerweise bei etwa 100 000 Pa bzw. 1 bar. Je nach Wetterlage ändert sich auch der statische Luftdruck in der Atmosphäre. Die Druckänderung, die als Schall bezeichnet wird, ist im Vergleich dazu um viele Größenordnungen geringer.

Bei vielen Anwendungen in der Akustik wird idealisiert davon ausgegangen, dass die lokale Änderung des Luftdrucks an einem Punkt im Raum ausgelöst wird. Man spricht entsprechend von Punktschallquellen. Die Verdichtung der

Luftteilchen bzw. die lokale Erhöhung und Absenkung des Luftdrucks verläuft in diesem Fall radial von der Quelle weg in alle Raumrichtungen. Punktschallquellen, die in alle Richtungen gleichmäßig Schall abstrahlen, werden auch als Kugelschallquellen bezeichnet. Man kann sich eine Art atmende Kugel vorstellen, die die kleinen Druckschwankungen auslöst. In der Abbildung 2.2 ist die radiale Ausbreitung symbolisch dargestellt.

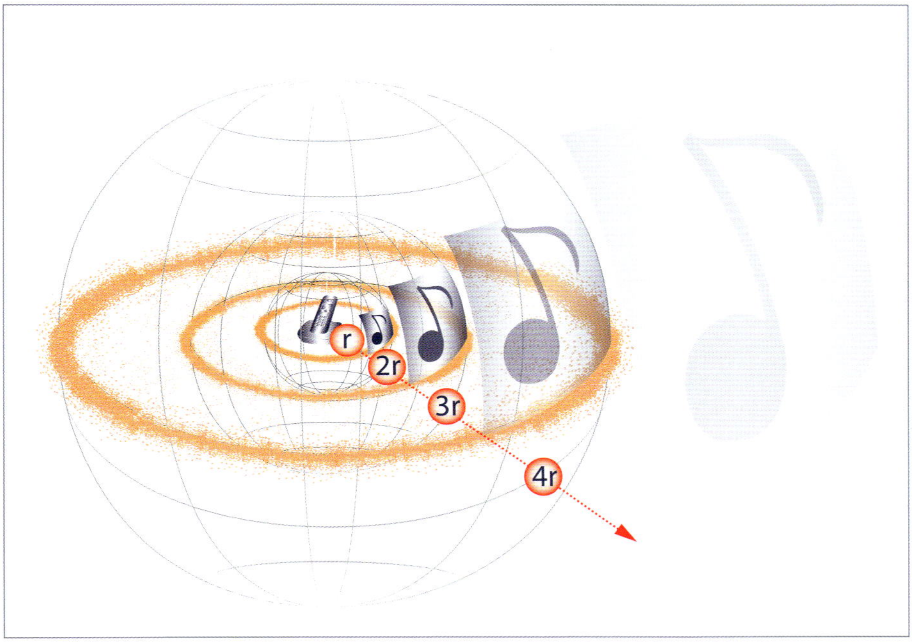

Abbildung 2.2 Kugelförmige Schallausbreitung von einer Punktschallquelle

Betrachtet man die Schalldruckänderung einer Kugelschallquelle in einem größeren Abstand, so ist die Krümmung der Kugeloberfläche zu vernachlässigen. In diesem Bereich, auch akustisches Fernfeld genannt, können die Bereiche der Verdichtung und Verdünnung als nahezu plan-parallele Flächen angenähert werden. In diesem Fall spricht man von »ebenen Schallwellen«.

In der Akustik wird im Allgemeinen nicht der Schalldruck p, die lokale Luftdruckänderung, als Kenngröße zur Beschreibung des Schalls oder auch seiner Stärke direkt verwendet. Die für Luftschall auftretenden Druckänderungen bzw. Schalldrücke umfassen typischerweise einen äußerst großen Wertebereich. Das menschliche Ohr kann bereits Druckänderungen oder Schalldrücke von 0,000002 Pa $= 2 \times 10^{-5}$ Pa = 20 μPa wahrnehmen. Schalldrücke von 10 Pa und mehr können schon bei kurzzeitiger Einwirkung zu Schädigungen des Gehörs führen. Das menschliche Ohr ist somit ein extrem empfindliches Organ, das zum einen sehr kleine Druckänderungen detektieren und zugleich einen äußerst großen Wertebereich des Drucks, auch als Dynamikbereich bezeichnet, erfassen kann.

Weitere Grundlagen zur Definition des Schalldrucks und anderer Größen wie Schallschnelle, Schallintensität etc. zur Beschreibung von Schallwellen sind der entsprechenden Fachliteratur zur Vertiefung zu entnehmen, siehe hierzu [15, 96, 110, 121, 124].

Wie bereits erwähnt, umfasst die menschliche Wahrnehmung des Schalldrucks einen sehr großen Wertebereich. Um hier nun mit einer praktikableren und besser handhabbaren Skala zu arbeiten, wurde in der Akustik das Dezibel, kurz dB, als relative Kenngröße eingeführt. Der Schalldruck wird hierbei auf einen Bezugswert bezogen und dann als Schalldruckpegel L in dB bezeichnet. Der Bezugswert p_0 entspricht in etwa dem minimal vom Menschen wahrnehmbaren Schalldruck.

Die Definition des Schalldruckpegels L_p ist gegeben durch

$$L_p = 10 \log \left(\frac{p}{p_0} \right)^2 \text{dB} = 20 \log \frac{p}{p_0} \text{dB} \qquad 2.1$$

mit dem Bezugswert oder Referenzschalldruck $p_0 = 20\ \mu$Pa. Die Umrechnung zwischen Schalldruckpegel L und Schalldruck p erfolgt durch die Umstellung der Gleichung 2.1:

$$p = p_0\ 10^{L_p/20} \qquad 2.2$$

Durch die in Gleichung 2.1 eingeführte Definition des Schalldruckpegels L_p wird durch den Bezugswert p_0, der ungefähr dem minimal vom Menschen wahrnehmbaren Schalldruck entspricht, ein Bezug zur Wahrnehmung durch den Menschen hergestellt.

Der Schalldruckpegel bezieht sich in der Regel auf eine feste Position im Raum. Möchte man eine Schallquelle anhand des Schalldruckpegels L_p beschreiben, ist es immer notwendig, die Position bzw. den Abstand zur Quelle anzugeben. Streng genommen müsste auch noch die Abstrahlcharakteristik der Schallquelle beachtet werden. Unter der Annahme einer kugelförmig abstrahlenden Schallquelle kann aus dem Schalldruck in einem bestimmten Abstand zur Schallquelle auch die von der Schallquelle abgestrahlte Schallleistung L_W berechnet werden. Rein mathematisch erfolgt dies durch die Summation bzw. Integration des Schalldrucks auf eine Kugeloberfläche um die Schallquelle herum. Es ergibt sich dann zwischen dem Schallleistungspegel L_W einer Schallquelle und dem Schalldruckpegel L_p einer kugelförmig abstrahlenden Schallquelle im Abstand r bei freier Ausbreitung der folgende Zusammenhang:

$$L_p = L_W - 20 \log r - 11 \text{ dB} \qquad 2.3$$

Diese Gleichung wird auch als Abstandsgesetz oder auch $\frac{1}{r}$-Gesetz der freien Schallausbreitung bezeichnet. Im Rest des Buchs wird lediglich der Begriff Schallpegel verwendet und bezieht sich dann immer auf Schalldruckpegel.

Eine Kugelschallquelle mit einer Schallleistung von $L_W = 75$ dB erzeugt in einem Abstand von 1 m einen Schalldruckpegel von $L_p = 64$ dB, von 2 m einen Schalldruckpegel von $L_p = 58$ dB und in einem Abstand von 4 m entsprechend $L_p = 52$ dB. Dies setzt freie und ungestörte Schallausbreitung voraus.

Wie anhand von Gleichung 2.3 erkennbar, nimmt der Schalldruckpegel einer Kugelschallquelle um 6 dB bei Verdopplung des Abstands ab. Für Schallquellen mit anderen Richtcharakteristiken, wie beispielsweise die Abstrahlung einer Flächenquelle oder einer Linienquelle, gelten andere Abminderungen des Schalls bei Zunahme des Abstands. In der Raumakustik ist es allerdings in der Regel ausreichend, von Kugelschallquellen auszugehen. Andere Richtcharakteristiken werden bei der Planung von elektroakustischen Anlagen gezielt eingesetzt.

Auch in anderen Teilgebieten der Akustik, wie der Bauakustik oder dem Schallimmissionsschutz, sind Kennwerte mit einer Angabe in Dezibel gebräuchlich. Das Schalldämm-Maß in dB oder auch der Schallleistungspegel einer Schallquelle in dB sind Beispiele, die im Rahmen dieses Buchs nicht weiter aufgegriffen und benötigt werden. All diesen Dezibel-Angaben ist gemeinsam, dass immer auf einen Bezugswert verwiesen wird und es sich um relative Größen handelt. Das Dezibel ist keine physikalische Einheit wie der Meter oder das Kilogramm, sondern gibt das Verhältnis zu einem Referenzwert an.

Die räumliche Ausbreitung der Schallwelle erfolgt in Luft mit einer Geschwindigkeit von ca. 343 m/s oder 1200 km/h. Allgemein ist die Schallausbreitungsgeschwindigkeit, oder kurz die Schallgeschwindigkeit c, vom Material bzw. Medium abhängig. In Tabelle 2.1 sind die Schallgeschwindigkeiten für verschiedene Materialien exemplarisch aufgeführt. Die Schallgeschwindigkeit weiterer Materialien ist in der Fachliteratur [66, 74, 124] zu finden.

Material	Schallgeschwindigkeit c
Luft	343 m/s
Stickstoff	346 m/s
Helium	1 005 m/s
Wasser	1 492 m/s
Stahl	5 029 m/s
Blei	1 200 m/s
Quarzglas	5 370 m/s
Beton	3 231 m/s
Holz (Tanne)	5 260 m/s

Tabelle 2.1 Schallgeschwindigkeit bei 20°C in verschiedenen Materialien

Die Schallgeschwindigkeit c in Luft ändert sich in Abhängigkeit von der Temperatur. Die Temperaturabhängigkeit der Schallgeschwindigkeit kann mit Hilfe der folgenden Formel berechnet werden:

$$c = (331 + 0{,}6\ \vartheta)\ \mathrm{m/s} \qquad 2.4$$

In dieser Formel wird die Lufttemperatur ϑ in °C eingesetzt. Bei 20°C ergibt sich demnach der in Tabelle 2.1 aufgeführte Wert von $c = 343$ m/s, bei 30°C entsprechend $c = 349$ m/s und bei 0°C dann $c = 331$ m/s. Die Schallgeschwindigkeit in Luft ändert sich somit um 0,6 m/s pro Temperaturänderung von 1°C. In der Raumakustik kann bei üblichen Raumgrößen und Temperaturschwankungen die temperaturabhängige Änderung der Schallgeschwindigkeit in der Regel vernachlässigt werden. Erst bei größeren Volumina oder aber bei höheren Ansprüchen an die Mess- oder Prognosegenauigkeit sollte der Effekt berücksichtigt werden.

Neben der Temperatur beeinflusst auch die Luftfeuchte die Schallausbreitung. Genauso wie bei der Schallausbreitung im Freien bei größeren Distanzen die atmosphärische Dämpfung zu berücksichtigen ist, wird dieser Effekt in Räumen auch erst bei größeren Raumvolumina und hohen Frequenzen wichtig.

Die DIN EN 12354-6 [41] enthält hierzu Angaben zur Dämpfung in Abhängigkeit von Temperatur und Luftfeuchte, die aus dem Bereich der Schallausbreitung im Freien abgeleitet wurden. Diese Werte sind im Abschnitt 6.2 zur Berechnung der Nachhallzeit dargestellt.

Prinzipiell breitet sich Schall stets in alle Raumrichtungen aus. Die Abstrahlung eines menschlichen Sprechers kann näherungsweise als Kugelschallquelle beschrieben werden. Eine genauere Beschreibung der Schallabstrahlung eines Menschen wird in der Regel erst dann notwendig, wenn spezielle Effekte untersucht werden sollen, die in Forschungszusammenhängen oder in Bezug auf Musik eine Rolle spielen. Hinsichtlich der Schallabstrahlung von Singstimmen und auch Musikinstrumenten sei auf das umfassende Werk von Meyer [111] verwiesen. Für die in diesem Buch behandelten Räume des Alltags genügt es davon auszugehen, dass Schallquellen kugelförmig abstrahlen. Ebenfalls ausreichend ist es anzunehmen, dass die Empfänger des Schalls eine kugelförmige Empfangs-Richtcharakteristik aufweisen.

Mit speziellen Lautsprechern bzw. Lautsprecherkombinationen lassen sich im Zusammenspiel mit einer entsprechenden Ansteuerung sehr eng begrenzte Abstrahlrichtungen des Schalls von einer Schallquelle erzeugen, sodass der abgestrahlte Schall gezielt auf bestimmte Positionen gerichtet werden kann. Dies spielt zum Beispiel bei der elektroakustischen Ausstattung von Vortragsräumen eine Rolle. Hier ist zu beachten, dass die Schallenergie mit der Entfernung von der Schallquelle deutlich abnehmen kann, in Zuhörerbereichen allerdings eine möglichst gleichmäßige Schallverteilung herrschen sollte. Die Fragestellungen in Zusammenhang mit der Beschallung von Räumen werden im Rahmen der Elektroakustik behandelt. Ebenso sind Mikrofone mit speziellen Richtcharakteristiken vorhanden, die ebenfalls eine räumlich sehr gerichtete Aufnahme bestimmter Schallereignisse ermöglichen. Spezielle Hinweise zu elektroakustischen Konzepten und Planungen sind in diesem Buch nicht aufgeführt, es wird auf die entsprechende Fachliteratur wie die Bücher von Ahnert [2, 3] oder von Weinzierl [157] verwiesen. Eine hilfreiche Übersicht liefert die Publikation der Schweizerischen Gesellschaft für Akustik [143] »Beschallungsanlagen für Sprache«.

Aus der logarithmischen Definition der Dezibelskala ergeben sich besondere Regeln beim Rechnen mit Schalldruckpegeln, die der einschlägigen Fachliteratur im Detail zu entnehmen sind [15, 121]. Die Addition von Schalldruckpegeln basiert auf der Addition der zugehörigen Schalldrücke, d. h. zunächst wird aus dem Schalldruckpegel der Schalldruck nach Gleichung 2.2 berechnet. Anschließend werden die Schalldrücke addiert und der damit bestimmte Gesamt-Schalldruck wieder in einen Gesamt-Schalldruckpegel L_{ges} umgerechnet. Für die Addition gilt somit:

$$L_{ges} = 10 \log \sum_{j=1}^{n} 10^{L_j/10} \text{ dB} \tag{2.5}$$

Hierbei kann jeder der n Schalldruckpegel L_j einen anderen Wert haben. Für den Gesamtpegel von n gleichen Schalldruckpegeln L_i lässt sich die Vereinfachung der Berechnung wie folgt angeben:

$$L_{ges} \approx L_i + 10 \log n \text{ dB} \tag{2.6}$$

Bei zwei gleichen Pegeln, d. h. $n = 2$, ergibt sich hieraus unmittelbar, dass die
1 Summe zweier gleich lauter Schallquellen um $10 \log 2 \text{ dB} = 3 \text{ dB}$ höher ist als der Ausgangspegel. Bei gleichen Schallpegeln, wie sie bei identischen Geräten oder Schallquellen vorhanden sind, lässt sich neben der Zunahme um 3 dB bei einer Verdopplung der Anzahl der Geräte auch festhalten, dass es bei einer Verzehnfachung zu einer Zunahme um 10 dB kommt. Im Hinblick auf die Wirkung von Lärm entspricht eine Zunahme um 10 dB einer Verdopplung der
2 Lautstärkewahrnehmung, siehe hierzu Abschnitt 2.3 zur Wahrnehmung von Schall. Auch im Hinblick auf die Pegelminderung durch abschirmende Elemente sind diese Pegeländerungen zu Vergleichszwecken hilfreich.

Differenz zwischen den Pegeln	**Pegelzunahme (zum höheren Pegel addieren)**
0 dB bis 1 dB	+3 dB
2 dB bis 3 dB	+2 dB
4 dB bis 9 dB	+1 dB
10 dB und mehr	+0 dB

Tabelle 2.2 Merkregel zur Addition von Schallpegeln

Aus der Gleichung 2.5 lassen sich die Gesamtpegel einer beliebigen Anzahl von Schallquellen mit unterschiedlichen Pegeln errechnen. Für überschlägige Abschätzungen zur Addition von Schallpegeln ist die in Tabelle 2.2 dargestellte Merkregel hilfreich, die sich unmittelbar aus Gleichung 2.5 mit $n = 2$ ergibt. Bei einer Differenz von 10 dB oder mehr ist der höhere Pegel so dominant, dass es zu keiner Erhöhung des Gesamtpegels kommt. Die Merkregel erlaubt es ebenfalls, dass überschlägig mehr als zwei Pegel addiert werden, indem schrittweise immer zwei Pegel addiert werden und zu dem Ergebnis dann wiederum der nächste Wert addiert wird. Die Reihenfolge der Addition ist dabei egal.

Drei Maschinen mit Pegeln von 45 dB, 55 dB und 57 dB führen zu einem Gesamt-Pegel von 59 dB. Die Summe aus 55 dB und 57 dB ergibt nach der Merkregel einen Wert von 59 dB; da der dritte Pegel dann mehr als 10 dB Differenz aufweist, folgt keine weitere Zunahme.

2.2 Frequenz, Tonhöhe, Wellenlänge

Die räumliche Ausbreitung von Schallwellen führt an einem festen Bezugspunkt dazu, dass der Schalldruck zeitlich variiert, siehe Abbildung 2.2. Die Anzahl der Schwingungen pro Sekunde wird als Frequenz f bezeichnet. Die physikalische Einheit der Frequenz ist das Hertz, abgekürzt 1 Hz. Ein Schallereignis mit einer Frequenz von 1000 Hz bzw. 1 kHz zeigt an einem festen Ort somit pro Sekunde 1000 Luftdruckwechsel auf, die je nach Amplitude der Auslenkung, also dem Schalldruck oder auch Schallpegel in dB, unterschiedlich stark sein kann.

In der Abbildung 2.3 ist die räumlich auftretende Zu- und Abnahme der Dichte bzw. des Luftdrucks dargestellt. Wie beim Zeitsignal an einem festen Ort zeigt sich auch in der räumlichen Ausbreitung eine Periodizität. Die räumliche Wiederholung wird durch die Wellenlänge λ beschrieben.

Für den in der Raumakustik auftretenden Luftschall besteht ein fester Zusammenhang zwischen der Frequenz f, der Wellenlänge λ und der Schallgeschwindigkeit c. Es gilt:

$$c = \lambda \times f \qquad 2.7$$

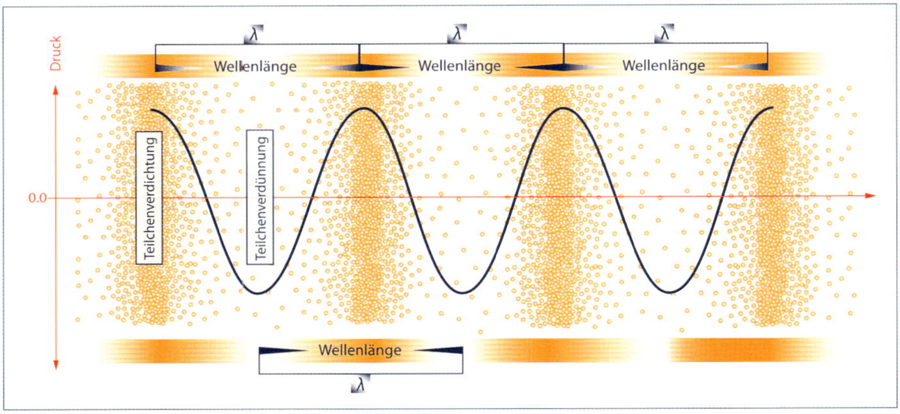

Abbildung 2.3 Schall als lokale Änderung der Luftdichte bzw. des Luftdrucks. Die Wellenlänge λ beschreibt die Periodizität der Wellenausbreitung im Raum.

Zu jeder Frequenz f des Luftschalls kann mit Gleichung 2.7 die Wellenlänge λ berechnet werden. Während bei tiefen Frequenzen die Wellenlängen im Bereich von einigen Metern liegen, beträgt die Wellenlänge bei höheren Frequenzen wenige Zentimeter, siehe Abbildung 2.4. Für die raumakustische Gestaltung von Räumen, wie auch die Dimensionierung von schallabsorbierenden, schallschirmenden oder auch schallreflektierenden Aufbauten, ist der große Wellenlängenbereich von besonderer Bedeutung, da die Größenordnung der Wellenlängen tiefer Frequenzen im Bereich der geometrischen Abmessungen von Räumen und deren Einrichtung liegt.

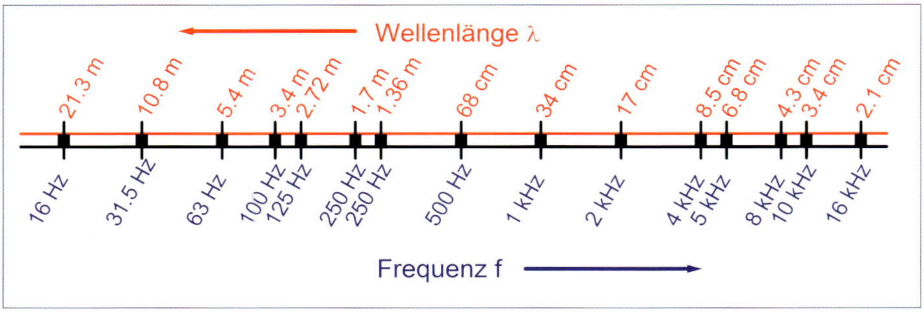

Abbildung 2.4 Frequenz f und Wellenlänge λ von Luftschallwellen nach Gl. 2.7

Raumakustische Vorgänge oder Phänomene sind grundsätzlich immer in Abhängigkeit von der Frequenz zu betrachten, da sowohl die Abmessungen als auch die Oberflächen von Elementen in einem Raum die Schallausbreitung je nach Wellenlänge bzw. Frequenz in unterschiedlicher Weise beeinflussen.

> Ein Schallabsorber, der für hohe Frequenzen, also kurze Wellenlängen, sehr wirksam ist, zeigt mitunter für tiefe Frequenzen keinerlei Absorptionswirkung.

Die Frequenz eines Schallereignisses wird vom Menschen als Tonhöhe emp-
funden. Der Mensch kann Frequenzen von ca. 16 Hz bis ca. 20 000 Hz wahr- 3
nehmen. Dieser Frequenzbereich wird als Hörbereich bezeichnet. Beachtlich 4
ist das Verhältnis von unterer zu oberer Grenze von mehr als 1 : 1 000. Es ist anzumerken, dass eine altersbedingte Abnahme der oberen Frequenzgrenze zu beobachten ist, die allerdings individuell recht unterschiedlich ausfallen kann. Sehr vielschichtig, auch hinsichtlich der Frequenzwahrnehmung, sind krankheitsbedingte oder anders ausgelöste Hörstörungen.

Schallereignisse unterhalb des Hörbereichs, unter 16 Hz, werden als Infraschall und oberhalb von 16 000 Hz = 16 kHz als Ultraschall bezeichnet [30]. In den Bereich das Infraschalls fallen auch Erschütterungen und Vibrationswahrnehmungen. Im Ultraschallbereich wird auch von Hyperschall gesprochen.

Musik umfasst in der Regel einen ähnlichen Frequenzbereich wie der Hörbereich. Menschliche Stimmen können bei sehr tiefen Stimmlagen unter 100 Hz beginnen und erreichen auf der anderen Seite Frequenzanteile bis zu 8 000 Hz.

In der Raumakustik der Alltagsräume wird in der Regel der Teil des Hörbereichs abgedeckt, der sich auf Sprache bzw. Kommunikation bezieht. Technisch wird der Frequenzbereich von 100 Hz bis 5 000 Hz betrachtet, der je nach Erfordernis auch größer gewählt werden kann. Damit ist dann der für die menschliche Sprach-Kommunikation wichtige Bereich von 200 Hz bis 2 000 Hz abgedeckt. Die stärksten Frequenzanteile gesprochener Sprache liegen zwischen 300 Hz und 500 Hz [93]. Die verschiedenen Frequenzbereiche sind in der Abbildung 2.5 vergleichend dargestellt.

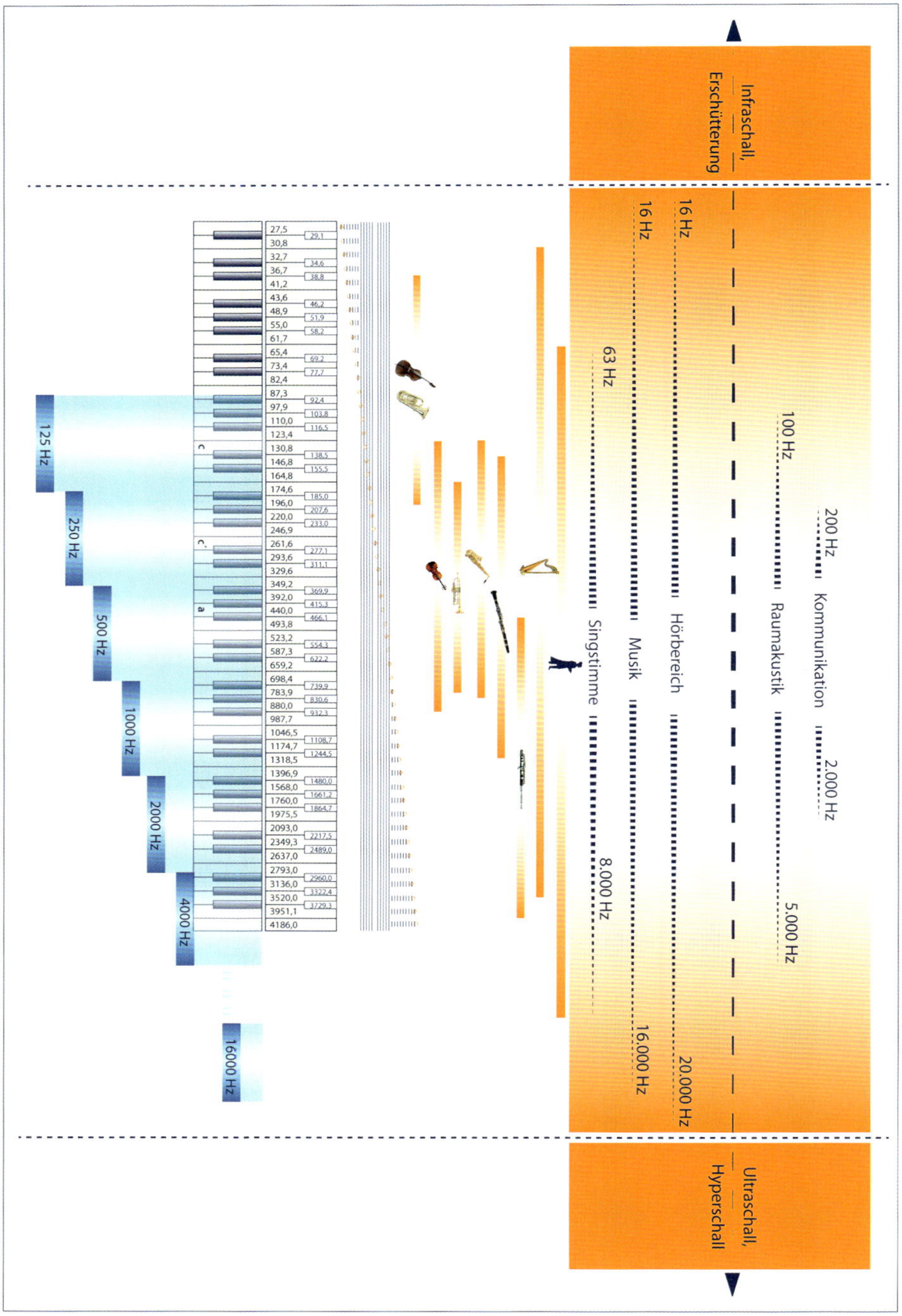

Abbildung 2.5 Beispiele für Frequenzen und Frequenzbereiche

Ton temperierte Stimmung	**Terzen**			**A-Bew.**	**Oktaven**		
	f_u	f_m	f_o	Δ_n	f_u	f_m	f_o
	14,1	16	17,8	−56,7	11	16	22
	17,8	20	22,4	−50,5			
	22,4	25	28,2	−44,7			
C_1 (33 Hz)	28,2	31,5	35,5	−39,4	22	31,5	44
	35,5	40	44,7	−34,6			
	44,7	50	56,2	−30,2			
C (65 Hz)	56,2	63	70,7	−26,2	44	63	88
	70,7	80	89,1	−22,5			
	89,1	100	112	−19,1			
c (131 Hz)	112	125	141	−16,1	88	125	177
	141	160	178	−13,4			
	178	200	224	−10,9			
c^1 (262 Hz)	224	250	282	−8,6	177	250	255
	282	315	355	−6,6			
	355	400	447	−4,8			
c^2 (523 Hz)	447	500	562	−3,2	355	500	710
	562	630	708	−1,9			
	708	800	891	−0,9			
c^3 (1 047 Hz)	891	1 000	1 122	0,0	710	1 000	1 420
	1 122	1 250	1 413	0,6			
	1 413	1 600	1 778	1,0			
c^4 (2 093 Hz)	1 778	2 000	2 239	1,2	1 420	2 000	2 840
	2 239	2 500	2 818	1,2			
	2 818	3 150	3 548	1,2			
c^2 (4 186 Hz)	3 548	4 000	4 467	1,0	2 840	4 000	5 680
	4 467	5 000	5 623	0,5			
	5 623	6 300	7 079	−0,1			
	7 079	8 000	8 913	−1,1	5 680	8 000	11 360
	8 913	10 000	11 220	−2,5			
	11 220	12 500	14 130	−4,3			
	14 130	16 000	17 780	−6,6	11 360	16 000	22 720
	17 780	20 000	22 390	−9,2			

Tabelle 2.3 Mittenfrequenzen f_m für Terzen und Oktaven mit unterer und oberer Frequenzgrenze f_u und f_o in Hz sowie Abschwächung Δ_n in dB für A-Bewertung

Analog den Grundbegriffen in der Musik wird auch in der Akustik bei der Beschreibung verschiedener Frequenzbereiche eine Unterteilung in Oktaven und Terzen verwendet. Wie in in der Musik entspricht die Oktave dabei einer Verdopplung bzw. Halbierung der Frequenz entsprechend einem Verhältnis von 1 : 2. Eine Terz in der Akustik entspricht einem Frequenzverhältnis von 4 : 5, was in der Musik auch als »große« Terz bezeichnet wird.

Für Frequenzanalysen wurde mit der DIN EN ISO 266 [54] eine Festlegung von Norm-Frequenzen getroffen, die jeweils die Mittenfrequenz des entsprechenden Intervalls definieren. Ausgehend von 1 000 Hz ergibt sich dann die Folge der Oktav-Mittenfrequenzen oder auch Terz-Mittenfrequenzen. Das Frequenzintervall wird umgangssprachlich vereinfachend als Oktave bezeichnet, d. h. mit dem Begriff »1 kHz-Oktave« ist das Oktav-Intervall der 1 kHz-Oktav-Mittenfrequenz gemeint.

In Tabelle 2.3 sind die Terzen und Oktaven von 16 Hz bis 20 000 Hz jeweils mit der zugehörigen Frequenzuntergrenze f_u und -obergrenze f_o angeführt. Weiterhin sind einige musikalische Töne und deren Grundfrequenz angegeben. Während in der Musik ausgehend vom Kammerton a^1 eine Oktave für die weit verbreitete temperierte Stimmung in zwölf gleich große Intervalle unterteilt wird, verwendet die technische Akustik nach DIN EN ISO 266 [54] die Referenzfrequenz 1 000 Hz. Durch diese verschiedenen Bezugsfrequenzen in der Musik und in der Technik kommt es zu einer Verschiebung der beiden Frequenzskalen gegeneinander.

Ebenso große Bedeutung wie der Schallpegel hat auch die Frequenzzusammensetzung des Schalls: kurz das Spektrum. Schall mit nur einer Frequenz
5 wird als reiner Ton bezeichnet. Das Zeitsignal hat einen sinusförmigen Verlauf. Im Spektrum zeigt sich demnach nur eine einzelne Linie bei der Frequenz des Tons. Die Amplitude oder auch Auslenkung des Sinus-Signals im Zeitbereich wird im Spektrum durch die Höhe der Spektrallinie gekennzeichnet. Die beiden Darstellungen im Zeitbereich oder Frequenzbereich des Schallereignisses sind somit gleichwertig. Zeitsignal und zugehöriges Spektrum für einen Sinuston sind skizzenhaft in Abbildung 2.6 dargestellt.

6 Ein Klang umfasst mehrere Frequenzen, die zueinander in einem festen Bezug stehen, meist Vielfache der niedrigsten Frequenz sind. Es zeigen sich dann entsprechend im Spektrum eines solchen Schalls mehrere Frequenzen. An der

Stärke der Frequenzlinien zueinander kann erkannt werden, wo der stärkste tonale Anteil liegt. Im Zeitbereich kann, wenn nur wenige Frequenzen den Klang ausmachen, mitunter noch die Frequenzzusammensetzung erkannt werden. Beliebige Schallereignisse, auch Geräusche genannt, umfassen in der Regel viele Frequenzen, die nicht in einem bestimmten Verhältnis zueinander stehen. Die Frequenzanalyse von Schallereignissen erfolgt durch eine frequenz- 7

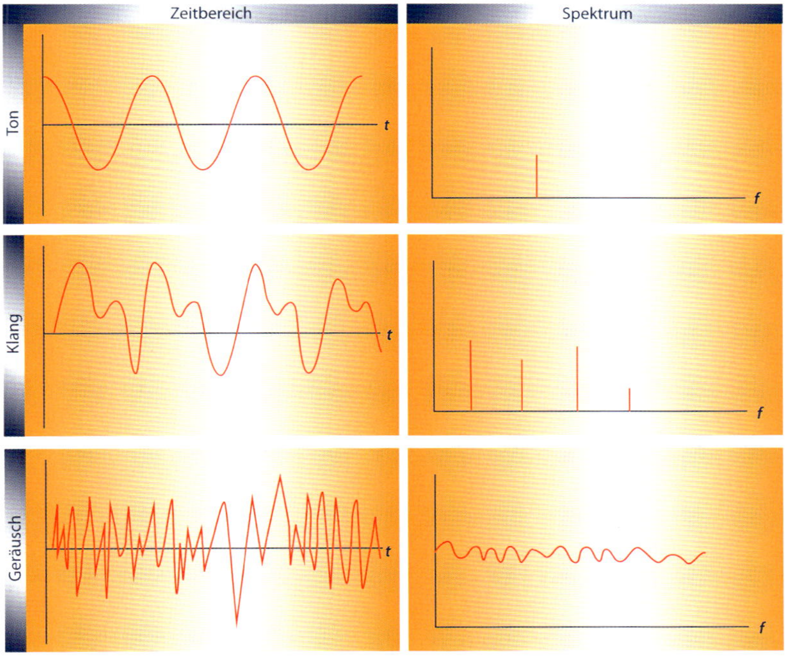

Abbildung 2.6 Schematische Darstellung eines Tons, eines Klangs und eines Geräusches jeweils im Zeitbereich (links) und im Frequenzbereich (rechts)

selektive Filterung der Signale. Moderne Methoden der Frequenzanalyse arbeiten digital und nutzen die Technik der Fast-Fourier-Transformation (kurz: FFT-Analyse) [96, 122]. Es würde den Umfang dieses Buches sprengen, auf die rasante Entwicklung der technischen Möglichkeiten akustischer Messungen und auch der weiteren Signalverarbeitung einzugehen.

In Abbildung 2.7 ist das Spektrum eines Geräusches in Terz- und Oktavbandbreite dargestellt. Prinzipiell kann aus einem Terz-Spektrum durch Mittelwertbildung von drei Terzen das Oktav-Spektrum abgeleitet werden. Andersherum ist dies nicht möglich, da aus der gröberen Frequenzauflösung nicht auf die feinere Unterteilung in Terzen geschlossen werden kann.

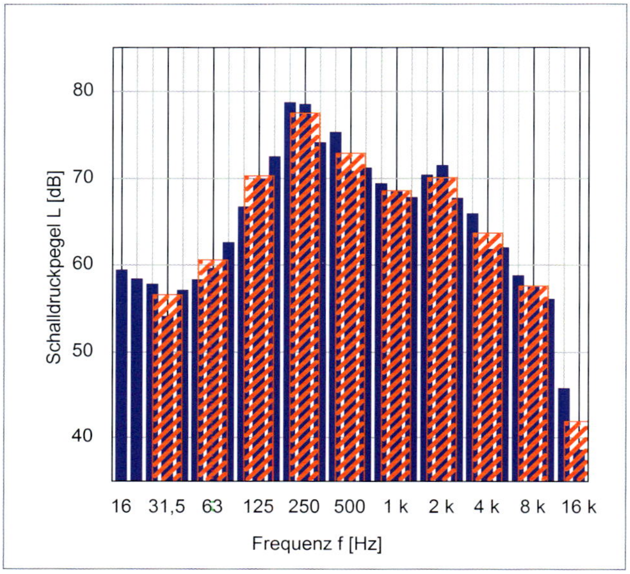

Abbildung 2.7 Oktavspektrum (rot gestrichelt) und Terzspektrum (blaue Balken) eines Geräusches im Vergleich

Sprache kann aus schalltechnischer Sicht als zeitlich stark fluktuierendes und damit nicht-stationäres Schallsignal mit variabler Frequenzzusammensetzung aufgefasst werden. Zusammenfassend lässt sich festhalten, dass das Maximum gesprochener Sprache, gemessen in Terzbandbreite, bei 300 Hz bis 500 Hz liegt. Unterschiede bestehen zwischen Männern und Frauen und auch bei der Sprechweise. Die Grundfrequenz der Sprache männlicher Sprecher liegt bei einer Frequenz von 125 Hz und bei weiblichen Sprecherinnen um eine Oktave höher bei 250 Hz. Eine Änderung der Sprechweise zeigt sich mitunter auch im Spektrum. Zahlreiche weitere Einflüsse auf das Sprachspektrum sind im Buch von Lazarus und Kollegen [93] dargestellt.

2.3 Wahrnehmung von Schall

Die Wahrnehmung von Schall wird durch viele, teilweise auch subjektive Faktoren beeinflusst. Neben der rein physiologischen Verarbeitung von Schallsignalen spielen auch psychologische Aspekte eine Rolle bei der Schallwahrnehmung. Entsprechend kann auch von dem Teilgebiet der physiologischen Akustik oder auch von der psychologischen Akustik, kurz Psychoakustik, gesprochen werden. Die Physiologie des Hörens kann hier nicht aufgeführt und diskutiert werden, sondern es muss auf medizinische Fachliteratur verwiesen werden, in der die grundlegenden Wirkmechanismen und Abläufe des menschlichen Hörens beschrieben werden. Die Hörakustik kann als Teil der medizinischen Physik des Hörens angesehen werden. Neben dem Verständnis des Hörvorgangs beschäftigt sich diese Disziplin auch mit Hörstörungen und deren Kompensation, sei es durch Hörgeräte oder andere Hilfen. Im Bereich der Psychoakustik ist auf grundlegende Werke, wie die Bücher von Feldtkeller [163], Schick [135, 136] oder Fastl [64], zu verweisen.

Die für die Raumakustik im Alltag wichtigen Aspekte der psychologischen Akustik werden im Folgenden kurz beschrieben, wobei diese Aufzählung keinen Anspruch auf Vollständigkeit erhebt.

Lautstärke – Schallpegel

Schon die Definition des Dezibels zeigt durch den gewählten Referenzschalldruck den Bezug zum Hören des Menschen auf. Das menschliche Gehör zeigt darüber hinaus eine ausgeprägte Frequenzabhängigkeit der Lautstärkewahrnehmung innerhalb des Hörbereichs. Zwischen 250 Hz und 2 000 Hz, dem Frequenzbereich der menschlichen Sprache, ist das menschliche Gehör besonders empfindlich. Dies ist einerseits sinnvoll, wenn wir einem Sprecher zuhören wollen, andererseits sind Störungen in diesem Frequenzbereich auch besonders lästig und können die Kommunikation stark beeinträchtigen. Bei hohen und tiefen Frequenzen nimmt die Hörfähigkeit ab.

In Abbildung 2.8 sind sogenannte Isophone, d. h. Kurven gleicher Lautstärkepegel nach DIN ISO 226 [51], dargestellt. Es ist beispielsweise ablesbar, dass ein Ton mit 100 Hz ca. 25 dB laut sein muss, um wahrgenommen zu werden, bei 1 000 Hz reicht dagegen ein 5 dB lauter Ton, um gehört zu werden. Neben der Hörschwelle sind für verschiedene Pegelwerte ausgehend von 1 000 Hz die Kurven gleicher Lautstärkewahrnehmung dargestellt. Die oberste Kurve in der folgenden Abbildung kennzeichnet den Verlauf der sogenannten »Schmerzschwelle« in Abhängigkeit von der Frequenz. Bei derart hohen Pegeln kann das Gehör bereits durch ein sehr kurzes Geräuschereignis, z. B. durch einen wenige Millisekunden dauernden Knall, nachhaltig geschädigt werden.

Neben den Isophonen ist in der Abbildung 2.8 die klassische Darstellung der Hörfläche nach Zwicker/Feldtkeller [163] eingetragen. Sprache umfasst demnach einen Frequenzbereich von ca. 170 Hz bis 3 000 Hz, in Oktaven von 250 Hz bis 2 000 Hz und einen Dynamikbereich von ca. 40 dB bis 70 dB.

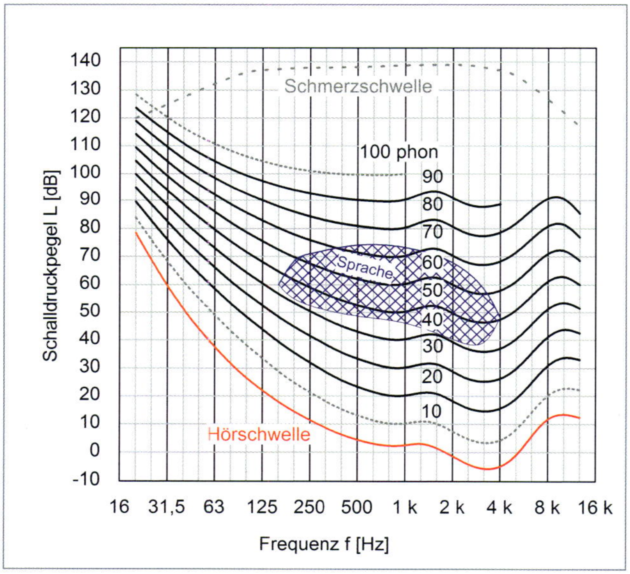

Abbildung 2.8 Isophone: Normalkurven gleicher Lautstärkepegel für reine Töne im freien Schallfeld nach DIN ISO 226 [51] sowie der Bereich von Sprache nach Zwicker/Feldtkeller [163]

Für eine Lautstärkebewertung von Geräuschen, die dem menschlichen Gehör gerecht wird, ist die Frequenzcharakteristik des menschlichen Gehörs zu berücksichtigen. Die mittleren Frequenzen, bei denen das menschliche Gehör besonders empfindlich ist, werden bei der Bildung eines Summenpegels aus dem Spektrum stärker berücksichtigt als die hohen und tiefen Frequenzen. Diese Wichtung führt zu der Bezeichnung dB(A) für Schallpegel, dem sogenannten A-bewerteten Schallpegel. Nahezu sämtliche Vorschriften, Richtlinien, Richtwerte, Grenzwerte, Empfehlungen und Hinweise zu Schallpegeln geben Werte

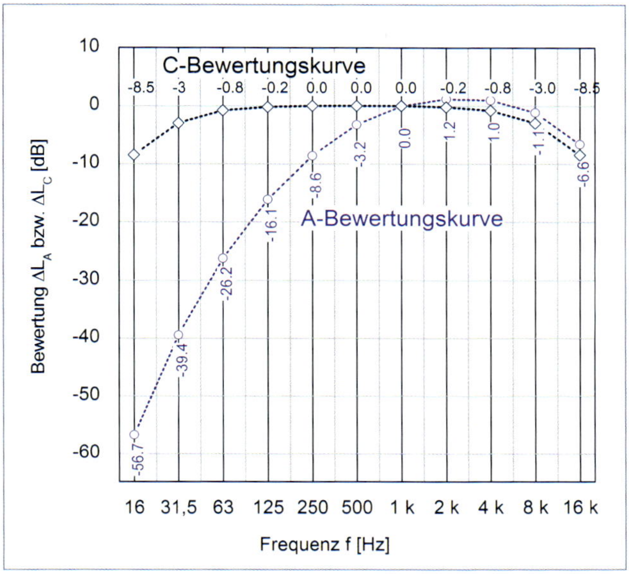

Abbildung 2.9 C- und A-Bewertungskurven zur Bildung des Summenpegels

in dB(A) an. Eine andere Bewertung, die in einigen technischen Regelwerken Erwähnung findet, ist die C-Bewertung. In der Abbildung 2.9 sind die Bewertungskurven grafisch dargestellt und die Oktav-Werte zur A-Bewertung bzw. C-Bewertung aufgeführt.

Bei der Darstellung von Spektren ist darauf zu achten, ob schon eine Bewertung berücksichtigt wurde oder nicht. Abbildung 2.10 zeigt das gleiche Spektrum in linearer und A-bewerteter Form. Die Differenz entspricht der Angabe Δ_n zur A-Bewertung aus Tabelle 2.3.

In der Abbildung 2.11 sind Beispiele für typische A-bewertete Schallpegel dargestellt. Häufig wird statt der eigentlich korrekten Bezeichnung dB(A) verkürzt die Bezeichnung dB verwendet, auch wenn eigentlich ein A-bewerteter Pegel gemeint ist. In der Regel ergibt es sich aus dem Zusammenhang, wenn einmal nicht A-bewertete Schallpegel gemeint sind. In diesem Sinne wird auch im Rest des Buches generell die Bezeichnung dB verwendet. Die Verwendung der A-Bewertung ist immer sinnvoll, wenn es um die Wahrnehmung und Bewertung von Schallereignissen durch Menschen geht, wie beispielsweise im Arbeitsschutz oder auch dem Schallimmissionsschutz.

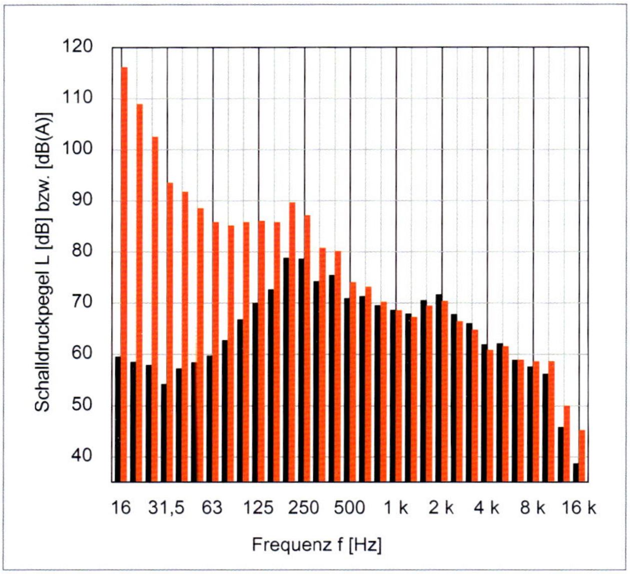

Abbildung 2.10 Linear (rot) und A-bewertetes (schwarz) Terzspektrum eines Geräusches

Wie bereits erläutert (Abschnitt 2.1) ist zu beachten, dass eine Verdopplung der Schallquellen (Zunahme um 3 dB) nicht zu einer Verdopplung der Lautstärkewahrnehmung führt. Wie bei vielen Wahrnehmungen des Menschen ist zwischen der physikalischen Größe, hier der Schallpegel, und der Empfindungsgröße, hier der subjektiv empfundenen Lautstärke oder kurz der Lautheit, zu unterscheiden.

Wenn zwei Schallquellen mit einer Lautstärke von jeweils 60 dB einwirken, führt dies nach den Regeln zur Addition von Schallpegeln zu einem Wert der Gesamtlautstärke von 63 dB. Eine Zunahme von 3 dB wird vom Menschen in der Regel gerade eben wahrgenommen. Eine doppelt so starke bzw. halb so schwache Lautstärke-Empfindung wird von den meisten Menschen erst bei einer Zu- bzw. Abnahme des Schallpegels um 10 dB beschrieben.

Die Wahrnehmung der Lautstärke hängt mitunter nicht nur vom physikalischen Schallpegel ab, sondern kann auch durch andere Faktoren beeinflusst werden. Mit derartigen Wechselwirkungen und der eigentlichen Empfindung der subjektiven Wahrnehmung beschäftigt sich das Teilgebiet der Psychoakustik [135, 136].

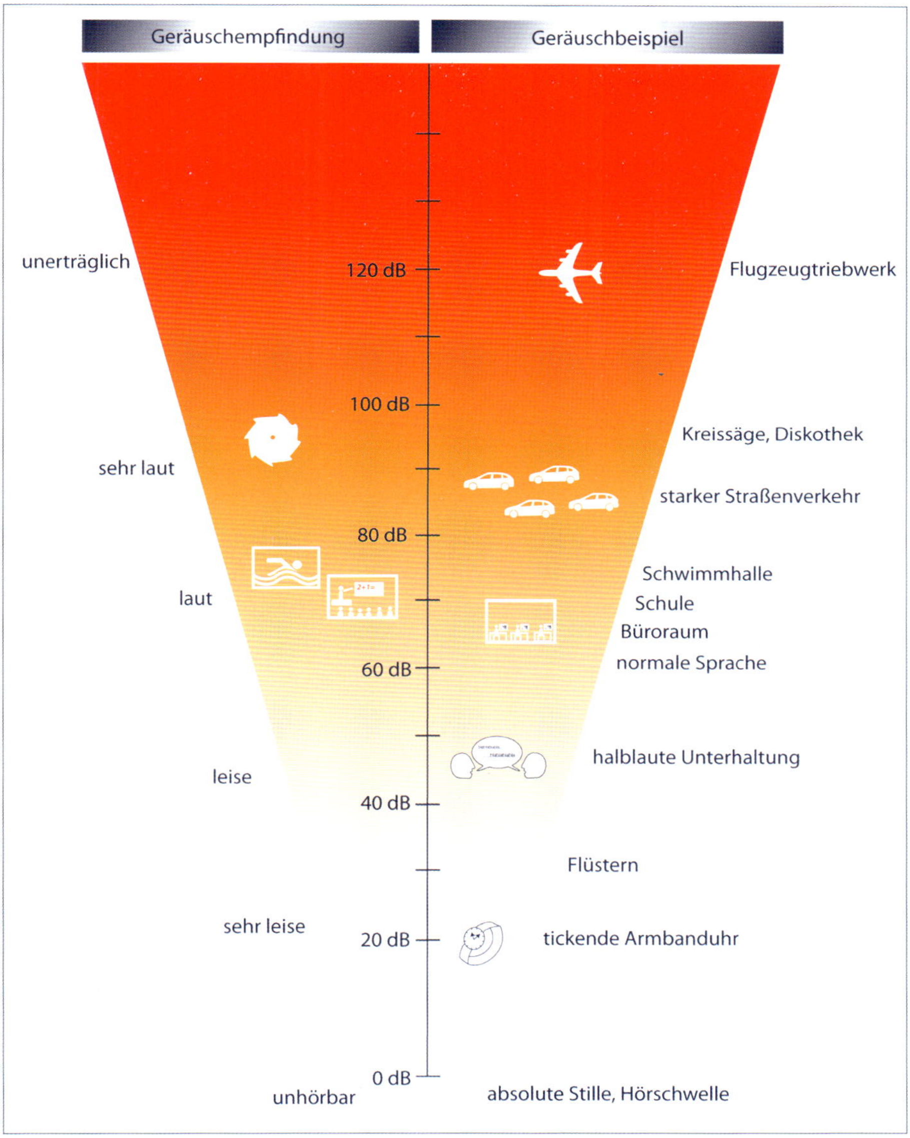

Abbildung 2.11 Beispiele für typische A-bewertete Schalldruckpegel und die zugehörige subjektive Empfindung der Lautstärke

Verstehbare Sprache kann eine wesentlich größere Störwirkung erzeugen als nichtverstehbare Sprache.

Zur Beschreibung der subjektiv empfundenen Lautstärke ist in der Psychoakustik die Empfindungsgröße Lautheit N gebräuchlich. Die Einheit der Lautheit ist sone. Einem Lautstärkepegel von 40 phon entspricht die Lautheit von 1 sone. Bei einer Frequenz von 1 kHz ist der Zahlenwert des Lautstärkepegels in phon und der des Schallpegels in dB gleich. Für die anderen Frequenzen kann die Differenz zwischen phon und dB aus der Abbildung 2.8 abgelesen bzw. nach den Vorgaben der DIN ISO 226 [51] berechnet werden. Aus dem Spektrum eines Schallereignisses, beispielsweise in Oktavbandbreite in dB angegeben, lässt sich damit zunächst der phon-Wert und damit dann auch der sone-Wert bestimmen. Die Erhöhung der Lautheit um 1 sone bedeutet stets eine Verdopplung des Lautstärkeeindruckes. Da sich die Definition der Lautheit N auf die 40 phon-Kurve bezieht, kann überschlägig davon ausgegangen werden, dass bei Schalldrücken von mehr als 40 dB eine Zunahme um 10 dB mit einer Verdopplung der empfundenen Lautstärke einhergeht. Unterhalb von 40 dB wird die Empfindung bereits bei geringeren dB-Differenzen halbiert bzw. verdoppelt. Dieser Hinweis auf die Lautheit N in sone soll aufzeigen, dass auch in der Raumakustik durchaus eine Betrachtung auf subjektiver Ebene wichtig sein kann. Zumindest die Geräuschangaben zu technischen Geräten werden teilweise in der Einheit sone angegeben.

In sehr stark abgeschirmten, also hoch schallgedämmten Räumen mit niedrigen Schallpegeln, kann der Mensch Unterschiede von ca. 1 dB wahrnehmen. Diese Wahrnehmbarkeitsschwelle wird auch mit JND (engl.: Just Noticable Difference) bezeichnet. Wie an den Isophonen der Abbildung 2.8 erkennbar ist, ist die Unterscheidungsgrenze streng genommen wiederum abhängig von der Frequenz. Die Angabe einer JND von ca. 1 dB ist daher als Näherungswert anzusehen, gilt allerdings in einem weiten Pegelbereich [96]. 1 dB entspricht einer Schallpegeländerung von etwa 12%.

Tonhöhe – Frequenz

Wie die Wahrnehmung des Schallpegels als Lautstärke bestimmten Gesetzen folgt, gilt dies auch für die Frequenz. Die Frequenz wird als Tonhöhe empfunden. Die Wahrnehmbarkeitsschwelle (engl: JND) der Frequenz liegt bei Menschen für reine Töne unterhalb von 500 Hz bei ca. 3,5 Hz und wird bei höheren Frequenzen größer. Bezogen auf den absoluten Wert der Frequenz bedeutet dies, dass die wahrnehmbare Frequenzänderung unterhalb von 500 Hz zwischen 0,7% und 6% liegt und oberhalb von 500 Hz bei 0,7%. Die Frequenzauflösung ist zudem noch von der Lautstärke abhängig. Bei Pegeln unter 30 dB nimmt das Auflösungsvermögen wiederum deutlich ab. Bei breitbandigeren Geräuschen ergeben sich andere Zusammenhänge, die wiederum der Spezialliteratur vorbehalten bleiben. Ein grundlegendes Werk hierzu ist das Buch »Das Ohr als Nachrichtenempfänger« von Zwicker/Feldtkeller [163] oder auch das Buch von Fastl [64].

Zudem ist die Wahrnehmung des Gehörs von der Dauer der Schalleinwirkung abhängig. Als Grenzdauern des Gehörs können die Werte von 2 ms, 20 ms und 200 ms beschrieben werden. Schallereignisse von weniger als 2 ms kann das Gehör nicht analysieren. Bei Schallereignissen mit mehr als 200 ms Dauer beginnt die bekannte Hörfähigkeit. Zwischen 2 ms und 20 ms erfolgt die Wahrnehmung mit einer noch nicht vollständigen Empfindung der Lautstärke. Zwischen 20 ms und 200 ms erfolgt eine pegelabhängige Wahrnehmung. Im Folgenden werden diese grundlegenden Eigenschaften des menschlichen Gehörs nicht weiter berücksichtigt, da sie für die Wahrnehmung in Räumen des Alltags nur eine untergeordnete Rolle spielen. Große Anwendung finden diese Eigenschaften des Gehörs hingegen im Bereich der Audiotechnik, beispielsweise bei der Kompression von Schallsignalen in Formaten für Audio-CDs oder dem bekannten Audio-Format MP3.

Zeitliche Auflösung

Viele Richt-, Grenz- und Orientierungswerte, aber auch Empfehlungen und Anforderungen beziehen sich auf zeitliche Mittelwerte des Schallpegels. Der Mensch hört allerdings weder Mittelwerte, die wie im Bereich des Schallimmissionsschutzes häufig über mehrere Stunden zu mitteln sind, noch ist das Ohr in der Wahrnehmung beliebig schnell. Das Ohr besitzt eine Trägheit von im Mittel ungefähr 35 ms, d. h. Schallereignisse, die mit weniger als dieser zeitlichen Abfolge das Ohr erreichen, können nicht einzeln wahrgenommen werden.

Diese Eigenschaft des menschlichen Gehörs hat in der akustischen Messtechnik dazu geführt, dass verschiedene Zeitbewertungen zur Analyse von Schallsignalen verwendet werden. Am häufigsten ist die sogenannte Fast-Bewertung anzutreffen. Hierbei werden mit einem 125 ms-langen Filter immer entsprechende Zeitabschnitte zusammengefasst und quasi als Mittelwert betrachtet. Andere Zeitbewertungen in der akustischen Messtechnik sind die »Slow«- und die »Impulse«-Bewertung. Auch hierzu wird auf die entsprechende Literatur zur Vertiefung verwiesen [124, 122].

Für die Raumakustik stellt die zeitliche Trägheit des Ohres eine Einschränkung dar bzw. sie ist als Grundlage für die akustische Gestaltung von Räumen zu beachten. Typischerweise kann das menschliche Ohr zwei Schallereignisse erst auflösen, wenn dazwischen eine Zeitspanne von 35 ms bis 50 ms liegt. Mit Kenntnis der Schallgeschwindigkeit ($c = 343 m/s$) lassen sich diese Zeitdauern in Entfernungen umrechnen (siehe Abbildung 2.12).

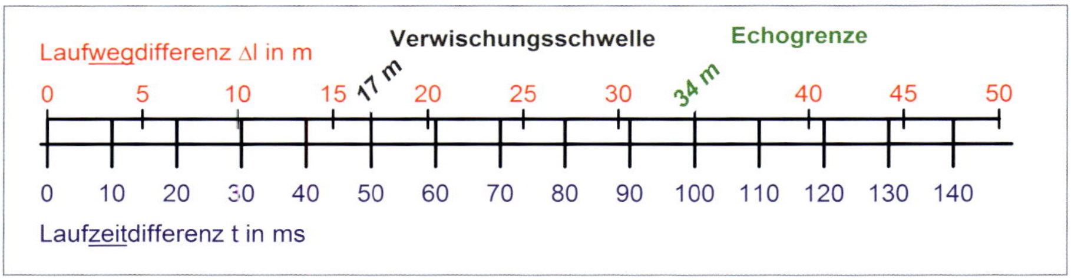

Abbildung 2.12 Laufweg- und zugehörige Laufzeitdifferenz mit Darstellung der Verwischungsschwelle und der Echogrenze

Als Verwischungsschwelle bezeichnet man in der Raumakustik den Abstand bzw. die Zeitdifferenz zwischen dem ersten eintreffenden Schall und der ersten eintreffenden Reflexion, die gerade eben als störend wahrgenommen wird. Auch wenn hier individuell eine recht große Streuung zu beobachten ist, wird als sicherer Wert in der Raumakustik die Zeitdauer von ungefähr 50 ms entsprechend einer Weglänge von circa 17 m angenommen.

Bei längeren Laufzeitdifferenzen zwischen direktem und erstem reflektierten Schall kommt es spätestens ab 100 ms zur Wahrnehmung einzelner Schallereignisse, die dann als Echos beschrieben werden. Dieser Wert von 100 ms ist ebenfalls als grober Orientierungswert aufzufassen; er entspricht einer Laufwegdifferenz von 34 m. Die hier angegebene Verwischungs- und Echoschwelle bezieht sich auf die Wahrnehmung von Sprache. Für Musik sind diese Zeit- oder auch Laufwegdifferenzen eher länger und zeigen eine Abhängigkeit von der Art der Musik. Bestimmte Musikarten leben geradezu vom Echo, während andere nur wenig Nachklingen vertragen.

Aus der Schallgeschwindigkeit von 340 m/s folgt, dass in 50 ms der Schall einen Weg von 17 m durchlaufen hat. Dieser Effekt kann im Selbstversuch beobachtet werden, wenn man sich 5 m vor eine gut reflektierende Wand begibt und in die Hände klatscht. Die Reflexion erreicht den Klatschenden nach 2×5 m, entsprechend 34 ms. Eine Reflexion bzw. ein Echo ist nicht wahrnehmbar. Sobald der Hin- und Rückweg des Schalls mehr als ca. 17 m beträgt (das entspricht einem Abstand von der Wand von 8,5 m), d. h. länger als 50 ms ist, wird der Rückwurf bzw. die Reflexion wahrnehmbar.

In Bezug auf die raumakustische Gestaltung ist auf diese Wahrnehmbarkeitsschwelle einzelner zeitverzögerter und entsprechend starker Reflexionen einzugehen. Ganz allgemein kann angemerkt werden, dass, je größer der Raum, desto wichtiger die Berücksichtigung einzelner Schallrückwürfe wird.

Richtungshören

Die bisherigen Ausführungen und zitierten Messgrößen bezogen sich durchgehend auf die Messung oder Wahrnehmung an einem Punkt. Die auditive Wahrnehmung des Menschen verlässt sich jedoch in der Regel auf beide Ohren, wobei das zweite Ohr nicht nur die Rolle eines redundanten Zweit-Systems übernimmt, sondern weit darüber hinaus geht. Viele Aspekte des menschlichen Hörens gehen auf die grundlegende Möglichkeit des beidohrigen, also binauralen Hörens zurück. Der Mensch kann bereits eine Richtungsänderung von 3° in der horizontalen Ebene des Kopfes wahrnehmen [96, 109]. In der vertikalen Ebene ist die Auflösung geringer, wobei hier weitere Eigenschaften wie das Spektrum des Schalls zur Ortung genutzt werden. Das gesamte Richtungshören und die damit erst mögliche Orientierung im dreidimensionalen Raum würden mit nur einem Empfänger-Organ nicht funktionieren. Das binaurale Hören wie auch die räumliche Wahrnehmung sind ein seit längerer

Zeit bearbeitetes Forschungsgebiet, beschränkt sich allerdings in der praktischen Anwendung bislang weitgehend auf den Bereich der Musik. Während es im Bereich der Musik und Musikwahrnehmung anerkannte und zur Planung und auch Messung verwendete binaurale raumakustische Kenngrößen zur Beschreibung entsprechender Raumeigenschaften gibt, ist dieser wichtige Aspekt der menschlichen Hörwahrnehmung in Räumen des Alltags bestenfalls als vernachlässigt, wenn nicht gar als völlig unbeachtet zu beschreiben.

2.4 Bewertung von Schall

Eine objektive Bewertung von Schallereignissen dient in der Regel dem Vergleich mit Anforderungen, Vereinbarungen, Empfehlungen oder rechtlichen Vorgaben. Für die Raumakustik im Alltag sind hier vornehmlich arbeitsschutzrechtliche Belange zu beachten. Im Bereich des Arbeitsschutzes wird meist auf die Einwirkung von Schall über einen Zeitraum von acht Stunden als Dauer eines typischen Arbeitstages Bezug genommen. Die Stärke des einwirkenden Schalls sowie dessen Dauer führen zu einer Betrachtung der Schalldosis. Eine lange Einwirkung eines niedrigen Pegels wird damit gleichgesetzt mit der kurzen Einwirkung eines hohen Pegels. Inwieweit diese Bewertungsgrundlage, die ebenfalls in anderen Bereichen der Akustik, wie im Schallimmissionsschutz, zur Anwendung gelangt, noch als zeitgemäß angesehen werden kann und der tatsächlichen Lärmwirkung entspricht, kann im Rahmen dieses Buches nicht geklärt werden. Autoren wie Schick [136, 138] und andere [81, 93, 122] gehen hierauf vertiefend und umfassend ein. Eine übersichtliche Darstellung zur Schall- und Lärmwirkung im Büroumfeld geben Meis/Klink mit der Fachschrift Nr. 11 des BSO [108].

Prinzipiell ist zwischen den auralen und extra-auralen Wirkungen von Schall zu unterscheiden. Aurale Wirkungen des Lärms sind direkt schädigend für das Gehör und treten bei Schallpegelwerten von 80 dB oder mehr auf. Extra-aurale Wirkungen sind schon ab 30 dB zu verzeichnen. Hierzu zählen oftmals psychische oder kognitive Beeinträchtigungen, die teilweise nur sehr langfristig zu beobachten sind. Zu den verschiedenen Wirkungen zeigt die Abbildung 2.13 aus [108] einige Beispiele. Weitere Informationen sind in den Tagungsbänden zu zwei Symposien [130, 138] zu finden.

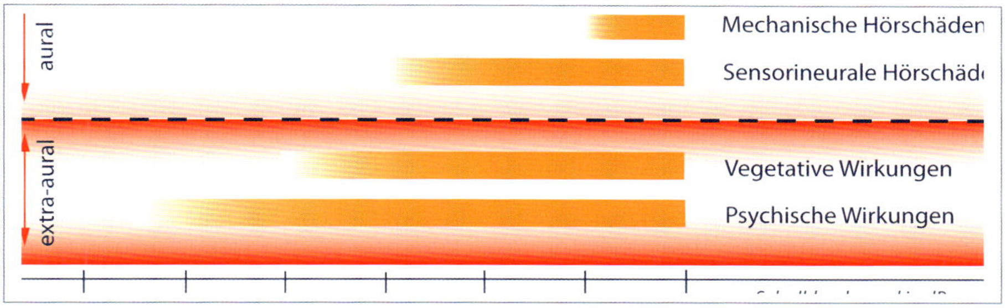

Abbildung 2.13 Aurale und extra-aurale Wirkungen von Lärm

Im Folgenden werden die für den Bereich des Arbeitsschutzes in Räumen des Alltagslebens wichtigen Begriffe beschrieben. Der Schutz von Arbeitnehmern gegen Lärm am Arbeitsplatz wird in verschiedenen Regelwerken thematisiert. Neben der Arbeitsstättenverordnung aus dem Jahr 2004 [7] ist die Lärm- und Vibrations-Arbeitsschutzverordnung [89] zu beachten. Die im Jahr 2010 erschienenen Technischen Regeln zur Lärm- und Vibrations-Arbeitsschutzverordnung konkretisieren deren Anwendung. Neben einem allgemeinen Teil [149] werden in drei weiteren Teilen Hinweise zur Beurteilung der Gefährdung [147], der Messung von Lärm [148] sowie Lärmschutzmaßnahmen [150] angeführt. Im allgemeinen Teil wird allerdings darauf hingewiesen, dass sogenannte extra-aurale Wirkungen von Lärm, d. h. im Bereich unterhalb eines äquivalenten Dauerschallpegels von 80 dB, nicht Gegenstand dieser Regeln sind. Auch die Wirkungen von Infraschall (unter 16 Hz) und Ultraschall (über 16 kHz) werden ebenso wie der Musik- und Unterhaltungssektor vom Anwendungsbereich ausgenommen. Im privaten Bereich wie im Bildungssektor bestehen hiernach keine differenzierten Anforderungen.

Im Bereich des Arbeitsschutzes [150] sind die folgenden Grundsätze anzuwenden: »Die aufgrund der Gefährdungsbeurteilung bei Lärmexpositionen festgelegten Schutzmaßnahmen sind nach dem Stand der Technik durchzuführen, um die Gefährdung der Beschäftigten auszuschließen oder so weit wie möglich zu verringern. Dabei muss die Lärmemission am Entstehungsort verhindert oder so weit wie möglich verringert werden. Technische Schutzmaßnahmen haben Vorrang vor organisatorischen Schutzmaßnahmen. Technische oder organisatorische Schutzmaßnahmen haben Vorrang vor individuellen Schutzmaßnahmen (persönlicher Gehörschutz).«

Die Ermittlung der Geräuschimmissionen am Arbeitsplatz erfolgt nach den Vorgaben der DIN EN ISO 9612 »Akustik - Bestimmung der Lärmexposition am Arbeitsplatz« [55]. Diese Norm deckt vor allem den Bereich nahe der Gehörgefährdung, also die auralen Wirkungen, ab und beschreibt das messtechnische Vorgehen zur Bestimmung des Lärmexpositionspegels an Arbeitsplätzen. Für die Räume des alltäglichen Lebens ist dieser Pegelbereich nicht von großer Relevanz.

Zur Ermittlung von Geräuschimmissionen am Arbeitsplatz für extra-aurale Wirkungen, also unterhalb von 80 dB, ist die DIN 45645-2 »Ermittlung von Beurteilungspegeln aus Messungen-Teil 2: Geräuschimmissionen am Arbeitsplatz« [39] im September 2012 neu gefasst worden. Es besteht somit eine normative Abgrenzung zur Ermittlung von Geräuschen mit auralen und extraauralen Wirkungen.

Die grundlegende Messgröße ist der zeitabhängige Schallpegel $L_{AF}(t)$. Diese Abkürzung bedeutet, dass mit der A-Frequenzbewertung sowie mit der Zeitbewertung »Fast« zu messen ist. Zielgröße zur Bewertung der Geräusche an einem Arbeitsplatz ist der sogenannte Beurteilungspegel L_r. Der Beurteilungspegel wird nach folgender Gleichung ermittelt:

$$L_r = L_{pAeq} + K_I + K_T \text{ dB} \qquad 2.8$$

Hierbei ist:

L_{pAeq}	der äquivalente Dauerschallpegel nach DIN 45641 [38]
K_I	der Impulszuschlag
K_T	der Zuschlag für Ton- und Informationshaltigkeit

Der äquivalente Dauerschallpegel L_{pAeq} ist der Mittelwert des zeitabhängigen Schalldruckpegels $L_{AF}(t)$. Mittelwertbildende bzw. integrierende Messgeräte zeigen in der Regel diesen Pegel als L_{Aeq} direkt an. Der Impulszuschlag K_I wird aus der Differenz zwischen dem mit der Impulsbewertung gebildeten Mittelwert L_{AIeq} und dem äquivalenten Dauerschallpegel L_{pAeq} gebildet und dient der Berücksichtigung der Störwirkung von impulshaltigen Geräuschen. Er beträgt maximal 6 dB. Der Zuschlag für Ton- und Informationshaltigkeit K_T ist nach subjektiver Einschätzung des Sachverständigen, der die Messung durchführt, zu vergeben. Je nach Auffälligkeit mindestens eines deutlich hörbaren Einzeltons kann man K_T Werte von 3 dB oder 6 dB annehmen. Auch Geräusche, die in besonderer Weise die Aufmerksamkeit einer Person wecken oder zum Mithören unerwünschter Informationen anregen, sind nach einer Anmerkung der DIN 45645-2 informationshaltig. Hinsichtlich weiterer Details zur Auswertung entsprechender Messungen wird auf die DIN 45645-2 [39] verwiesen.

Zusammenfassend ist zu erwähnen, dass der Beurteilungspegel eine Art künstlicher Mittelwert ist. Die Messung erfolgt am Arbeitsplatz (ortsbezogen) oder auch an der Person (personenbezogen) und bezieht sich auf die dort einwirkenden Geräusche. Es muss die für den jeweiligen Arbeitsplatz kennzeichnende Geräuschsituation durch die Messung erfasst werden. Dies kann bei stark unterschiedlichen Geräuschsituationen zu recht langen Messdauern führen. Andererseits kann bei sehr gleichförmigen Geräuschen an einem Arbeitsplatz schon durch eine kurze Messdauer der Beurteilungspegel bestimmt werden. Die Messungen können auch personengebunden durchgeführt werden, indem ein Mikrofon am Körper getragen wird. Hinweise und Erläuterungen zur Durchführung der Messung sind ebenfalls in der DIN 45645-2 [39] zu finden und ausführlich im Buch von Maue [102] kommentiert.

Speziell für das Arbeitsumfeld im Büro mit starken eigenen und fremden Kommunikationsanteilen ist der Hinweis der DIN 45645-2 [39] aus dem Jahr 2012 zu den Eigengeräuschen bedenkenswert. Eigengeräusche sind nach den Vorgaben der Norm Geräusche, die in die Bestimmung des Beurteilungspegels nicht eingehen. Explizit genannt in der Norm werden Schall, der durch eigene Gespräche mit anderen Personen entsteht, und Geräusche durch Kommunikationssignale wie Telefon.

Drei Beispiele von typischen Pegel-Zeit-Schrieben $L_{AF}(t)$ sind in Abbildung 2.14 dargestellt. Sofern keine Zuschläge zu vergeben sind, entspricht der äquivalente Dauerschallpegel L_{pAeq} dem Beurteilungspegel L_r. Für die Beispiele wären die Werte von 49,1 dB, 54,9 dB bzw. 87,5 dB mit den entsprechenden Empfehlungen und Hinweisen zu vergleichen.

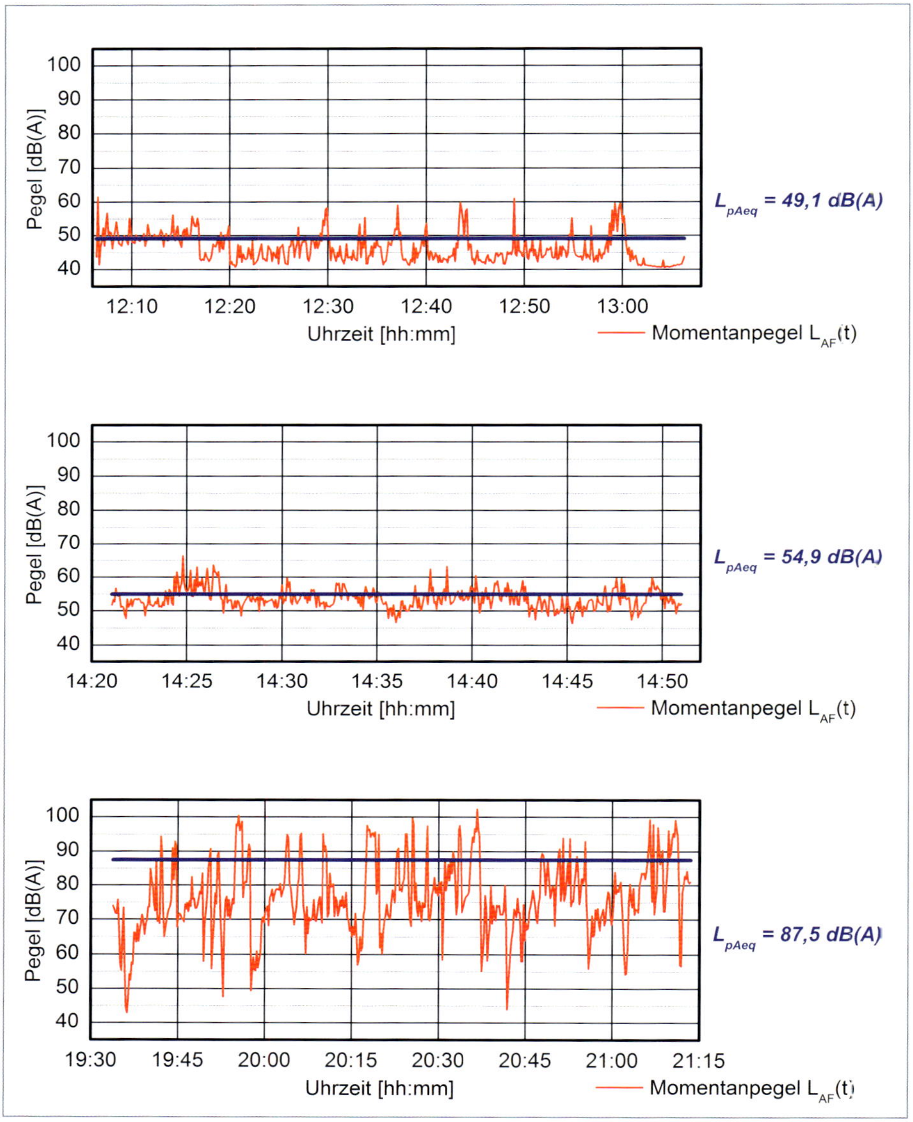

Abbildung 2.14 Pegelschriebe aus einem Großraumbüro (oben), einem Call-Center (Mitte) und einem Orchestergraben (unten) mit Angabe des Mittelungspegels L_{pAeq}

3 Grundlagen der Raumakustik

3.1 Historischer (Literatur-)Rückblick

Viele (Lehr-)Bücher zur Akustik beginnen damit, dass zunächst der griechische Ursprung des Wortes Akustik erklärt wird. Darauf kann hier verzichtet und auf die einschlägigen Werke verwiesen werden [62, 88]. Auch die Ausführungen der griechischen Denker Pythagoras oder Aristoteles oder römischen Gelehrten zeigen zwar die Grundlagen der Akustik auf, haben aber wenig Bezug zur Akustik in Räumen, da sich das Leben im sonnigen Süden sehr viel im Freien abspielte. Die Wechselwirkung zwischen der Lehre des Hörens (der Akustik) und der Kunst des Bauens (der Architektur) wurde historisch gesehen erst später thematisiert.

Vermutlich kann 1898 als wichtiges Jahr der Raumakustik genannt werden, das Jahr in dem Wallace Clement Sabine experimentell die Beziehung zwischen Nachhallzeit, Raumvolumen und Menge an Schallabsorption im Raum empirisch ableitete. Damit waren die Grundzüge der Raumakustik zu Beginn des 20ten Jahrhunderts geschaffen. Die Arbeiten Sabines sind als »Collected Papers on Acoustics« [134] auch heute noch spannend zu lesen.

Die Umsetzung dieser grundlegenden Erkenntnisse scheint gewissen Schwankungen oder gar Hindernissen unterworfen zu sein. Mit Büchern wie dem »Leitfaden der Raumakustik für Architekten« [158] von Weisse aus dem Jahr 1949, dem lesenswerten Werk von Michel [113] zur »Hörsamkeit großer Räume« aus dem Jahr 1921 oder auch dem Buch »Raum- und Bauakustik« von Engl [58] aus dem Jahr 1939 waren Hinweise und Erläuterungen auch für die bautechnische Umsetzung raumakustischer Prinzipien vor langer Zeit mehr als hinreichend dokumentiert. Schon im Jahr 1894 lieferte Sturmhöfel mit seinem Werk »Akustik des Baumeisters« [146] eine Schnittstelle zwischen Architektur und Raumakustik. Hanus nimmt sich mit seinem Werk zum »Einfluss der Raumakustik auf die bauliche Gestaltung« [71] im Jahr 1956 dem Wechselspiel zwischen architektonischer und raumakustischer Gestaltung an.

Furrers »Raum- und Bauakustik für Architekten« (1956) [67] zeigt Möglichkeiten und Wege zur guten Akustik auf. Die »Elementare Raumakustik« von Petzold [132] aus dem Jahre 1927 rundet diese frühen Werke des damals neuen Themas Raumakustik ab.

Nicht nur im deutschsprachigen Raum sind somit in der ersten Hälfte des 20ten Jahrhunderts Voraussetzungen geschaffen worden, um die Akustik eines Raums zu berechnen und zu kontrollieren. Im englischsprachigen Umfeld sind ähnliche Entwicklungen und Tendenzen zu erkennen, siehe hierzu die Werke von Knudsen »Architectural Acoustics« [83], Morse/Bolt »Sound waves in rooms« [119] oder auch Burris-Meyer/Goodfriend »Acoustics for the architect« [18].

Der sehr lesenswerte Band von Cremer zur »Geometrischen Raumakustik« [23] erscheint im Jahr 1948. Die weiteren beiden Bände der ersten Auflage zur »Wellentheoretischen Raumakustik« [24] aus dem Jahr 1950 und zur »Statistischen Raumakustik« [25] im Jahr 1961 zeigen das hohe wissenschaftliche Niveau in Verbindung mit praktischen Hinweisen zur baulichen Umsetzung. Die Fortschreibung dieser drei Bände durch Cremer/Müller mit dem zweibändigen Werk zu den »Wissenschaftlichen Grundlagen der Raumakustik« [26, 27] kann nach wie vor als Standardwerk zu den Grundlagen der Raumakustik gesehen werden.

Eher populärwissenschaftliche Bücher wie »Gute Akustik - aber wie?« von Reichardt [133] zeigten in der zweiten Hälfte des 20ten Jahrhunderts die Wege zur baulichen Umsetzung angemessener Hör- und Sprechbedingungen auf. Auch die beiden Bände von Hartmann [72, 73] zeigten an vielen praktischen Beispielen die Wege zur »guten Akustik«. Neben den Arbeiten von Cremer in Berlin und Meyer in Göttingen sind die zahlreichen Ausarbeitungen zur Raumakustik von Reichardt in Dresden im Bezug auf die Raumakustik von Alltagsräumen zu benennen. Ein weiteres Standardwerk, dies allerdings zum Schallschutz und zur Raumakustik, ist die »Bau- und raumakustische Entwurfslehre« von Fasold und Kollegen [63]. Nicht nur die Auflage aus dem Jahre 1987, sondern auch das mehrbändige Vorgängerwerk mit einem Einzelband zur Raumakustik [61] sollte die angebrachte Würdigung an dieser Stelle erhalten. Das zweibändige »Taschenbuch der Akustik« [60] enthält ebenfalls zahlreiche Bezüge zur Raumakustik. Hierbei wird nicht nur die Raumakustik spezieller Räume, wie Konzertsäle oder Opernhäuser, betrachtet, sondern auch von Arbeitsräumen, Fabrikhallen und anderen Alltagsräumen.

Gerade im Bereich der Räume für Musik existieren umfangreiche Sammlungen von Beispielen und auch Lehrbücher, auf die hier nur am Rande eingegangen werden soll. Das vermeintlich bekannteste Standardwerk zu Konzertsälen und Opernhäusern ist sicherlich das Buch »Concert Halls and Opera Houses« von Beranek [13]. Weitere Vertiefungen des Themas sind in den folgenden (Lehr-)Büchern zu finden: Kuttruff »Room Acoustics«[87], Weinzierl »Beethovens Konzerträume« [156], Barron »Auditorium Acoustics and Archictural Design«[11], Brooks »Architectural Acoustics«[17], Cowan »Architectural Acoustics Design Guide« [20], Egan »Architectural Acoustics« [57], Mehta »Architectural Acoustics« [107], Cavanaugh »Architectural Acoustics« [19].

Zur Kirchenakustik sei auf das gleichnamige Werk [112] von Meyer verwiesen. Spezielle Themen aus dem Bereich der Kirchenakustik sind in dem Buch »Orgeln, Kirchen und Akustik« [99, 100] oder auch in dem Werk »Hörsamkeit in Kirchen« [162] aufgeführt. Erwähnenswert ist in diesem Zusammenhang auch die Dissertation von Werner »Einflüsse raumakustischer Faktoren auf das Musikhören in Kirchen« [159].

Das Buch »Kreative Raum-Akustik für Architekten und Designer« [139] ist eines der wenigen von einem Architekten erstellten Bücher zur Raumakustik. Architekturnahe Publikationen und aus akustischer Sicht hervorragende Darstellungen wie von Mommertz, »Akustik und Schallschutz« [117], scheinen nach Ansicht des Autors bislang noch nicht die längst überfällige Öffnung der Architektur bzw. Raumakustik für die Raumakustik bzw. Architektur erbracht zu haben. Architektur und Raumakustik scheinen die Chancen einer gegenseitigen Unterstützung zu meiden. Dies bringt Apfel mit seinem Büchlein »Deaf Architects and Blind Acousticians« [5] sehr schön auf den Punkt. Inwieweit diese Unterschiede der Sichtweise der Akustik und der Hörgewohnheiten der Architektur bei den Räumen des Alltags auch in Zukunft bestehen bleiben, ist abzuwarten.

3.2 Schallausbreitung

Prinzipiell ist bei den schalltechnischen Eigenschaften in einem Gebäude zwischen den Aspekten des Schallimmissionsschutzes, der Bauakustik und der Raumakustik zu unterscheiden. Der Schallimmissionsschutz beschäftigt sich mit den Emissionen aus dem Gebäude heraus sowie mit den Immissionen, die auf das Gebäude einwirken. Vorgaben und Hinweise hierzu werden häufig im Rahmen der Bauleitplanung definiert und sind dann von Beginn der Planungsphase an zu beachten. Aus diesen Vorgaben, wie beispielsweise zum Außenlärm, der auf das Gebäude einwirkt, ergeben sich Anforderungen an den baulichen Schallschutz, die im Rahmen der bauakustischen Planung zu beachten sind. Neben dem Schallschutz gegen Außenlärm wird bei der Bauakustik auch der Schallschutz innerhalb des Gebäudes betrachtet, siehe Abbildung 3.1

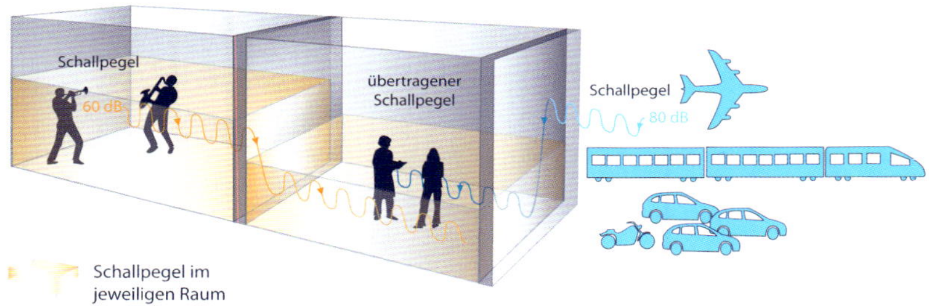

Abbildung 3.1 Die Bauakustik umfasst den Schallschutz innerhalb eines Gebäudes und gegen Außenlärm

Ergänzend zu den baurechtlichen oder auch öffentlich-rechtlichen Vorgaben in Gebäuden mit mehreren Nutzern sind auch zivilrechtliche Vorgaben. Anforderungen oder Empfehlungen zum Schallschutz im eigenen Bereich einer Firma, einer Wohnung etc. zu finden. Entsprechende Fachliteratur zu schalltechnischen und rechtlichen Aspekten des Schallschutzes sind beispielhaft die Bücher von Locher-Weiß [98], Seibel [140, 141], Ganten [68], Baumgartner [12], Müller [123], Ansorge [4], Moll [115] und anderen.

Die Raumakustik behandelt die Schallausbreitung in Räumen. Man kann fast geneigt sein zu sagen, dass eine angemessene Raumakustik erst möglich wird, wenn der Schallschutz des Gebäudes ausreichend ist. In einem Raum, der durch unpassende bauakustische Bedingungen als zu laut wahrgenommen wird bzw. über zu hohe Schallpegel verfügt, ist die Beschäftigung mit der Schallausbreitung im Raum wenig zielführend. Es ist eine häufige Fehlvorstellung, dass durch raumakustische Maßnahmen bauakustische Defizite behoben werden können.

Wer seinen Nachbarn aufgrund mangelhaften Schallschutzes zu stark hört, wird durch raumakustische Maßnahmen kaum eine Verbesserung erreichen.

Bauakustische Voraussetzungen zur Raumakustik

In der später in diesem Buch ausführlich diskutierten DIN 18041 [35] zur Hörsamkeit in kleinen bis mittelgroßen Räumen, dem zentralen Regelwerk zur Raumakustik in Räumen des Alltags, werden Vorgaben zum Pegel im Raum getroffen. Hierzu wird der Störschalldruckpegel der bauseitigen Geräusche mit der Bezeichung $L_{NA,Bau}$ definiert und angewandt. Mit $L_{NA,Bau}$ wird im jeweils betrachteten Raum der Schalldruckpegel beschrieben, der von Außengeräuschen, Geräuschen aus Nachbarräumen, von haustechnischen Anlagen, Sanitärinstallationen und den fest installierten medientechnischen Geräten erzeugt wird. Eine Prognose ist streng genommen nur möglich, wenn Annahmen zu diesen Anteilen der verschiedenen Komponenten getroffen werden. Messtechnisch kann der $L_{NA,Bau}$ im leeren, betriebsfertigen Raum erfasst werden.

Sowohl bei der Prognose als auch bei der Messung sind die folgenden Aspekte zu beachten: Die Pegelanteile der Außengeräusche hängen sowohl von der Geräuschsituation außerhalb des Gebäudes als auch von den bauakustischen Eigenschaften (Schalldämmung) der Gebäudehülle ab. Dies ist auch bei den Geräuschen aus den Nachbarräumen der Fall. Für eine Prognose müssen hier somit Annahmen sowohl zur Stärke der Geräuschquellen außerhalb und innerhalb des Gebäudes als auch zum Schallschutz des Gebäudes getroffen werden. Bei einer Messung ist es in der Regel schwierig, dass in dem Raum zur Messung kein Betrieb herrscht, während im Nachbarraum der typische Betrieb stattfindet.

In Tabelle 3.1 ist die Einstufung des Störschalldruckpegels $L_{NA,Bau}$ der bauseitigen Geräusche je nach Anforderung an die Raumnutzung mit einigen Kommentaren angeführt. In der DIN 18041 [35] werden neben dem $L_{NA,Bau}$ noch

Schalltechnische Anforderung an die Raumnutzung	Störschalldruckpegel der bauseitigen Geräusche	Anmerkung
mindest	$L_{NA,\,Bau} \leq 40$ dB	Mindestanforderung; nur für mittlere Entfernungen geeignet
mittlere	$L_{NA,\,Bau} \leq 35$ dB	Minimalanforderung für Personen mit Hörverlusten oder schwierige/ fremdsprachige Kommunikation
hohe	$L_{NA,\,Bau} \leq 30$ dB	für Personen mit Hörverlusten; für schwierige oder fremdsprachige Kommunikation

Tabelle 3.1 Anforderungen an die Raumnutzung und Störschalldruckpegel bauseitiger Geräusche $L_{NA,\,Bau}$ in Anlehnung an DIN 18041 [35]

der Sprachschalldruckpegel L_{SA}, der Gesamtstörschalldruckpegel L_{NA}, der Störschalldruckpegel der Betriebsgeräusche $L_{NA,\,Betrieb}$ und der Störschalldruckpegel der Publikumsgeräusche $L_{NA,\,Publ}$ definiert. Für Details dieser Begriffe wird auf den Normentext verwiesen.

Als Anforderung je nach Raumnutzung wird in verschiedenen Regelwerken zur Raumakustik der Wert $L_{NA,\,Bau}$ verwendet. Weitere Regelwerke wie die DIN 4109 [36] oder die VDI 2081 [152] führen ebenfalls Anforderungen und Empfehlungen für die Geräusche aus verschiedenen Quellen wie raumlufttechnischen Anlagen, Sanitärinstallationen oder anderen haustechnischen Anlagen (Fahrstühle, Müllabrufanlagen, Garagenanlagen etc.) an. Diese Geräusche unterliegen teils gesetzlichen Vorgaben des Baurechts oder aber sind ordnungsrechtlich beispielsweise durch eine Hausordnung geregelt. Es ist anzumerken, dass die jeweiligen Kenngrößen auf einem Mittelungspegel oder aber auch auf Grundlage von kurzfristigen Geräuschspitzen beruhen. Eine Diskussion der Details dieser im weitesten Sinne bauakustischen Kenngrößen würde aber den Rahmen dieses Buchs sprengen. Es wird auf die einschlägige Literatur wie von Fasold [62], Moll [115] oder Lips [97] verwiesen.

Schallfelder

Bei der Ausbreitung von Schall in geschlossenen Räumen kommt es zu einer Wechselwirkung zwischen den Materialien im Raum und den Schallwellen. Neben den Materialien sämtlicher Oberflächen hat die Raumgröße einen wichtigen Einfluss auf die Verteilung des Schalls im Raum. Schon der Aufbau bzw. das Einschwingen des Schallfeldes im Raum unterliegt hierbei dem Einfluss von Materialien, der Raumgeometrie und auch der Position und Anzahl der Schallquellen.

Die Schallausbreitung in Räumen kann somit zeitlich als auch räumlich sehr variieren. Als Schallfeld wird der eingeschwungene Zustand der Schallausbreitung im Raum bezeichnet. Die wissenschaftlich korrekte Beschreibung des Schallfeldes kann eine durchaus komplexe Aufgabe sein. Auf entsprechende vertiefende Fachliteratur wie das Buch »Raumakustische Felder« [106] ist zu verweisen. In der Raumakustik wird daher häufig mit Näherungen gearbeitet. Eine in der Anwendung weit verbreitete und erprobte Näherung stellt die Idee des »diffusen« Schallfeldes dar. Streng genommen existiert keine wissenschaftlich exakte Definition für ein »diffuses« Schallfeld. Es werden häufig hinreichende Bedingungen benannt, die dann zu dem führen, was unter einem »diffusen« Schallfeld verstanden werden soll. Neben einem möglichst wenig schwankenden Schallpegel im Raum wird auch die Anzahl der Raumresonanzen oder Eigenschwingungen eines Raums innerhalb eines bestimmten Frequenzbereichs als Kriterium für das Vorhandensein eines »diffusen« Schallfelds genannt, siehe auch Abschnitt 6.4 zu den Grenzen der Diffusfeld-Raumakustik.

Aus raumakustischer oder physikalischer Sicht ist es sinnvoll, die Beschreibung des Schallfelds anhand des Verhältnisses der Raumgröße zur Wellenlänge des betrachteten Schalls vorzunehmen. Bei tiefen Frequenzen, d. h. in einem Bereich mit geringem Unterschied wenigstens einer Raumabmessung und der Wellenlänge des Schalls, kommt es zur Ausbildung sogenannter stehender Wellen im Raum. Stehende Wellen oder auch Raummoden bilden sich immer dann aus, wenn bei weitgehend stark reflektierenden Raumbegrenzungen die Wellenlänge des Schalls zu mindestens einer Raumabmessung passt. Weitere Details hierzu sind in Abschnitt 6.4 zu finden.

Bei hohen Frequenzen, also wenn die Schallwellenlänge deutlich kleiner ist als jedwede Raumabmessung, kommt es schon in relativ kleinen Räumen zu einer guten Durchmischung der reflektierten Schallanteile. Die Schallausbreitung bei hohen Frequenzen kann näherungsweise mit einem Lichtstrahl verglichen werden. In diesem Zusammenhang wird von Schallstrahlen, geometrischer Raumakustik oder auch statistischer Raumakustik gesprochen. Die Idee des Schallstrahls führt zu einer Modellbildung oder Vorstellung, wie sich der Schall im Raum ausbreitet. Diese Art der Schallausbreitung unterscheidet zwischen Direktschall und reflektierten Schallanteilen. Dies ist exemplarisch in Abbildung 3.2 skizziert. Der Gegensatz hierzu ist die zuvor erwähnte wellentheoretische Raumakustik, die immer dann greift, wenn Raumabmessungen und Wellenlängen in derselben Größenordnung liegen.

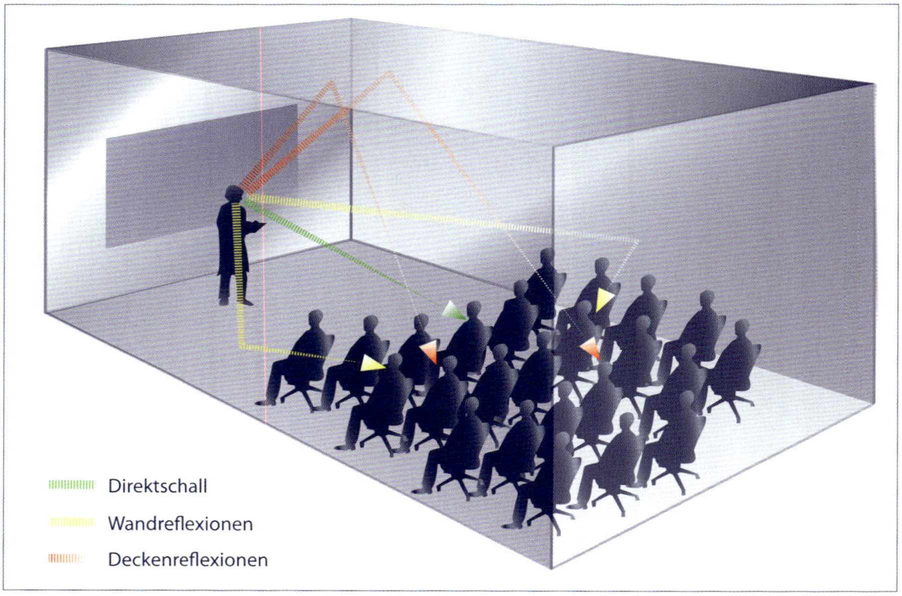

Abbildung 3.2 Prinzipielle Ausbreitung von Schall als Strahlen im Raum

Die beschriebene und eher physikalisch motivierte Abgrenzung zwischen den beiden raumakustischen Beschreibungsweisen kann mathematisch abgeleitet werden und führt zum Begriff der Grenzfrequenz , die unter Abschnitt 6 4 eingeführt und beschrieben wird.

Bei Alltagsräumen mit nicht zu kleinen Raumvolumina genügt in der Regel die geometrische oder statistische Betrachtung, die auch als Diffusfeld-Näherung bezeichnet wird. Bei Räumen mit sehr kleinen Raumvolumina, ungünstigen Abmessungen und tiefen Frequenzen kann es zu Effekten kommen, die eine weitergehende Betrachtung auf Grundlage der wellentheoretischen Raumakustik notwendig machen.

Neben dieser akustisch motivierten Unterscheidung der Raumgrößen anhand des Verhältnisses von Raumabmessung und Wellenlänge wird häufig auch eine geometrische Betrachtung verschiedener Raumformen angeführt. Hierbei wird zwischen kubischen, flachen und langen Räumen unterschieden.

Für näherungsweise kubische Räume kann in der Regel ein diffuses Schallfeld angenommen werden [63], wenn die maximale Länge und Breite zwischen dem 0,3-fachen und dem 3-fachen der Raumhöhe liegt und die Breite höchstens das 2-fache der Länge beträgt. Zu beachten ist, dass auch in diesen Räumen raumakustische Defizite, wie deutlich hörbare Reflexionen oder auch Echos, auftreten können, wenn die Verteilung der Absorption nicht gewissen Regeln folgt oder aber akustisch ungünstige Raumformen vorliegen.

Von Flachräumen wird gesprochen [63], wenn die Länge mehr als das 5-fache der Höhe und die Breite mehr als das 3-fache der Höhe beträgt. Beispiele für Alltagsräume, die aus akustischer Sicht häufig als Flachräume angesehen werden können, sind Großraumbüros, Restaurants oder auch Tiefgaragen. Langräume können entsprechend als Räume so definiert werden, dass die Länge mehr als das 5-fache der Höhe beträgt und zugleich die Breite zwischen dem 0,3- bis 3-fachen der Höhe liegt. Flure, Tunnel und U-Bahn-Stationen sind typische Beispiele für Langräume.

In Flach- und Langräumen kann es je nach Form und Ausstattung mit schallabsorbierenden Materialien zur Ausbildung von nicht-diffusen Schallfeldern kommen. Neben der generellen Raumform ist aber auch die akustische Gestaltung einzelner Raumbegrenzungsflächen von Bedeutung für das Schallfeld im Raum. Zur Identifizierung von akustisch ungünstigen Formen hilft wiederum die Vorstellung von Schallstrahlen als Modell für die Schallausbreitung.

In jedem Raum sind neben der Raumform somit auch die angemessene Gestaltung der Raumbegrenzungsflächen und der Möblierung als Grundvoraussetzungen für eine gute Akustik zu berücksichtigen. Was als gute Akustik in einem Raum angesehen wird, hängt ferner von der Nutzung des Raums ab In den folgenden Abschnitten werden allgemein die prinzipiellen Mechanismen bei der Wechselwirkung zwischen Schall und einem Material skizziert.

3.3 Schall und Materialien – Absorption, Reflexion, Diffusion

Trifft eine (Luft-)Schallwelle auf einen Körper auf, kommt es je nach dessen Material- und Oberflächenbeschaffenheit zu einer Wechselwirkung zwischen dem Schall und dem Material. Aufgrund der stark unterschiedlichen Wellenlängen bzw. Frequenzen ist diese Wechselwirkung stets frequenzabhängig.

Im Rahmen der Bauakustik liegt das Augenmerk auf dem Schalldurchgang oder auch der Transmission durch ein Bauteil, also z. B. eine Wand, eine Decke, eine Tür, ein Fenster etc. (vgl. Abbildung 3.1). Der Schalldurchgang wird durch die frequenzabhängige Schalldämmung des Bauteils beschrieben. Die Schalldämmung bestimmt den Schallschutz eines Gebäudes und ist nicht Thema diese Buches.

In der Raumakustik wird die Beeinflussung und Veränderung des Schalls durch die Oberflächen im Raum betrachtet. Neben den Raumbegrenzungsflächen haben auch die weiteren Flächen im Raum, wie Möbeloberflächen und andere Ausstattungen bis hin zu den Menschen im Raum, eine Bedeutung für die Akustik des Raums. Auch diese Wechselwirkung der Flächen im Raum bei der Ausbreitung des Schalls ist frequenzabhängig.

Es ist regelmäßig zu beobachten, dass beispielsweise die Orgel einer Kirche bei voller Besetzung ganz anders klingt als im unbesetzten Zustand.

Die akustische Wechselwirkung eines Materials oder besser einer Fläche im Raum hängt zum einen von der Materialbeschaffenheit und zum anderen von der Flächengröße, -form und -position im Raum ab. Zur akustischen Wirkung von Materialien werden im Folgenden die grundlegenden Mechanismen sowie ganz allgemein Schallabsorber vorgestellt. Der Schallanteil, der nicht vom Material absorbiert wird, verbleibt als Reflexion im Raum. Die Reflexion erfolgt auf unterschiedliche Art und Weise, was wiederum von der Oberflächenform abhängt. Die Ursache hierfür ist in dem Verhältnis zwischen der Wellenlänge des Schalls und der Größe der Oberflächenstrukturen zu sehen.

Allgemein ist bei der Reflexion von Schallwellen zwischen drei Möglichkeiten zu unterscheiden, die in der Abbildung 3.3 skizziert sind.

Wellenlänge kleiner als Strukturgröße

In diesem Fall kann der einfallende Schall näherungsweise als Schallstrahl ähnlich einem Lichtstrahl aufgefasst werden. Es kommt zur geometrischen Reflexion des Schalls, die dem in der Optik bekannten Gesetz folgt, d. h. der Einfallswinkel ist gleich dem Ausfallwinkel. Die beiden Schallstrahlen liegen zudem in einer Ebene. Diese geometrische Reflexion wird auch als spiegelnde Reflexion bezeichnet.

Wellenlänge und Strukturgröße ungefähr gleich

Für diesen Fall kommt es nicht mehr zur gerichteten oder auch geometrischen Reflexion. Ungerichtete, gestreute oder auch diffuse Reflexionen treten auf. Der Anteil des reflektierten Schalls in Richtung des geometrischen Ausfallwinkels verringert sich bzw. es gibt keinen eindeutigen Ausfallwinkel mehr. Je nach Struktur wird der Schall auch aus der Schnittebene heraus reflektiert.

Wellenlänge größer als Strukturgröße

Die der Grundstruktur aufgeprägte Feinstruktur kann in diesem Fall vernachlässigt werden. Es kommt zur geometrischen Reflexion an der Grundstruktur der Fläche.

Die Reflexion an einer strukturierten Fläche kann somit gerade bei verschiedenen Strukturgrößen zu sehr unterschiedlichen Effekten je nach Frequenz führen.

Gezielte geometrische Reflexionen an idealerweise wenig absorbierenden Flächen werden in Räumen zur Schalllenkung eingesetzt. Die diffuse Reflexion oder auch Streuung bzw. Diffusion von Schall an den Oberflächen im Raum führt zu einer guten Durchmischung der reflektierten Schallanteile. Gerade in Räumen für Musik ist dies gewünscht. Zu starke geometrische Reflexionen von einzelnen Wandflächen können jedoch wahrnehmbar sein und mitunter störend wirken. Dies gilt auch für Räume mit sprachlichen und kommunikativen Nutzungen. Der Aspekt der diffusen Schallreflexion ist in allen Räumen

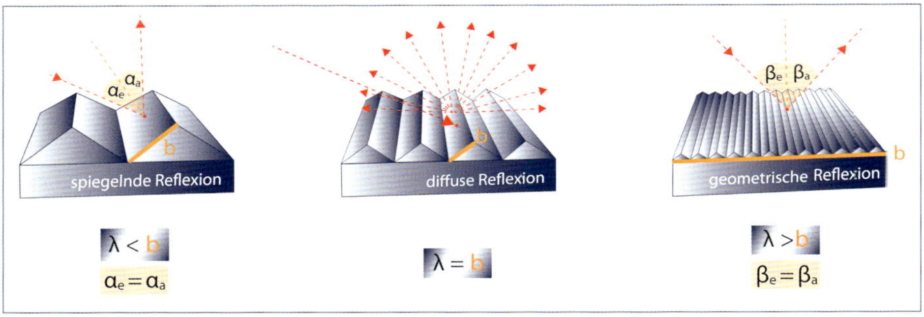

Abbildung 3.3 Verschiedene Arten der Reflexion in Abhängigkeit von der Strukturgröße b der Oberfläche bezogen auf die Wellenlänge λ

im Rahmen der raumakustischen Planung, wenngleich mit unterschiedlichem Gewicht, zu beachten.

Der nicht von einer Fläche reflektierte Anteil der Schallenergie wird als Schallabsorption bezeichnet. Bei dem Auftreffen einer Schallwelle auf eine Fläche spaltet sich die Energie in die Anteile der Transmission, der Reflexion und der Absorption der Fläche. Die Summe dieser drei Anteile entspricht der auftreffenden Energie. In der Regel kann in der Raumakustik davon ausgegangen werden, dass die Transmissionsanteile um einige Größenordnungen geringer als die Reflexion oder auch die Absorption sind. Somit werden in der Raumakustik klassischerweise Materialien durch ihre Absorption charakterisiert. Die entsprechenden physikalischen Kenngrößen werden im Abschnitt 3.4 im Detail vorgestellt.

Als Zusammenfassung der akustischen Wirkung von Flächen in einem Raum wird die Darstellung in Abbildung 3.4 in Anlehnung an den Vorschlag von Cox/D'Antonio [21] aufgegriffen. Je nach Nutzung ist der Schwerpunkt der akustischen Wirkung der Oberflächen in einem Raum im Bereich der Absorption, der Reflexion oder der Diffusion anzusetzen. Die Absorption dient hierbei in der Regel der Pegelminderung, die Reflexion der Schalllenkung und die Diffusion der Klanggestaltung im Raum. Die in der Abbildung außen im blauen Ring skizzierten Funktionen einer Fläche im Raum korrespondieren mit den im inneren gelben Ring angeführten Materialeigenschaften. Jeder Raum oder besser Raumtyp, wie beispielsweise ein Klassenraum, ein Besprechungsraum, ein Büroraum, ein Mehrzweckraum oder auch ein Konzertsaal, ist hier indivi-

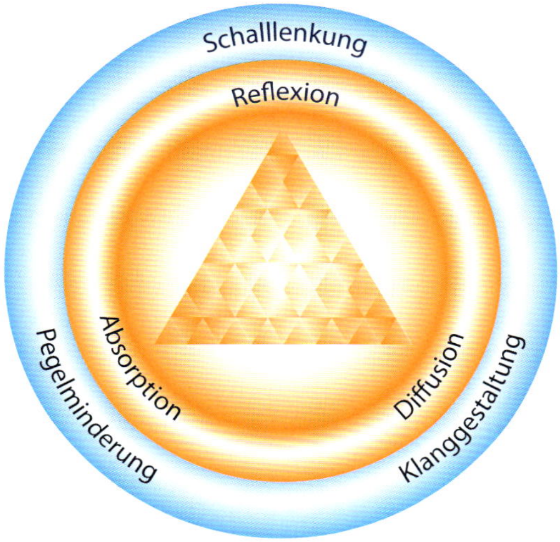

Abbildung 3.4 Schema zur Beschreibung der notwendigen Absorption, Reflexion und Diffusion der Oberflächen in einem Raum nach [21]

duell auf die Bedürfnisse der Nutzer anzupassen. Die Gesamtheit der Flächen mit ihren akustischen Eigenschaften führt dann zu den notwendigen und gewünschten raumakustischen Bedingungen im Raum.

Ein Raum wie die Produktionshalle einer Werft benötigt aus Gründen der Lärmminderung große Oberflächen zur Absorption und damit Pegelminderung. In einem Klassenraum sind neben absorbierenden Flächen auch Flächen notwendig, die den Schall diffus streuen und je nach Raumgröße auch reflektierende Anteile in den Oberflächen, um den Schall in bestimmte Raumbereiche zu lenken. In größeren Auditorien werden wiederum die Aspekte der Reflexion/Schalllenkung wichtiger und der Aspekt der Absorption nimmt ab. Aufnahmestudios schließlich verfügen in der Regel über sehr viel Absorption bei gleichzeitig starker Diffusion der Oberflächen im Raum.

3.4 Schallabsorber – Absorptionsgrade

Schallabsorber, also schallabsorbierende Aufbauten oder Elemente, werden in Räumen genutzt, um die Schallenergie im Raum in eine andere Energieform umzuwandeln und damit dem Raum zu entziehen. Hierdurch wird es zum einen im Raum leiser und zudem wird die Schallausbreitung im Raum durch eine Änderung der Reflexionen verändert. Eine schallabsorbierende Fläche in der Nähe einer Schallquelle führt dazu, dass der Schall sich mit geringerer Stärke im Raum ausbreiten kann.

Die Betrachtung der Schallreflexion an einer Fläche führt zum Begriff des Absorptionsgrades. Unter Schallabsorption wird physikalisch die Umwandlung von Schall- in Wärmeenergie verstanden. Das Absorptionsvermögen eines Materials wird mit Hilfe des Schallabsorptionsgrades (früher als »Schluckgrad« bezeichnet oder kurz Absorptionsgrad) beschrieben. Der physikalische Absorptionsgrad α gibt den an der Fläche absorbierten Anteil der auftreffenden Schallenergie an:

$$\alpha = \frac{\text{absorbierte Energie}}{\text{auftreffende Energie}} \quad (3.1)$$

Trifft eine Schallwelle senkrecht auf den Schallabsorber, so wird der zugehörige Absorptionsgrad mit α_0 bezeichnet. Bei nicht senkrechtem Schalleinfall, also unter einem Winkel θ zur Fläche, kann entsprechend ein Absorptionsgrad α_θ für schrägen Schalleinfall definiert werden. Für gleichmäßig aus allen Richtungen auf den Absorber auftreffenden Schall kann der Absorptionsgrad α_{st} für statistischen oder auch diffusen Schalleinfall bestimmt werden. Eine Berechnung von α_{st} ist theoretisch durch die Bildung eines Mittelwerts über alle Einfallswinkel möglich.

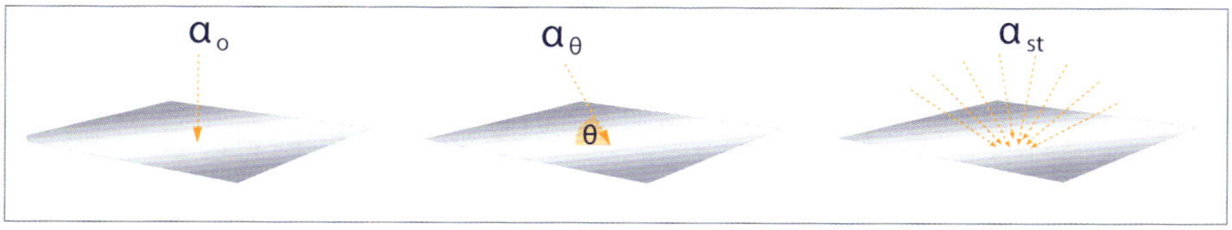

Abbildung 3.5 Darstellung der verschiedenen Absorptionsgrade; Absorptionsgrad α_0 für senkrechten Schalleinfall, α_θ für Schalleinfall unter einem bestimmten Winkel und α_{st} für statistischen Schalleinfall

Im Bereich der Raumakustik wird in der Regel der sogenannte Sabinesche Absorptionsgrad α_S verwendet. Er basiert auf mehreren Annahmen bezüglich des im Raum vorhandenen Schallfeldes und auf der Sabineschen Nachhallformel, siehe Abschnitt 6.2. Der Sabinesche Absorptionsgrad gibt den Mittelwert des Absorptionsgrades einer bestimmten Raumbegrenzungsfläche an, wenn der Raum nicht zu klein, die Bedämpfung des Raums nicht zu groß ist und einige weitere Voraussetzungen erfüllt werden [27]. Eine exakte Vorausberechnung von α_S ist praktisch nicht möglich, sondern erfordert immer eine Annahme zu dem Schallfeld im Raum. Ein unmittelbarer Vergleich mit dem Absorptionsgrad für statistischen Schalleinfall α_{st} ist daher nicht sinnvoll, sondern kann lediglich als Anhaltspunkt beim Vergleich verschiedener Messverfahren dienen.

Neben den genannten Definitionen für Absorptionsgrade existiert eine Reihe weiterer Definitionsvorschläge für den Schallabsorptionsgrad [59, 114, 120], die sich in der Praxis nicht durchgesetzt haben. Allein von Morse [120] werden bereits 1940 vier verschiedene Absorptionsgrade definiert, beispielsweise ein Absorptionsgrad für eine streifend auf eine Wand treffende Raummode. Von dem bekannten Akustiker Hunt [78] wurde in diesem Zusammenhang schon im Jahr 1939 von einem »Absorptionsgrad-Problem« gesprochen. Auch in der aktuellen Literatur wie von Mechel [103] wird noch mehr als 50 Jahre später die zu große Anzahl verschiedener Absorptionsgrade beklagt. Der Hinweis auf die Vielzahl von Absorptionsgraden soll nicht verwirren, aber darauf hinweisen, dass durchaus Verwechslungsgefahr bei der Angabe eines Absorptionsgrads besteht.

Die Bestimmung des Sabineschen Absorptionsgrads α_S ist durch die weltweit eingeführte DIN EN ISO 354 [50] eindeutig beschrieben. Details hierzu sind im folgenden Abschnitt 3.5 dargestellt.

Prinzipiell kann die Umwandlung von Schallenergie in andere Energieformen auf verschiedene Art und Weise erfolgen. Aus physikalischer Sicht werden zwei Mechanismen unterschieden, entsprechend wird einerseits von porösen Schallabsorbern und andererseits von Resonanzabsorbern gesprochen.

Diese beiden Absorberarten führen in der Regel zu prinzipiell verschiedenen Frequenzcharakteristiken des Absorptionsgrads. Dies resultiert aus den beiden zugrunde liegenden physikalischen Mechanismen. Poröse Schallabsorber

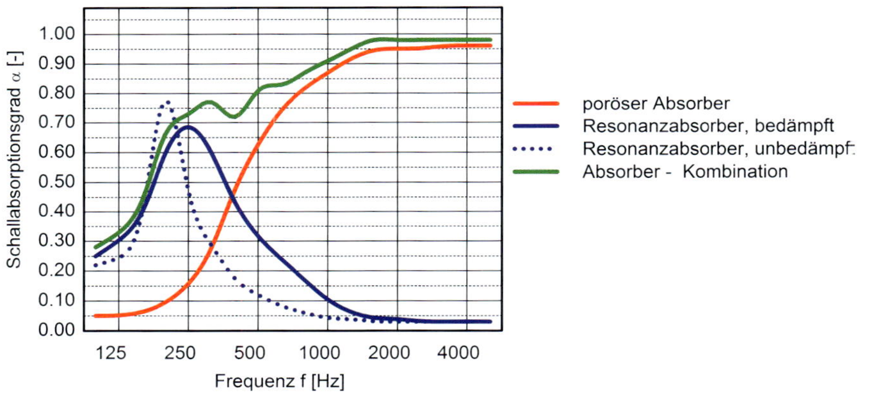

Abbildung 3.6 Skizze zum prinzipiellen Verlauf des frequenzabhängigen Absorptionsgrads von porösen Schallabsorbern, bedämpften und unbedämpften Resonanzabsorbern sowie möglichen Kombinationen daraus

zeigen meist einen Anstieg des Schallabsorptionsgrads von tiefen zu hohen Frequenzen. Bei Resonanzabsorbern tritt dagegen ein mehr oder weniger stark ausgeprägtes (lokales) Maximum der Absorption auf, d. h. der Absorptionsgrad steigt von tiefen Frequenzen aus bis zu einem Maximum an und sinkt zu höheren Frequenzen hin wieder ab. Viele der in der Praxis verwendeten Schallabsorber nutzen eine Kombination von beiden Mechanismen zur Schallabsorption. Der prinzipielle Verlauf des frequenzabhängigen Absorptionsgrads ist für die verschiedenen Absorberarten in Abbildung 3.6 skizziert.

Im Folgenden werden die beiden Absorberarten kurz erläutert. Die mathematische Modellierung sowie Interpretation der Wirkungsweise von Schallabsorbern kann als eigenes Teilgebiet der physikalischen Akustik angesehen werden, hierzu siehe die Bücher von Mechel [103, 104, 105] und das Werk von Cox/D'Antonio [21]. Eine Anwendung dieses Teilgebiets mit Bezug zur Raumakustik besteht im Entwurf und in der Entwicklung von schallabsorbierenden Aufbauten und Elementen.

3.4.1 Poröse Absorber

Bei porösen Absorbern erfolgt die Umwandlung der Schallenergie in Wärmeenergie direkt durch Reibung an einer porösen Struktur. Aufgrund der sehr geringen Energie in einer Schallwelle, selbst bei hohen Schallpegeln, tritt keine mess- oder etwa fühlbare Erwärmung des jeweiligen Materials auf, was gelegentlich vermutet wird.

Poröse Absorber sind häufig offenporige oder auch faserige Materialien wie Schäume oder Wollen. Durch die Porigkeit oder auch Porosität des Materials tritt eine deutliche Vergrößerung der Oberfläche auf. Die Porosität wird in der Akustik als der Volumen-Anteil der Luft in einem Material definiert. Hierbei wird davon ausgegangen, dass sämtliche Hohlräume oder auch Poren nicht abgeschlossen und vom Äußeren des Materials zugänglich sind [109]. Innerhalb des Materials abgeschlossene Luftvolumina sind akustisch nicht wirksam.

Abbildung 3.7 Großaufnahme von Holzwolle als Beispiel eines porösen Absorbers

Eine Auflage bzw. ein Verschließen der Porigkeit an der Oberfläche eines porösen Absorbers kann dazu führen, dass die Schallwelle nicht mehr in den Absorber eindringen kann. Gerade für hohe Frequenzen kann durch einen Verschluss der Poren die Schallabsorption deutlich verringert werden.

> Verhautete Schaumstoffe sind prinzipiell weniger schallabsorbierend als unverhautete Schaumstoffe. Durch das Streichen einer offenporigen Akustikdecke mit einer geschlossenen Farbschicht kann die absorbierende Wirkung deutlich herabgesetzt werden.

Neben der Porosität ist der Strömungswiderstand eine nicht-akustische Materialkenngröße zur akustischen Beschreibung eines porösen Schallabsorbers. Der Strömungswiderstand gibt an, welchen (Luft-)Widerstand das Material bei einer Durchströmung zeigt.

Der Strömungswiderstand variiert je nach Materialstärke und wird daher auf die Materialstärke bezogen und dann als längenspezifischer Strömungswiderstand, im Folgenden mit Ξ abgekürzt, bezeichnet. Die physikalische Einheit des Strömungswiderstandes Ξ ist $\mathrm{Pa\,s/m^2}$. Die Messung des längenspezifischen Strömungswiderstands erfolgt nach einem normierten Verfahren. Viele Hersteller von Mineralwolle, Schaumstoffen und anderen porösen Materialien geben für akustisch wirksame Produkte den längenspezifischen Strömungswiderstand als Materialkenngröße an.

Prinzipiell gibt es keine idealen Werte für die Porosität und den längenspezifischen Strömungswiderstand eines Materials, da letztlich immer die Kombination beider Kenngrößen wie auch die Materialstärke die Schallabsorption eines porösen Schallabsorbers definieren. So kann bei gleicher Porosität eine große Materialstärke mit geringem Strömungswiderstand zu gleichen Absorptionswerten wie eine geringe Materialstärke mit hohem Strömungswiderstand führen.

Es existiert eine Vielzahl von mathematischen Rechenmodellen zur Vorhersage der Schallabsorption und anderer akustischer Materialkennwerte aus den nicht-akustischen Kenngrößen Porosität, Strömungswiderstand und weiteren Größen. Hier wird auf die entsprechende Fachliteratur wie [9, 10, 21, 62] verwiesen.

Bei üblichen Aufbautiefen von einigen Zentimetern wirken poröse Absorber im mittleren und hohen Frequenzbereich. Sehr dicke Aufbauten können auch für die Absorption tiefer Frequenzen verwendet werden, was allerdings in der Raumakustik häufig aus Platzmangel nicht praktikabel ist.

3.4.2 Resonanzabsorber

Resonanzabsorber zeichnen sich dadurch aus, dass die Schallenergie nicht direkt in Wärmeenergie umgewandelt, sondern zunächst in eine andere Energieform übertragen wird. Eine häufige Form von Resonanzabsorbern sind dünne, schwingfähige Platten vor einem abgeschlossenen Luftvolumen. Der auftreffende Schall regt die Platte zur Schwingung an; die Plattenschwingung wird anschließend durch die Wechselwirkung mit dem Luftvolumen bedämpft. Durch diese zweistufige Wandlung wird der Schallwelle ebenfalls Schallenergie entzogen bzw. der auftreffende Schall absorbiert.

Charakteristisch für einen Resonanzabsorber ist eine mehr oder weniger stark ausgeprägte maximale Schallabsorption in einem eher kleinen Frequenzbereich. Dieses Maximum tritt bei einem Plattenresonator bei der Frequenz auf, bei der die Platte besonders gut »mitschwingen« kann. In der Regel werden Resonanzabsorber so ausgelegt, dass das Maximum der Schallabsorption bei tiefen Frequenzen liegt.

Typische Beispiele für Resonanzabsorber sind dünne Sperrholzplatten, Spanplatten, Metallplatten, Gipskartonplatten, aber auch Glasscheiben oder biegesteife Membranen oder Folien. Wichtig ist, dass es sich um ein biegesteifes Material handelt, so dass sich eine Plattenschwingung ausbilden kann. Auch Einrichtungsgegenstände mit eingeschlossenen, nicht zugänglichen Luftvolumina, beispielsweise Schränke, wirken als Resonatoren.

> Viele klassische Räume für Musikdarbietungen sind mit Holzverkleidungen ausgestattet, die als tieffrequent wirksame Plattenresonatoren wirken.

Die akustische Wirkung solcher auch als Plattenschwinger bezeichneter Resonanzabsorber wird sowohl durch die Biegesteifigkeit des Materials, die Größe der Platten und deren Befestigung als auch durch das eingeschlossene Luftvolumen bestimmt. Als Analogie zur Berechnung entsprechender Aufbauten wird häufig das Modell eines Masse-Feder-Systems verwendet. Hierbei übernimmt die Platte die Funktion der Masse und das eingeschlossene Luftvolumen bildet die akustische Feder.

Durch das Einbringen eines porösen Materials in das Luftvolumen wird die Resonanz des Systems verändert. In der Regel wird der Absorber hierdurch breitbandiger und die Schallabsorption nimmt im Maximum etwas ab, siehe Abbildung 3.6. Weiterhin kann die geschlossene Platte vor dem Luftvolumen perforiert werden. In diesem Fall wird von Lochplattenschwingern gesprochen. Auch für Lochplattenschwinger gelten die Hinweise zu einem porösen Material im Luftvolumen.

Perforierte Holzpaneele, gelochte Gipskartonplatten, Schlitzplatten aus Metall, Holz oder anderen Materialien oder perforierte Membranen und Folien sind typische Beispiele für Lochplattenschwinger. Neben den genannten Faktoren Biegesteifigkeit sowie Art und Weise der Befestigung der Platte treten nun der Perforationsgrad der Platte und in geringem Maße auch die Ausprägung der Perforation (Lochbild) als Parameter zur Bestimmung der Absorption hinzu. Eine mathematische Berechnung kann mitunter recht komplex werden, sodass für praktische Anwendungen nach Möglichkeit auf Messwerte zur Schallabsorption zurückgegriffen werden sollte.

Andere Formen von Resonanzabsorbern sind sogenannte Helmholtzresonatoren, bei denen ein Luftvolumen ähnlich wie bei Musikinstrumenten in Schwingung versetzt und anschließend diese Schwingung bedämpft wird. Helmholtzresonatoren lassen sich mit Hohlräumen realisieren, die durch eine kleine Öffnung an den Raum angeschlossen werden. Für die Dimensionierung existieren auch hier mathematische Modelle und Berechnungsmethoden, die im Rahmen dieses Buchs nicht vertieft werden.

3.5 Messung akustischer Materialkennwerte

Die Messung akustischer Materialkennwerte wie der Absorption, der Reflexion oder auch der Streuung ist keinesfalls als triviale Aufgabe der akustischen Messtechnik zu verstehen. Zur Bestimmung der Schallabsorption existieren erprobte und international genormte Verfahren. Entsprechende Methoden zur Ermittlung der schallstreuenden Eigenschaften von Materialien sind als aktuelle Forschungsthemen einzustufen; erste Normungen sind vorhanden, aber noch in der Erprobungsphase. Im Folgenden werden die beiden international normativ festgelegten Methoden zur Ermittlung der Schallabsorption, Kundtsches Rohr und Hallraum, vorgestellt und anschließend weitere Ansätze zur Messung der Absorption wie auch des Streugrades kurz diskutiert.

3.5.1 Kundtsches Rohr

Die traditionelle Messanordnung zur Bestimmung des Absorptionsgrades α_0 eines Materials für senkrecht auftreffenden Schall ist das Kundtsche Rohr. Hierbei wird in einem Rohr mit möglichst gut reflektierenden, also schallharten Wänden das Schallfeld vermessen. Während sich an dem einen Ende des Rohrs ein Lautsprecher befindet, um das Schallfeld anzuregen, ist am anderen Ende die zu untersuchende Materialprobe angebracht. Je nach Materialbeschaffenheit bildet sich das Schallfeld im Rohr aus, das dann analysiert wird, um auf den Absorptionsgrad des eingebrachten Materials zu schließen.

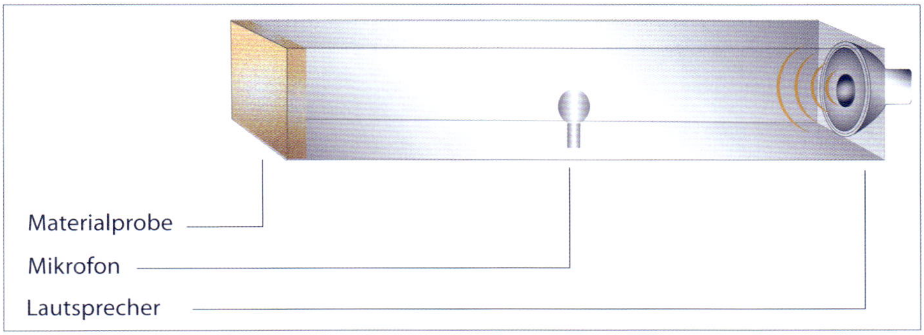

Abbildung 3.8 Prinzipskizze zum Aufbau und zur Messung im Kundtschen Rohr

Klassischerweise wird im Kundtschen Rohr bei Anregungen durch reine Sinustöne das Schallfeld mit einem Mikrofon abgetastet. Aus der Position von Minima und Maxima des Schalldrucks kann der Absorptionsgrad α_0 für senkrechten Schalleinfall bestimmt werden. Die Prozedur ist dann für jede zu untersuchende Frequenz zu wiederholen, Details zu diesem klassischen Verfahren sind in DIN EN ISO 105434-1 [43] beschrieben.

Mit der DIN EN ISO 10534-2 [44] liegt eine in der Praxis schon seit Längerem angewandte Messmethode mit breitbandiger Anregung des Schallfeldes im Rohr vor, Transferfunktionsmethode genannt. Hiernach wird die Übertragungsfunktion zwischen zwei Positionen im Rohr zur Bestimmung des Absorptionsgrades α_0 verwendet. Der Vorteil der breitbandigen Anregung liegt darin, dass nur noch eine Messung zur Erfassung aller Frequenzen notwendig ist. Die beiden Verfahren, klassisch mit Sinustönen und modern mit breitbandiger Anregung, sowie die Anforderungen an die Messapparatur sind in der DIN EN ISO 10534, Teil 1 und 2 [43, 44] genau beschrieben.

Der Frequenzbereich für derartige Absorptionsgradmessungen ergibt sich im Wesentlichen aus den geometrischen Rohrabmessungen. Gebräuchlich sind sowohl runde Rohre als auch Rohre mit quadratischem oder rechteckigem Querschnitt. Bei der Transferfunktionsmethode ist die tiefste Messfrequenz durch die Auflösung der verwendeten Signalverarbeitung eingeschränkt. Der Rohrdurchmesser bzw. die Querabmessung bestimmt die höchste Messfrequenz. Typischerweise können im Kundtschen Rohr Proben mit Abmessungen zwischen 3 und 40 cm Kantenlänge bzw. Durchmesser vermessen werden. Der Frequenzbereich reicht meist von ca. 50 Hz bis 2 000 oder 3 000 Hz. Wenn auch höhere Frequenzen von Interesse sind, ist es notwendig, in einem kleineren Rohr mit einer weiteren Probe die Messungen zu wiederholen. Durch eine weitgehende Automatisierung des Messablaufs können die Messungen schnell und zuverlässig durchgeführt werden. Es sind jeweils mehrere Proben des Materials zu untersuchen. Aus den Ergebnissen ist der Mittelwert zu bilden.

Messungen im Kundtschen Rohr sind hilfreich, um verschiedene Materialien schnell miteinander zu vergleichen. Im Rahmen von Produktentwicklungen oder -optimierungen können effektiv verschiedene Aufbauten untersucht werden. Es werden dazu lediglich kleine Probenflächen benötigt. Großflächige Resonanzabsorber erfordern große Rohrabmessungen, die in der Regel nicht vorhanden sind. Insofern können großformatige Resonanzabsorber nicht bzw. nur bei speziell ausgestatteten Prüflabors im Kundtschen Rohr vermessen werden. Die schallharte Gestaltung der Rohrwände kann allerdings bei tiefen Frequenzen problematisch sein.

Der Schallabsorptionsgrad α_0 für senkrechten Schalleinfall ist für raumakustische Anwendungen nicht geeignet.

3.5.2 Hallraum

Das Hallraumverfahren kann als die klassische Methode zur Bestimmung der Schallabsorption für raumakustische Anwendungen bezeichnet werden. Das Verfahren ist durch die DIN EN ISO 354 »Messung der Schallabsorption in Hallräumen« [50] normativ gefasst und damit international verfügbar.

Zur Bestimmung der Schallabsorption wird in einem Hallraum die Nachhallzeit des leeren Raums und des Raums mit eingebrachtem Prüfmaterial gemessen. Die Auswertung erfolgt üblicherweise in Terz-Bandbreite. Das Verfahren ist durch DIN EN ISO 354 [50] standardisiert. In der Norm werden Anforderungen an das Raumvolumen V, die »Diffusität« des Schallfeldes, das Prüfobjekt, die zu verwendenden Messgeräte und viele weitere Details gestellt. Hierdurch soll eine Vergleichbarkeit zwischen Messungen in verschiedenen Hallräumen sichergestellt werden. Die Messungen sind in den Terzbändern von 100 Hz bis 5 000 Hz durchzuführen. Für neu zu errichtende Hallräume ist ein Mindestvolumen von 200 m^3 gefordert. Das Mindestvolumen des Hallraums beträgt 150 m^3. Es wird darauf hingewiesen, dass bei Frequenzen unterhalb von 100 Hz das Schallfeld nicht mehr ausreichend diffus, sondern von einer geringen Anzahl von Raummoden dominiert sein kann. Bei Hallraumvolumina von mehr als 500 m^3 wird dagegen eine genaue Messung mitunter durch die Absorption in der Luft gestört. Diese Hinweise entsprechen dem Erfahrungswissen, das schon an anderer Stelle zu finden ist, siehe [25]. Insofern entspricht die normative Festlegung des Hallraumvolumens auf 200 m^3 einem guten Kompromiss zur Abdeckung des in der raumakustischen Anwendung benötigen Frequenzbereichs. Auch zur Form des Hallraums gibt die Norm Empfehlungen, um ein möglichst homogenes Schallfeld im Raum zu gewährleisten.

Bei den Prüfobjekten wird zwischen flächenhaften Schallabsorbern und einzelnen Schallabsorbern unterschieden. Bei flächenhaften Absorbern ist eine überdeckte Fläche von 10 m^2 bis 12 m^2 erforderlich. Verschiedene Aufbauarten sind im normativen Anhang B der DIN EN ISO 354 [50] dargestellt. Die Tabelle 3.2 gibt eine Übersicht der verschiedenen angeführten Aufbauarten von flächigen Schallabsorbern. In den Abbildungen 3.9 und 3.10 sind typische Messaufbauten im Hallraum dargestellt.

Neben den flächenhaften Schallabsorbern werden einzelne Schallabsorber angeführt. Als Beispiele für einzelne Schallabsorber werden rechteckige schallabsorbierende Platten oder Baffles genannt, die nach den Vorgaben des Aufbautyps J aus dem Anhang B hinsichtlich des Schallabsorptionsgrads zu vermessen sind. Andere einzelne Schallabsorber sind Einzelobjekte wie Stühle, freistehende Stellwände oder Personen, die für die Messung möglichst wie in der Praxis üblich angeordnet werden sollen. Es wird darauf hingewiesen, dass

Aufbau	Kurzbeschreibung und weitere Hinweise
Typ A 	direkte Montage des Prüfobjekts an einer Raumoberfläche mit Klebemitteln oder mechanischen Befestigungen Beispiele: Teppichböden, aufgeklebte Schaumstoffe Absorptionswerte in Tabellen 8.3 im Anhang
Typ B 	Aufbau für Produkte, die direkt mit einem Kleber auf einen harten Untergrund gebracht werden Beispiele: Akustikputze auf einer Trägerplatte, poröse Materialien mit Tragstruktur Absorptionswerte in Tabelle 8.4 im Anhang
Typ E 	Befestigung des Prüfobjekts mit einem Luftspalt; Prüfobjekte können »auf dem Kopf« stehend auf den Boden des Hallraums aufgebracht werden; es sollte mit Abständen von 200 mm und 400 mm geprüft werden; andere Abstände können verwendet werden Beispiele: Rasterdecken Absorptionswerte in Tabelle 8.5 im Anhang
Typ G 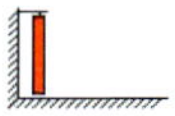	hängende Montage des Prüfobjekts; es soll mit einem Abstand der Vorderfläche des Prüfobjekts zur Wand des Hallraums von 100 mm geprüft werden; weitere Abstände als Vielfaches von 50 mm können verwendet werden Beispiele: Vorhänge, Rollos, Sonnenblenden Absorptionswerte in Tabelle 8.7 im Anhang
Typ I 	Aufbau für aufgespritzte oder mit Kelle aufgetragene Materialien Beispiele: Akustikputze Absorptionswerte in Tabelle 8.4 im Anhang
Typ J 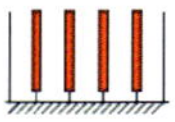	Aufbau für rechteckige schallabsorbierende Platten oder Baffles; Platten oder Baffles müssen in zwei oder drei Reihen angeordnet werden Beispiele: Platten, Baffles Absorptionswerte in Tabelle 8.7 im Anhang

Tabelle 3.2 Aufbautypen für Prüfobjekte und Beispiele in Anlehnung an den normativen Anhang B der DIN EN ISO 354 [50] sowie Hinweise zu entsprechenden Ergebnissen im Anhang

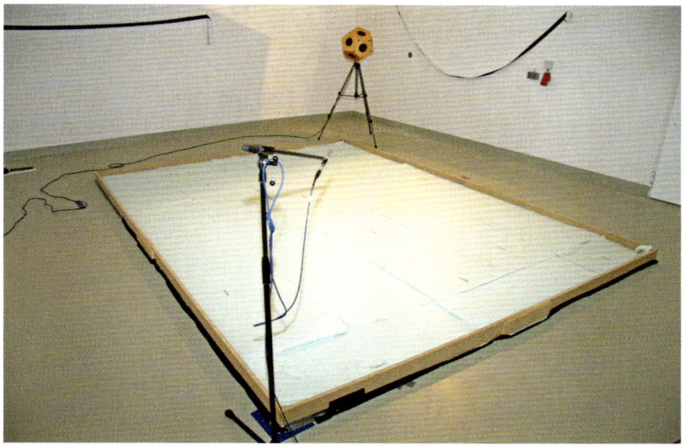

Abbildung 3.9 Messung im Hallraum mit flächigem Schallabsorber

die Prüfobjekte bei einzelnen Schallabsorbern mindestens aus drei gleichartigen Objekten bestehen müssen. Sofern das Prüfobjekt lediglich aus einem Objekt besteht, ist dieses an mindestens drei Standorten im Hallraum zu vermessen. Weitere Details zur Anordnung der Prüfobjekte sind der Norm [50] zu entnehmen.

Abbildung 3.10 Messung im Hallraum von schallabsorbierenden Sitzmöbeln [Quelle: SMV Sitz- und Objektmöbel GmbH]

Um den Einfluss von Temperatur- und Feuchteschwankungen auf das Messergebnis zu minimieren, sollten die Messungen im leeren und mit dem Prüfobjekt bestückten Hallraum unter nahezu gleichen Bedingungen durchgeführt werden. Zur Messung sind eine Schallquelle wie auch Mikrofone mit einer kugelförmigen Charakteristik zu verwenden. Die Vorgaben zur Messdurchführung, insbesondere hinsichtlich der Positionierung von Prüfobjekt und Schallquelle als auch Mikrofonen im Raum sind detailliert in der Norm [50] beschrieben.

Die Berechnung der äquivalenten Absorptionsfläche A_1 des leeren Hallraums bzw. A_2 des Hallraums mit Prüfobjekt erfolgt mit Hilfe der folgenden Formeln,

$$A_1 = 55{,}3 \frac{V}{c\,T_1} - 4\,V\,m_1 \tag{3.2}$$

$$A_2 = 55{,}3 \frac{V}{c\,T_2} - 4\,V\,m_2 \tag{3.3}$$

mit

V	Volumen des Hallraums in m^3
c	Schallgeschwindigkeit in Luft in m/s
T_1	Nachhallzeit des leeren Hallraums in s
T_2	Nachhallzeit des Hallraums mit Prüfobjekt in s
m_1, m_2	Luftabsorptionskoeffizient mit den Klimabedingungen, die bei der Messung ohne bzw. mit Prüfobjekt vorhanden waren, in 1/m

Diese beiden Gleichungen basieren auf der Sabineschen Nachhallformel, die im Kapitel 6 vorgestellt wird. Das Konzept der äquivalenten Absorptionsfläche wird unter Ziffer 3.6.1 eingehender erläutert.

Die äquivalente Absorptionsfläche des Prüfobjekts A_T ergibt sich aus der Differenz von der äquivalenten Absorptionsfläche im Hallraum mit Prüfobjekt A_2 und dem leeren Hallraum A_1:

$$A_T = A_2 - A_1 \tag{3.4}$$

Für flächenhafte Schallabsorber kann anschließend mit der vom Prüfobjekt überdeckten Fläche S der Schallabsorptionsgrad α_S berechnet werden:

$$\alpha_S = \frac{A_T}{S} \tag{3.5}$$

Der Index S wird verwendet, um auf das beschriebene Verfahren im Hallraum hinzuweisen. Hierdurch soll klargestellt werden, dass dieser Absorptionsgrad eine andere Grundlage hat als der aus rein physikalischer Sicht definierte Absorptionsgrad α nach Gleichung 3.1.

Bei Absorbern mit zwei beschallten Seiten, wie Stellwänden oder auch sogenannten Akustik-Segeln, -Wolken oder anderen Freiformen, enthält die Norm keine konkreten Vorgaben, wie die Bezugsfläche S zu ermitteln ist. Es gibt lediglich die Anmerkung, dass »bei beidseitig beschallten Absorbern der Schallabsorptionsgrad das Verhältnis aus äquivalenter Schallabsorptionsfläche des Prüfobjekts und der Fläche der beiden Seiten des Prüfobjekts ist«[50, Anmerkung 1 unter Ziffer 3.9].

Für einzelne Schallabsorber sollte die äquivalente Schallabsorptionsfläche je Objekt A_{obj} angegeben werden. Hierzu ist die äquivalente Absorptionsfläche A_T durch die Anzahl der Objekte n, in der Regel $n = 3$, zu teilen, entsprechend gilt:

$$A_{obj} = \frac{A_T}{n}. \tag{3.6}$$

Es besteht in der aktuellen Fassung der Norm die Unklarheit, wie mit Objekten wie Stellwänden, Tischaufsätzen und anderen Möbelelementen zu verfahren ist, die durchaus die Definition einer Oberfläche bzw. Bezugsfläche S zulassen. In der Praxis ist für derartige Elemente durchaus der Schallabsorptionsgrad α_S bezogen auf eine dann angegebene Bezugsfläche zu finden. Sofern die Angabe der Bezugsfläche fehlt, sind die Absorptionswerte nicht nutzbar.

In der DIN EN ISO 354 [50] wird weiterhin darauf hingewiesen, dass nach DIN EN ISO 11654 [45] (siehe Abschnitt 3.6) ein Einzahlwert bestimmt werden kann. Ebenfalls nach DIN EN ISO 11654 können aus den in Terzbandbreite gemessenen Absorptionswerten durch arithmetische Mittelwertbildung aus je drei Terzwerten die Oktavwerte des Absorptionsgrads bestimmt werden.

Bei dem Hallraumverfahren handelt es sich um ein indirektes Messverfahren zur Ermittlung der Schallabsorption, das auf idealisierten Annahmen zum Schallfeld wie auch auf der Näherung der Sabineschen Nachhallformel (siehe Abschnitt 6.1) beruht. Eigentliche Messgrößen sind die beiden Nachhallzeiten im leeren und im mit der Probe bestückten Raum. Hieraus, und da weitere idealisierende Voraussetzungen nicht erfüllt sind, können physikalisch unplausible Messergebnisse mit $\alpha_S > 1$ resultieren. Eine Ursache dafür ist der sogenannte »Kanteneffekt«. Hierunter wird zusammengefasst, dass es bei jedem Materialwechsel in einer Oberfläche zu einer Streuung des Schalls kommt. Diese Streuung trägt zusätzlich zur Absorption im Hallraum bei der Messung mit dem Prüfobjekt bei. Ferner wird streng genommen durch das Einbringen des Prüfobjekts in nur einer Raumrichtung die »Diffusität« des Schallfeldes verändert oder gestört. Auch diese Änderung des Schallfeldes gegenüber der idealisierenden Annahme des ortsunabhängigen und homogenen Schallfeldes im gesamten (Hall-)Raum führt zu einer scheinbar zusätzlichen Absorption, die in der Summe zu Werten von $\alpha_s \geq 1$ führen kann.

Die Ergebnisse aus Hallräumen verschiedener Labors zeigen speziell bei tiefen Frequenzen für das gleiche Material recht hohe Abweichungen untereinander. Zahlreiche Ringversuche zwischen verschiedenen Hallräumen zeigen Abweichungen von bis zu 0,1 für α_s [21, 82, 84]. Auch in der DIN EN ISO 354 [50] werden Aussagen zur Präzision des Verfahrens getroffen. Diese systematischen Abweichungen sind ebenfalls Gegenstand theoretischer Untersuchungen; ein recht umfassender Überblick wird von Kuttruff [87] gegeben. Die Genauigkeit der Messungen kann für praktische Zwecke überschlägig mit $\pm 0{,}05$ in den einzelnen Terzbändern abgeschätzt werden.

3.5.3 Weitere Messverfahren

In-situ Messverfahren zur Absorption

Neben den beiden unter Ziffer 3.5.1 (Kundtsches Rohr) und 3.5.2 (Hallraum) genannten Verfahren finden sich in der Literatur zahlreiche sogenannte »Freifeld-Messverfahren« für den Absorptionsgrad bzw. die Impedanz von Materialoberflächen. Die Impedanz oder auch der Wellenwiderstand ist eine sehr grundlegende Kenngröße zur akustischen Charakterisierung von Materialien. Vielen dieser Verfahren ist gemeinsam, dass sie auf der Annahme ebener Wellenfronten bzw. Schallstrahlen basieren. Somit können sie als geometrische Verfahren bezeichnet werden (s.a. [26, dort § 24]). Speziell die in den letzten Jahren entwickelten Varianten zur Anwendung in-situ versuchen mit teilweise recht aufwändigen Verfahren zur Messdatenaufbereitung, den Absorptionsgrad α direkt im Freifeld zu messen.

Einer der ersten Vorschläge zur Messung der akustischen Eigenschaften eines Materials im Freifeld ist die sogenannte Kurztonmethode von Spandöck [145] aus dem Jahre 1934. Eine Übersicht verschiedener in-situ Messverfahren ist in der Dissertation des Autors [127] und in der entsprechenden Fachliteratur [69, 116, 125, 126] zu finden.

Messung eines effektiven Absorptionsgrades

Ein speziell auf sehr tiefe Frequenzen (kleiner 100 Hz) ausgerichtetes Messverfahren ist 1937 von L. und H. Cremer in [22] vorgeschlagen worden. Ein kleiner Hallraum wird hierbei mittels eines Sinussignals bei seinen Eigenfrequenzen angeregt. Nach Ausschalten der Quelle wird der Abklingvorgang bei dieser Frequenz registriert.

Zur Unterscheidung von der klassischen Methode mit breitbandiger Anregung des Raums werden die Begriffe Nachklingen des Raums sowie Nachklingzeit für diese monofrequenten Messungen verwendet [27]. Analog dem Vorgehen beim Hallraum-Messverfahren wird im leeren und mit Prüfling belegten Raum der Nachklingvorgang ausgewertet. Aus der Differenz der Nachklingzeiten lässt sich auf diese Art ein Absorptionsgrad bei dieser Frequenz, in [160, 161] als effektiver Absorptionsgrad α_{eff} definiert, bestimmen. Der effektive Absorptionsgrad ist von der Frequenz, der Positionierung der untersuchten Absorber im Raum und den Absorbern selbst abhängig. Wird nur eine dieser Einflussgrößen, z. B. der Absorberaufbau, verändert, eignet sich der effektive Absorptionsgrad für Vergleiche verschiedener Absorbertypen. Er wurde daher als Hilfsmittel bei der Entwicklung von Tieffrequenz-Absorbern eingesetzt [144]. Der Begriff *effektiv* bezieht sich hier auf dieses spezielle Messverfahren bei den Eigenfrequenzen des jeweiligen Raums.

Auch Maa [101] spricht 1940 von einer effektiven Absorption und bezieht sich hierbei auf den Einfluss der Absorberpositionierung im Raum beim Nachhallvorgang.

Messung des Streugrades

Der Hallraum, siehe Abschnitt 3.5.2, kann neben der Messung der Absorption auch zur Bestimmung eines Streugrades für statistischen Schalleinfall verwendet werden. Zumindest unter Raumakustikern ist allgemein bekannt, dass erst durch eine angemessene Streuung des Schalls an Oberflächen ein Grad an Diffusität des Schallfeldes im Raum erreicht wird, der notwendig ist, um eine »gute Akustik« zu erzielen.

Mit der DIN EN ISO 17497-1 [79] steht eine Methode zur Verfügung, um zumindest für nicht hoch absorbierende und strukturierte Oberflächen den Streugrad für statistischen Schalleinfall zu bestimmen. Der Absorptionsgrad α_S des Materials soll kleiner als 0,5 sein. Die zu untersuchende Probe wird auf einem sogenannten Drehteller aufgebracht. Insgesamt werden vier Nachhall-Messungen nach der Hallraummethode der DIN EN ISO 354 [50] durchgeführt. Zum einen wird die Nachhallzeit T_1 des leeren Raums mit Drehteller gemessen; anschließend wird zur Messung der Nachhallzeit T_2 die Probe auf den Drehteller gelegt und nochmals die Nachhallzeit bestimmt. Diese beiden Messungen ohne und mit Probe werden dann mit rotierendem Drehteller wiederholt, entsprechend erhält man die Nachhallzeiten T_3 und T_4.

Analog dem Vorgehen gemäß Gleichung 3.5 wird mit Hilfe von T_2 und T_1 der Schallabsorptionsgrad α_S der nicht-rotierenden Probe ermittelt. Die Auswertung der Nachhallzeiten T_3 und T_4 der rotierenden Probe liefert den spiegelnden Absorptionsgrad (eng: specular absorption coefficient) α_{spec}. Aus den Werten von α_S und α_{spec} kann der Streugrad s für statistischen Schalleinfall bestimmt werden. Es gilt:

$$s = 1 - \frac{1 - \alpha_{spec}}{1 - \alpha_S} \qquad 3.7$$

Idealerweise sollte die Nachhallzeit T_1 und T_3 gleich sein. Sofern der Drehteller zur Halterung der Probe allerdings ebenfalls Streuung im Hallraum auslöst, lässt sich aus dieser Differenz der zugehörige Streugrad des Drehtellers bestimmen. Diese »Rest-«Streuung ist als Messfehler zu interpretieren.

Die Messung des Streugrades s für statistischen Schalleinfall ist in der Praxis noch wenig erprobt. Die Entwicklung des Verfahrens wurde weitestgehend an verkleinerten Modellen im Modellmaßstab durchgeführt.

Eine weitaus häufiger angewandte Methode zur quantitativen Bestimmung der Streuung von Oberflächen ist mit dem Verfahren nach D'Antonio [21] in Form einer Norm, der DIN EN ISO 17497-2 [80], fixiert. Bei dieser Methode werden die Reflexionen an der Probe unter verschiedenen Einfallswinkeln untersucht. Durch eine ausgeklügelte Signalverarbeitung können aus den gemessenen Impulsantworten für die ungestörte Ausbreitung des Schalls sowie aus der Schallausbreitung mit der Reflexion an der strukturierten Probe für die verschiedenen Einfallswinkel die richtungsabhängigen Streugrade bestimmt werden. Analog dem theoretischen Vorgehen beim richtungs- bzw. winkelabhängigen Absorptionsgrad kann anschließend durch die Bildung des Mittelwerts über alle Einfallswinkel der Streugrad für statistischen Schalleinfall bestimmt werden.

3.6 Kenngrößen der Schallabsorption

Aus den Messungen zur Schallabsorption werden für verschiedene praktische Anwendungen in der Raumakustik Kenngrößen abgeleitet, die in der Regel zur vereinfachten Beschreibung von akustisch wirksamen Produkten, aber auch zur Kennzeichnung von Raumzuständen verwendet werden. Auf die wichtigsten Kenngrößen wird im Folgenden eingegangen.

3.6.1 Äquivalente Absorptionsfläche

Der Begriff der äquivalenten Absorptionsfläche wird in der Raumakustik in verschiedenen Zusammenhängen verwendet. Dies führt ab und an zu Verwirrungen und Verwechslungen, da die äquivalente Absorptionsfläche sowohl als Kenngröße für die Schallabsorption von Schallabsorbern, als auch als Kenngröße für Räume verwendet wird. Die äquivalente Absorptionsfläche eines Raums kann aus der Absorption der Flächen und Gegenstände im Raum abgeleitet werden. Diese verschiedenen Bedeutungen werden im Folgenden angeführt.

Für die Wirkung von Schallabsorbern sind die beiden folgenden Beschreibungen gebräuchlich:

Äquivalente Absorptionsfläche eines einzelnen Objekts

Die äquivalente Absorptionsfläche eines einzelnen Objekts A_{obj}, siehe Gleichung 3.6 unter Ziffer 3.5.2, beschreibt die absorbierende Wirkung eines solchen Elements. Sind mehrere Objekte, wie Stühle oder Schränke, in einem Raum vorhanden, ist A_{obj} mit der Anzahl der Objekte zu multiplizieren, um so die äquivalente Gesamt-Absorptionsfläche der Objekte zu erhalten.

Äquivalente Absorptionsfläche eines flächenhaften Absorbers

Die Wirkung eines flächenhaften Absorbers in einen Raum wird durch die eingebrachte äquivalente Absorptionsfläche des Absorbers beschrieben. Die äquivalente Absorptionsfläche ergibt sich als Produkt des Absorptionsgrads α_S der Fläche nach Gleichung 3.5 und deren tatsächlicher Größe S im betrachteten Raum, also $\alpha_S \times S$.

Sowohl die äquivalente Absorptionsfläche eines Objekts A_{obj} als auch die äquivalente Absorptionsfläche $\alpha_S \times S$ eines flächenhaften Schallabsorbers sind frequenzabhängige Größen. Der Absorptionsgrad α_S entspricht der Absorptionsfläche eines Quadratmeters des entsprechenden Materials.

> $25\,m^2$ eines Schallabsorbers mit einem Absorptionsgrad α_S von 0,36 bei 500 Hz führen zu einer äquivalenten Absorptionsfläche von $0{,}36 \times 25\,m^2 = 9{,}0\,m^2$. Diese äquivalente Absorptionsfläche kann ebenfalls von einem $100\,m^2$ großen Schallabsorber mit einem Absorptionsgrad α_S von 0,09 oder auch einer $12\,m^2$ großen Absorberfläche mit $\alpha_S = 0{,}75$ erreicht werden.

Für die Akustik eines Raums ist die Summe aller äquivalenten Absorptionsflächen im Raum die maßgebliche Größe. Für diese raumbezogene Bedeutung der äquivalenten (Gesamt-)Absorptionsfläche wird in diesem Buch die Abkürzung A_{eq} verwendet. Auf die Bestimmung von A_{eq} aus den einzelnen äquivalenten Absorptions-Teilflächen der im Raum vorhandenen Schallabsorber (Einzelobjekte und flächigen Schallabsorber) wird im Kapitel 6, dort Gleichung 6.3, eingegangen.

Durch das Konzept der äquivalenten Absorptionsfläche werden die verschiedenen Schallabsorber, egal ob Einzelobjekte wie Stühle oder Schränke oder aber flächige Schallabsorber wie Akustikdecken oder Bodenbeläge, miteinander vergleichbar.

Ein Stahlmöbel mit perforierten und damit schallabsorbierenden Frontflächen besitzt bei 500 Hz eine äquivalente Absorptionsfläche A_{obj} von 1,2 m². Eine schallabsorbierende Decke mit einem Absorptionsgrad α_S von 0,60 bei 500 Hz liefert bei einer Fläche von 2 m² ebenfalls eine äquivalente Absorptionsfläche von 1,2 m².

Streng genommen müsste man in der Raumakustik somit die äquivalente Absorptionsfläche A_{eq} eines Raums deutlich von der äquivalenten Absorptionsfläche eines einzelnen Objekts (A_{obj}) oder eines flächigen Schallabsorbers mit einer definierten Fläche ($\alpha_S \times S$) unterscheiden. Diese Differenzierung erfolgt in der Praxis nicht und kann zu Verwirrung führen. In der Regel ergibt sich aus dem jeweiligen Zusammenhang, in welcher Bedeutung der Begriff verwendet wird.

Als Kenngröße der Schallabsorption von nicht-flächigen Absorbern ist die äquivalente Absorptionsfläche von Objekten A_{obj} zu verwenden. Ein entsprechendes Prüfzeugnis ist beispielhaft in Abbildung 3.15 dargestellt. Im Anhang 8.1 sind weitere Tabellen mit äquivalenten Absorptionsflächen von Objekten zu finden.

3.6.2 Bewerteter Schallabsorptionsgrad

Mit der DIN EN ISO 11654 [45] wurde ein Verfahren eingeführt, das auf der Grundlage einer Messung des Schallabsorptionsgrades α_S nach DIN EN ISO 354 [50] die Ableitung einer Einzahlangabe zur Schallabsorption beschreibt. Es handelt sich um ein mehrstufiges Vorgehen, das schließlich zur Angabe des bewerteten Schallabsorptionsgrades α_w führt.

Die Einzahlangabe zur Absorption mit Hilfe des bewerteten Schallabsorptionsgrads α_w kann zur Formulierung von Anforderungen an schallabsorbierende Produkte und auch zur Beschreibung von akustischen Produkteigenschaften verwendet werden. Für akustische anspruchsvolle Umgebungen wird schon im Anwendungsbereich der Norm darauf hingewiesen, dass die Bewertung mit α_w nicht ausreichend ist, sondern in solchen Fällen, die ohnehin einen raumakustischen Entwurf erfordern, die vollständige frequenzabhängige Schallabsorptionskurve anzuwenden ist.

Zur Bestimmung des α_w-Wertes wird zunächst aus den 18 Terzwerten des Schallabsorptionsgrades α_S zwischen 100 Hz und 5 000 Hz nach DIN EN ISO 354 [50] für die sechs Oktavbänder zwischen 125 Hz und 4 000 Hz der sogenannte praktische Schallabsorptionsgrad α_p ermittelt. Für jedes Oktavband i ist dazu der arithmetische Mittelwert des Schallabsorptionsgrads der drei Terzbänder innerhalb der Oktave zu bilden. Dieser Mittelwert wird mit zwei Nachkommastellen berechnet und mathematisch auf ein Vielfaches von 0,05 gerundet. Die nach DIN EN ISO 354 möglichen Werte $\alpha_S \geq 1.00$ können zu α_p-Werten größer als 1,00 führen. Diese Werte werden nach Vorgabe der Norm auf $\alpha_p = 1{,}00$ begrenzt, was auch aus physikalischer Sicht sinnvoll ist.

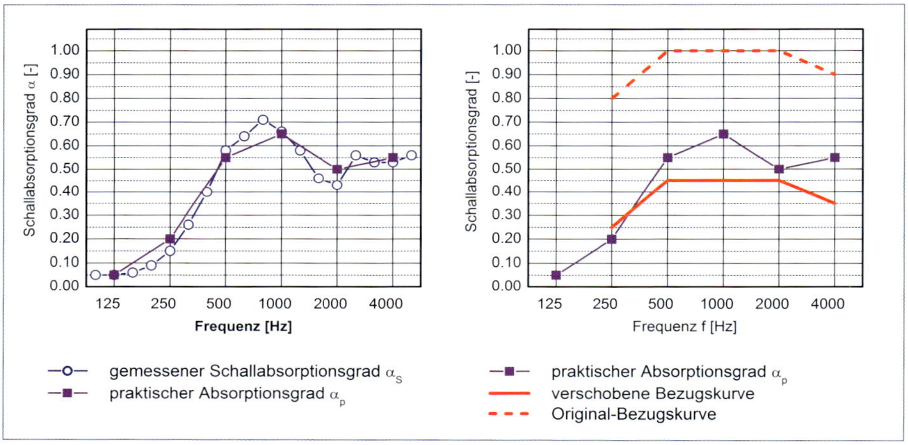

Abbildung 3.11 Ableitung des bewerteten Schallabsorptionsgrads α_w aus den gemessenen Absorptionswerten α_S mit Hilfe der daraus ermittelten Werte des praktischen Absorptionsgrads α_p

Zur Bestimmung des α_w-Wertes werden die α_p-Werte mit einer in der Norm definierten Bezugskurve verglichen. Die Bezugskurve ist für die fünf Oktaven zwischen 250 Hz und 4 000 Hz vorgegeben, siehe Abbildung 3.11. Wenn der α_p-Wert niedriger ist als der Wert der Bezugskurve (im jeweiligen Oktavband), liegt eine ungünstige Abweichung vor. Die Bezugskurve wird in Schritten von 0,05 zu niedrigeren Werten verschoben, bis die Summe der ungünstigen Abweichungen kleiner oder gleich 0,10 ist. Der 500 Hz-Wert der auf diese Art verschobenen Bezugskurve definiert den Wert des bewerteten Schallabsorptionsgrads α_w. In der Abbildung 3.11 ist die Anwendung des Verfahrens skizziert. In diesem Fall ergibt sich ein Wert von 0,45 für den bewerteten Schallabsorptionsgrad α_w.

Neben der Angabe des α_w-Wertes müssen sogenannte Formindikatoren , mit »L«, »M« oder »H« bezeichnet, angegeben werden, wenn ein Wert des praktischen Schallabsorptionsgrades α_p die verschobene Bezugskurve um 0,25 oder mehr überschreitet. Der Formindikator »L« wird verwendet, wenn die Überschreitung bei 250 Hz, »M«, wenn die Überschreitung bei 500 Hz oder 1 000 Hz und »H«, wenn sie bei 2 000 Hz oder 4 000 Hz auftritt. In der Norm wird angemerkt, dass Anwender grundsätzlich die vollständige Schallabsorptionskurve verwenden sollen, wenn ein Formindikator auftritt. Die Vergabe eines Formindikators bedeutet, dass der Schallabsorptionsgrad bei einer oder mehreren Frequenzen wesentlich über der verschobenen Bezugskurve liegt. Nach Hinweis der Norm sollte immer, wenn ein Formindikator zu verwenden ist, der folgende Satz im Prüfzeugnis angeführt werden: »Es wird eindringlich empfohlen, diese Einzahlbewertung in Verbindung mit der vollständigen Kurve des Schallabsorptionsgrades zu verwenden, die auf Anforderung erhalten werden kann«.

Hierzu ist anzumerken, dass viele Prüfzeugnisse, die eine Einzahlangabe anführen, ohnehin auch die vollständigen Schallabsorptionskurven und Angaben nach DIN EN ISO 354 [50] enthalten. Die aktuell gültige Fassung der DIN EN ISO 11654 [45] aus dem Jahr 1997 verweist noch auf die Vorgänger-Fassung (DIN EN 20354) der jetzt gültigen DIN EN ISO 354 aus dem Jahr 1993. Durch die Neufassung der DIN EN ISO 354 im Jahr 2003 sind einige der Hinweise zu den Aufbauten der Proben nicht mehr notwendig.

Im informativen Anhang B der DIN EN ISO 11654 [45] wird eine in der Praxis häufig anzutreffende Klassifizierung in Schallabsorberklassen angegeben. Verschiedene Wertebereiche des bewerteten Schallabsorptionsgrads α_w werden zu Schallabsorberklassen zusammengefasst, siehe Tabelle 3.3. Die Schallabsorberklassen werden ebenfalls in der Richtlinie VDI 3755 »Schalldämmung und Schallabsorption abgehängter Unterdecken« [151] aufgegriffen. Dort wird eine verbale Beschreibung zu den Klassen angeführt.

Zusammenfassend kann festgehalten werden, dass die Einzahlbewertung der DIN EN ISO 11654 [45] ein starke Vereinfachung darstellt. Diese sehr über-

Schallabsorberklasse	α_w-Werte	verbale Beschreibung (nach VDI 3755)
A	0,90; 0,95; 1,00	höchst absorbierend
B	0,80; 0,85	höchst absorbierend
C	0,60; 0,65; 0,70; 0,75	hoch absorbierend
D	0,30; 0,35; 0,40; 0,45; 0,50; 0,55,	absorbierend
E	0,15; 0,20; 0,25	gering absorbierend
nicht klassifiziert*	0,00; 0,05; 0,10	reflektierend
*in VDI 3755 als Schallabsorberklasse F bezeichnet		

Tabelle 3.3 Schallabsorberklassen nach informativem Anhang B der DIN EN ISO 11654 [45] sowie die Einstufung bzw. verbale Beschreibung der Absorption für abgehängte Unterdecken nach VDI 3755 [151]

schlägige Betrachtung hat ihre Bedeutung bei der Beschreibung von flächenhaften Schallabsorbern und kann hilfreich bei einer Vorauswahl bestimmter Produkte sein. Raumakustische Planungen sollten jedoch immer anhand der frequenzabhängigen α_p-Werte erfolgen. Bei der Verwendung des Einzahlwerts α_w für raumakustische Planungen werden in der Regel zu starke Vereinfachungen getroffen. In Bezug auf die frequenzabhängigen Anforderungen, wie in der DIN 18041 [35] in Abschnitt 5.2.1 beschrieben, besteht ein Widerspruch zu den Anforderungen in sechs Oktavbändern zwischen 125 Hz und 4 000 Hz sowie der Bezugskurve zur Bewertung der Schallabsorption in lediglich fünf Oktavbändern zwischen 250 Hz und 4 000 Hz.

Auch vor dem Hintergrund der Genauigkeit des Hallraumverfahrens mit Abweichungen von bis zu $\pm 0{,}05$ für den Schallabsorptionsgrad α_S in einzelnen Oktavbändern ist die Klassifizierung in Stufen von 0,05 zu hinterfragen.

3.6.3 NRC und SAA

Speziell im anglo-amerikanischen Raum ist nicht die Einzahlbewertung anhand des bewerteten Schallabsorptionsgrads α_w verbreitet, sondern es wird als Einzahlwert der seit Langem bekannte NRC-Wert (NRC = »Noise Reduction

Coefficient«) verwendet. Da gerade im internationalen Umfeld diese alternative Einzahlbewertung zur Beschreibung schallabsorbierender Produkte verwendet wird, soll diese im Folgenden kurz dargestellt werden.

Die maßgebliche Norm zur Ermittlung des NRC ist die ASTM 423 [8], die in der aktuell gültigen Fassung nur noch indirekt auf den NRC-Wert verweist und streng genommen inzwischen den SAA-Wert (SAA = »Sound Absorption Average«) eingeführt hat. Anders als die DIN EN ISO 354 [50], eine reine Messvorschrift, und die DIN EN ISO 11654 [45] als Norm mit einem darauf basierenden Bewertungsverfahren, beschreibt die ASTM 423 sowohl das Verfahren zur Messung als auch zur Bewertung der Schallabsorption.

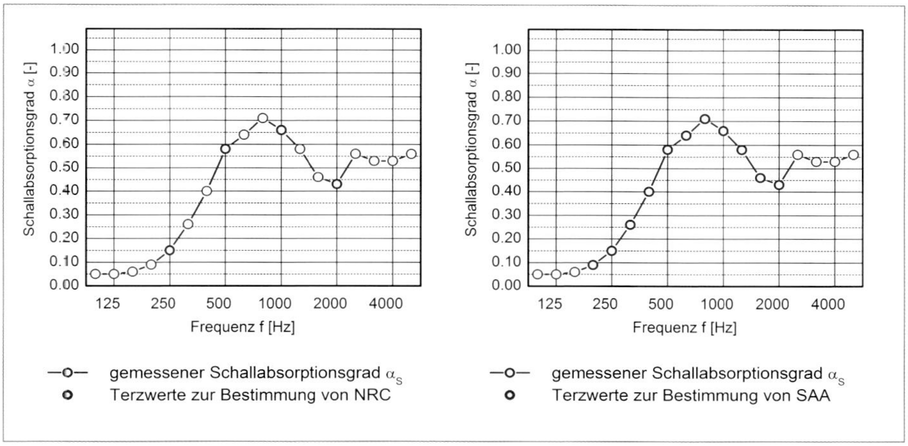

Abbildung 3.12 Zur Bestimmung von NRC und SAA verwendete Terzwerte des Schallabsorptionsgrads α_S

Der SAA-Wert wird aus den zwölf Terzwerten des Schallabsorptionsgrades von 200 Hz bis 2 000 Hz als arithmetischer Mittelwert gebildet, der dann auf 0,01 genau gerundet wird, siehe Abbildung 3.12. Der NRC-Wert wird aus lediglich vier Terzwerten (250 Hz, 500 Hz, 1 000 Hz und 2 000 Hz) ermittelt. Es wird ebenfalls der arithmetische Mittelwert gebildet und dann auf ein Vielfaches von 0,05 gerundet. In der aktuell gültigen ASTM 423 wird darauf hingewiesen, dass NRC-Werte zur besseren Vergleichbarkeit mit der vorherigen Fassung der Norm angegeben werden sollten.

Auf Unterschiede und Gemeinsamkeiten zwischen der DIN EN ISO 354 [50] und der ASTM 423 [8] in den Details der Messdurchführung kann im Rahmen dieses Buchs nicht eingegangen werden. Seit geraumer Zeit werden Diskussionen in der Fachwelt geführt, die gegebenenfalls zu einer Harmonisierung dieser beiden Normen führen könnten.

3.6.4 Absorption von Einzelobjekten

Die akustische bzw. genauer raumakustische Wirkung von Materialien und Objekten wird durch Messung der Schallabsorption nach den Vorgaben der DIN EN ISO 354 »Messung der Schallabsorption in Hallräumen« [50] ermittelt. Die Ergebnisse von Messungen nach der DIN EN ISO 354 werden als Absorptionsgrad α_S für flächige Absorber oder als Absorptionsfläche eines Objekts A_{obj} angegeben. In der Regel ist die Eingabe der Absorptionsfläche A_{obj} in den Programmen zur Raumakustiksimulation nicht vorgesehen, siehe Abschnitt 6.7. Sämtliche Raumbegrenzungsflächen, aber auch die Einrichtungsgegenstände, werden in der Computersimulation durch ebene Flächen angenähert. Um auch die akustische Wirkung von Einzelobjekten, wie schallabsorbierende Stellwände, Schränke oder »Akustiksegel«, berücksichtigen zu können, ist es notwendig, den Flächen dieser Objekte einen Absorptionsgrad zuzuordnen. Hierbei bietet es sich an, dass aus der Absorptionsfläche A_{obj} ein auf die Gesamt-Oberfläche einer vereinfachten Geometrie des Einzelobjekts bezogener Absorptionsgrad bestimmt wird.

Dieser Absorptionsgrad wird im Folgenden mit α_{obj} bezeichnet, siehe auch [131]. Damit soll deutlich gemacht werden, dass es sich um einen anderen Wert als beispielsweise den direkt messbaren α_S-Wert handelt. α_{obj} erfordert die Messung der äquivalenten Absorptionsfläche A_{obj} und eine Annahme zur vereinfachten Geometrie des Einzelobjekts.

Ein Schrank mit den Maßen von 1,20 m × 1,55 m × 0,43 m, siehe Abbildung 3.13, besitzt eine im Hallraum gemessene Absorptionsfläche A_{obj} wie folgt:

Frequenz	125 Hz	250 Hz	500 Hz	1 kHz	2 kHz	4 kHz
A_{obj}	1,93 m²	2,10 m²	2,60 m²	1,59 m²	1,32 m²	1,31 m²

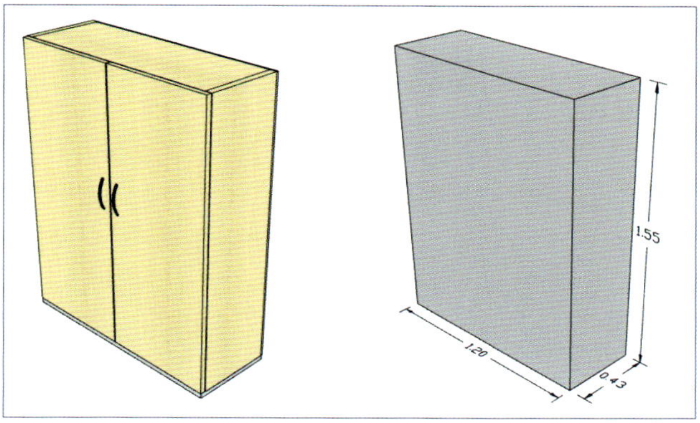

Abbildung 3.13 Skizze zur geometrischen Vereinfachung von Einzelobjekten

Bei einer Gesamtoberfläche S der sechs Teilflächen der vereinfachten Geometrie im Raumakustikmodel,
$S = 2 \times 1{,}20\,\text{m} \times 1{,}55\,\text{m} + 2 \times 1{,}55\,\text{m} \times 0{,}43\,\text{m} + 2 \times 1{,}20\,\text{m} \times 0{,}43\,\text{m} = 6{,}10\,\text{m}^2$
ergeben sich folgende Werte für den Schallabsorptionsgrad α_{obj}:

Frequenz	125 Hz	250 Hz	500 Hz	1 kHz	2 kHz	4 kHz
α_{obj}	0,31	0,34	0,26	0,26	0,22	0,21

Bei dem Absorptionsgrad α_{obj} handelt es sich um eine (noch) nicht normativ gefasste Größe, die allerdings vielfach in der Praxis verwendet wird. Immer wenn für nicht-flächige Schallabsorber Computermodelle zur Simulation verwendet werden, ist eine derartige Festlegung notwendig. Hersteller und Händler von Büro-Ausstattungen haben inzwischen begonnen, akustisch wirksame Produkte mit Hilfe von α_{obj} zu beschreiben, um so eine effiziente Übernahme in entsprechende Computerprogramme zu ermöglichen.

3.6.5 Weitere Kenngrößen der Schallabsorption

In den Technischen Regeln zur Lärm- und Vibrations-Arbeitsschutzverordnung, speziell dem Teil 3 [150] (kurz TRLV Lärm 3), wird im Abschnitt 4.3 zur lärmmindernden Gestaltung und Einrichtung von Arbeitsstätten und Arbeitsplätzen der mittlere Schallabsorptionsgrad $\bar{\alpha}$ zur akustischen Charakterisierung eines Raums verwendet. Wie im Kapitel 6 gezeigt wird, hängen das

Schallabsorptionsvermögen der Raumbegrenzungsflächen und der Wert des Schallpegels im Raum voneinander ab. Wie bei der äquivalenten Absorptionsfläche besteht hier eine gewisse Verwechslungsgefahr, da der über die Raumbegrenzungsflächen gemittelte Schallabsorptionsgrad streng genommen eine Materialeigenschaft beschreibt.

In der TRLV Lärm 3 wird beschrieben, dass der Stand der Technik als eingehalten gelten kann, wenn der über alle relevanten Flächen gemittelte Schallabsorptionsgrad $\bar{\alpha}$ in den Oktavbändern mit den Mittenfrequenzen von 500 Hz bis 4 000 Hz mindestens 0,3 beträgt. Der mittlere Absorptionsgrad $\bar{\alpha}$ bezieht sich somit im Sinne der TRLV Lärm 3 auf einen Frequenzmittelwert der vier Oktaven von 500 Hz bis 4 000 Hz. Anzumerken ist, dass nach TRLV Lärm 3 lediglich von sechs Raumbegrenzungsflächen ausgegangen wird. Dies zeigt die sehr überschlägige Art der Betrachtung.

3.7 Prüfzeugnisse Absorption

In diesem abschließenden Abschnitt zu den Grundlagen der Raumakustik werden beispielhaft Prüfzeugnisse mit Angaben zur Schallabsorption dargestellt. Keine der angeführten Messvorschriften wie der DIN EN ISO 354 [50] enthält Formblätter oder konkrete Hinweise zur Gestaltung entsprechender Dokumente. Die in den folgenden Abbildungen 3.14 und 3.15 dargestellten Prüfzeugnisse zeigen neben den Messergebnissen eine Reihe von weiteren Angaben zur Messung. Neben dem Datum, dem Ort sowie dem Verantwortlichen sollten auch möglichst detaillierte Angaben zum verwendeten Aufbau des Messobjekts zu finden sein. Aus Sicht des Autors hat es sich bewährt, neben textlichen Beschreibungen auch ein Skizze oder eine Abbildung einzufügen.

Die klaren Vorgaben der Messvorschrift DIN EN ISO 354 [50] werden von einigen Herstellern von vermeintlich schallabsorbierenden Produkten nicht beachtet. Es werden Messungen in zu kleinen und damit ungeeigneten Räumen, mit zu geringer Probenfläche oder anderen Abweichungen von den Vorgaben der Messnorm präsentiert. Die Nutzer derartiger Prüfzeugnisse, wie Architekten, Innenarchitekten, Bauherren, Planer etc., sollten nicht zögern, bei Unklarheiten direkt bei den Erstellern der Prüfzeugnisse entsprechend nachzufragen.

Schallabsorptionsgrad nach DIN EN ISO 354, DIN EN ISO 11654, ASTM C 423

Auftraggeber: Beispielfirma

Objekt:

Beschreibung des Objekts

Aufbau (skizzenhaft):

- Gipskartonplatte, gelochter Gipskarton 10/23 Rundlochung, 12,5 mm Plattendicke
- 400 mm Luftraum mit umlaufendem Rahmen
- 20 mm Mineralwollauflage direkt hinter der Platte
- Betonboden

Foto des Messaufbaus:

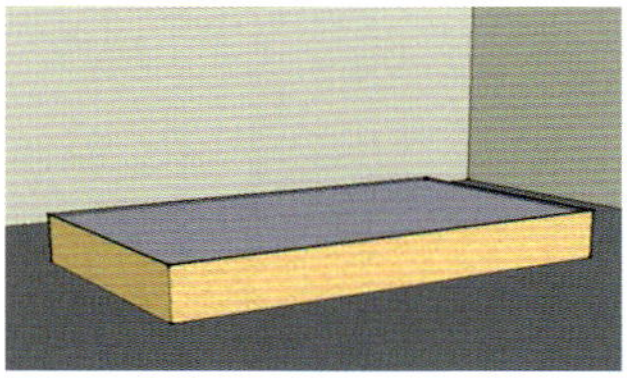

Schallabsorptionsgrad α_S nach DIN EN ISO 354

Frequenz [Hz]	α_s [-]
100	0,30
125	0,40
160	0,53
200	0,67
250	0,88
315	0,92
400	0,94
500	0,85
630	0,75
800	0,76
1000	0,82
1250	0,83
1600	0,80
2000	0,70
2500	0,65
3150	0,55
4000	0,53
5000	0,54

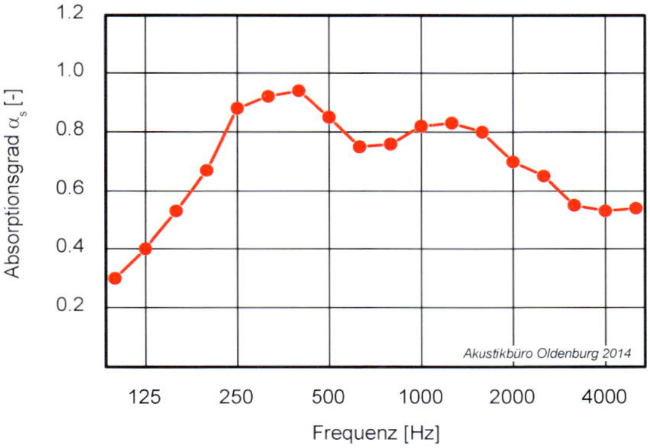

Praktischer Schallabsorptionsgrad nach EN ISO 11654

Frequenz [Hz]	α_p [-]
125	0,70
250	0,90
500	0,80
1000	0,80
2000	0,60
4000	0,65

Einzahlwerte:

NRC = 0,75

SAA = 0,76

α_w = 0,70 (L)[1]

Schallabsorberklasse C

Hallraum:	ITAP GmbH[2]
Prüfdatum:	01.01.2014
Volumen:	200 m^3
Prüffläche:	12,0 m^2
Temperatur:	20°C / 19°C[3]
Luftfeuchtigkeit:	93 % / 80 %[3]

[1] Es wird eindringlich empfohlen, diese Einzahlbewertung in Verbindung mit der vollständigen Kurve des Schallabsorptionsgrades zu verwenden

[2] Angaben zum Hallraum können bei den Autoren dieses Berichts bzw. der ITAP GmbH in Oldenburg angefordert werden

[3] Leermessung / Messung mit Prüfling

Akustikbüro Oldenburg

Dr. Christian Nocke

Bericht Nr. 2014/0007_0815

Oldenburg, 01.Januar 2014

Unterschrift:

Abbildung 3.14 Prüfzeugnis zu einer Hallraummessung einer akustisch wirksamen Decke mit Angabe der Absorptionswerte sowie der Einzahlangaben der Schallabsorption

Äquivalente Schallabsorptionsfläche nach DIN EN ISO 354

Auftraggeber: Beispielfirma

Objekt:

Beispielfirma Möbelsystem, Aktenschrank

Aufbau:

- 3 Schrankelemente (jeweils 1800 x 750 x 400 mm³)
- perforiert
- leer
- frei im Hallraum stehend.

Foto des Messaufbaus:

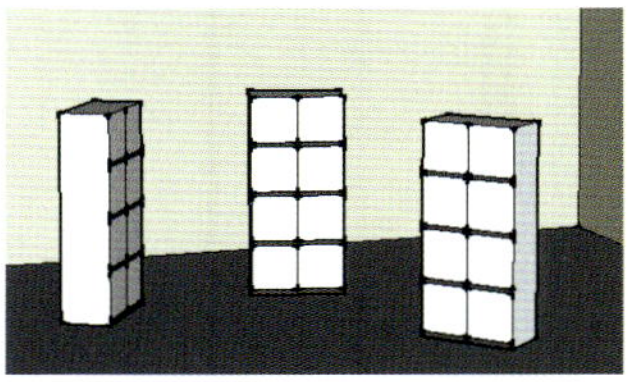

Äquivalente Absorptionsfläche A_{Obj} eines Elements

Frequenz [Hz]	AObj [m²]
100	2,1
125	2,1
160	3,2
200	2,7
250	2,2
315	2,4
400	2,1
500	1,5
630	1,8
800	1,8
1000	1,7
1250	1,7
1600	1,6
2000	1,6
2500	1,5
3150	1,5
4000	1,3
5000	1,4

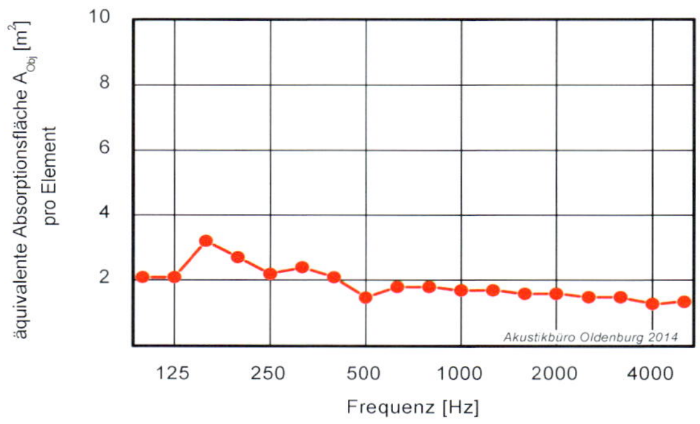

Hallraum: ITAP GmbH[1]
Prüfdatum: 01.01.2014
Volumen: 200 m³
Temperatur: 19°C / 19°C[2]
Luftfeuchtigkeit: 69 % / 70%[2]

[1] Angaben zum Hallraum können bei den Autoren dieses Berichts bzw. der ITAP GmbH in Oldenburg angefordert werden
[2] Leermessung / Messung mit Prüfling

Akustikbüro Oldenburg
Dr. Christian Nocke
Bericht Nr. 2014/0007_0816

Oldenburg, 01. Januar 2014
Unterschrift:

Abbildung 3.15 Prüfzeugnis zu einer Hallraummessung eines Schrankmöbels mit Angabe der äquivalenten Absorptionsfläche A_{obj}

4 Raumakustische Kenngrößen

Es existiert eine Vielzahl von raumakustischen Kenngrößen, die aus verschiedenen Motivationen heraus abgeleitet und eingeführt wurden. Bevor auf die verschiedenen Beschreibungsarten, wie die Nachhallzeit, die Sprachverständlichkeit und andere, eingegangen werden kann, sind einige grundlegende Überlegungen voranzustellen. Ohnehin werden in diesem Buch lediglich diejenigen Kenngrößen vertieft, die sich zur Behandlung der Räume des Alltags als praktisch relevant erwiesen haben.

Die raumakustischen Verhältnisse ergeben sich aus dem Raumvolumen, der Raumform sowie der Raumausstattung. Das Volumen sowie die Raumform, mithin die Kubatur, unterliegen weiteren gestalterisch-architektonischen Einflüssen, bestimmen aber auch die raumakustischen Bedingungen im Raum.

Der Schallpegel wird häufig zur Kennzeichnung der akustischen Bedingungen in einem Raum herangezogen, obwohl es sich nicht um eine Kenngröße des Raums allein handelt. Der Schallpegel wird von vielen weiteren Faktoren beeinflusst. Zunächst hängt der Pegel im Raum von dem Schalleintrag in den Raum von außen sowie den im Raum befindlichen Schallquellen ab. Dies ist im Wesentlichen eine Fragestellung der Bauakustik und der Ausstattung mit haustechnischen und anderen Geräten. Auch die wenig kontrollierbaren und nicht einer Prognose zugänglichen Geräusche der Nutzer tragen zum Pegel im Raum bei. Studien aus dem Bereich von Klassenräumen belegen, dass neben den raumakustischen Bedingungen auch Faktoren wie das pädagogische Konzept der Schule, die Gewohnheiten der Lehrer und Schüler, aber auch die Tagesform der Nutzer den Schallpegel, ausgedrückt zum Beispiel durch den äquivalenten Dauerschallpegel oder den Beurteilungspegel, stark beeinflussen können.

Prinzipiell können die raumakustischen Kenngrößen in zwei Gruppen unterteilt werden. Zum einen gibt es Kenngrößen, die sich auf den Raum als Gesamtheit beziehen. Diese Kenngrößen, beispielsweise die Nachhallzeit, können als globale oder auch statistische Kenngrößen bezeichnet werden. Die zweite Gruppe raumakustischer Kenngrößen berücksichtigt auch die Konstellation von Schallquelle und -empfänger, wie Sprecher und Hörer, im Raum und zeigt eine ausgesprochene Positionsabhängigkeit. Entsprechende Kenngrößen wie der Sprachübertragungsindex können als lokale oder auch nichtstatistische Kenngrößen bezeichnet werden. Die zweite Gruppe von Kenngrößen ist in der Regel aufwändiger zu berechnen oder zu messen, da jeweils Sender- und Empfängerposition gesondert variiert und erfasst werden müssen.

4.1 Vorbemerkung – Raumgröße und Form

Vorab sei eine Kenngröße von Räumen erwähnt, die letztlich auch eine gewisse Bedeutung für die Räume des alltäglichen Lebens besitzt. Bei akustisch sehr anspruchsvollen Räumen, wie Konzertsälen, Opernhäusern etc., erfolgt die Festlegung der Kubatur idealerweise in Abstimmung mit den Erfordernissen der Akustik. Auch wenn dieser Aspekt für die in diesem Buch betrachteten Räume des alltäglichen Lebens nicht die oberste Priorität hat, ist es sinnvoll, auf die raumakustische Kenngröße zur allgemeinen Beschreibung von Räumen, die Volumenkennzahl, einzugehen. Weiterhin sind einige allgemeine Überlegungen zur Raumform voranzustellen. In den anschließenden Abschnitten 4.2 bis 4.4 werden die wichtigen Kenngrößen für die in diesem Buch betrachteten Raumtypen aufgezeigt.

Volumenkennzahl

Die Volumenkennzahl, abgekürzt k, wird üblicherweise in Kubikmeter (m^3) pro Platz angegeben. Von Hartmann [73] werden allgemein vier Bereiche der Volumenkennzahl unterschieden, um den Einfluss der Absorption durch die ohnehin im Raum vorhandenen Menschen zu berücksichtigen.

Geringe Volumenkennzahl

Bei 3 bis 4 m^3 pro Platz wird durch die Menschen im Raum ein hoher Anteil der Absorption speziell bei hohen und mittleren Frequenzen in den Raum eingebracht. Es sind dann lediglich noch Tiefenabsorber notwendig, um die vorhandene Absorption durch die Menschen zu ergänzen. Zwischen besetztem und unbesetztem Raum kommt es zu einer deutlichen Änderung der akustischen Bedingungen.

Mittlere Volumenkennzahl

Zwischen 4 und 6 m^3 pro Person bzw. Platz sind in der Regel in geringem Maße weitere Absorber auch für den mittleren und hohen Frequenzbereich neben den ohnehin benötigten Absorbern für tiefe Frequenzen notwendig. Der überwiegende Teil der Absorption bei mittleren und hohen Frequenzen wird allerdings noch durch die Menschen in den Raum eingebracht.

Hohe Volumenkennzahl

Ab 6 bis 8 m^3 pro Platz nimmt der prozentuale Anteil der Absorption durch die Menschen ab. In der Regel sind zusätzliche Schallabsorber für alle Frequenzbereiche notwendig. Anders als bei den geringeren Volumenkennzahlen dominiert die Absorption durch die Menschen nicht mehr.

Sehr hohe Volumenkennzahl

Bei mehr als 8 m^3 pro Platz müssen immer zusätzliche Absorber in den Raum eingebracht werden, um die frequenzabhängige Nachhallzeit einzustellen. Der Einfluss der Absorption durch die Menschen im Raum ist eher nachrangig.

In der DIN 18041 [35] werden die in der Tabelle 4.1 angegebenen Volumenkennzahlen angeführt. Diese Werte sollten angestrebt werden, um eine zur Raumnutzung passende Nachhallzeit zu erzielen. Weitere Empfehlungen und Hinweise zur Volumenkennzahl sind in der Tabelle 4.1 aufgeführt.

Bei deutlich größeren Volumenkennzahlen als in der Tabelle 4.1 angegeben, können umfangreiche Maßnahmen zur Ausstattung des Raumes mit Schallabsorbern notwendig werden. Hierbei besteht dann die Gefahr, dass zugleich der Schallpegel zu stark reduziert wird, um alle Hörerorte im Raum ausreichend zu versorgen. Diese »Überdämpfung« ist allerdings in kleinen Räumen eher unkritisch, da hier aufgrund der geringen Distanzen zwischen Schallquelle und Hörort in der Regel ausreichend starker Direktschall ankommt. In größeren Räumen besteht die Möglichkeit, dass die notwendige Versorgung mit Schall aufgrund langer Laufwege und zu hoher Absorption nicht zu allen Hörorten gelingt.

Eine Unterschreitung der Volumenkennzahl kann dazu führen, dass die erforderliche Nachhallzeit nicht erreicht werden kann. Die DIN 18041 [35] führt

Hauptnutzung des Raums	Volumenkennzahl k in m^3 pro Platz	maximales Volumen V in m^3
nach DIN 18041 [35]		
Sprachdarbietung	3 bis 6	
Musik- und Sprachdarbietung	5 bis 8	
Musikdarbietung	7 bis 12	
nach anderen Quellen [62, 73, 117]		
Klassenräume	3 bis 5	500
Vortragsraum	4 bis 6	
Versammlungsräume, Seminarräume	3 bis 5	1 000
Sprechtheater, Hörsäle, Plenarsäle, Kongressräume	4 bis 6	5 000
Mehrzwecksäle für Sprache und Musik	4 bis 7	8 000
Musiktheater (Oper und Operette)	5 bis 8	15 000
Kammermusiksäle	6 bis 10	10 000
Konzertsäle für sinfonische Musik	8 bis 12	25 000
Räume für Orgelmusik	10 bis 14	30 000

Tabelle 4.1 Volumenkennzahl für verschiedene Raumnutzungen

an, dass dieser Unterschreitungsfall zu begründen ist. Dies erscheint allerdings etwas praxisfern. Bei einer Unterschreitung der Volumenkennzahl kann es vorkommen, dass trotz hoher Absorption im Raum der Schallpegel zu hoch bleibt. Die Schallenergiedichte bzw. der Schallpegel im Raum wird nicht ausreichend abgesenkt.

Raumform

Hinsichtlich der Raumform wird prinzipiell zwischen der Primärstruktur und der Sekundärstruktur unterschieden. Die Primärstruktur kann als die Kubatur oder auch Grobstruktur angesehen werden. Unter der Sekundärstruktur sind die auf den Raumbegrenzungsflächen angebrachten Materialien sowie die Einrichtungsgegenstände im Raum zu verstehen. Aus bautechnischer Sicht kann die Primärstruktur häufig als der Rohbau und die Sekundärstruktur als der raumbildende Innenausbau beschrieben werden. Idealerweise sind beide für die raumakustische Gestaltung eines Raums zu berücksichtigen.

Aus raumakustischer Sicht gibt es keine optimale oder ideale Raumform. Es gibt jedoch Raumformen als Primärstruktur, die grundsätzlich als raumakustisch ungünstig einzustufen sind und durch entsprechenden Mehraufwand in der Sekundärstruktur aufgefangen werden können. Insofern kann festgehalten werden, dass, abgesehen von wenigen Extremfällen, prinzipiell jeder Raum akustisch optimal gestaltet werden kann.

Die Räume des alltäglichen Lebens besitzen näherungsweise überwiegend die Form eines Quaders oder eine Kombination aus mehreren Quadern. Dies ist prinzipiell als günstig anzusehen und vereinfacht den Planungsaufwand.

Raumakustisch ungünstige Formgebungen wie Kugelausschnitte, Kuppeln, elliptische oder kreisförmige Schnitte in horizontaler oder vertikaler Richtung erfordern spezielle raumakustische Maßnahmen auf diesen Flächen. Eine Kuppeldecke in Form eines Kugelausschnitts führt bei schallharter Ausführung zu starken Fokussierungen. Ähnlich einem Brennpunkt in der Optik sind in der Akustik Zonen mit hohen Schallpegeln im Raum zu verzeichnen. Durch eine Ausstattung der ungünstigen Form mit Schallabsorbern kann der fokussierende Effekt einer solchen Form aufgelöst werden. Im Rahmen dieses Buches wird auf die Behandlung akustisch ungünstiger Raumformen nicht vertiefend eingegangen. Ausführliche Hinweise und Empfehlungen sind bei Fasold [63] oder auch Weiße [158] zu finden.

4.2 Nachhallzeit

Die Nachhallzeit eines Raums kann als die älteste raumakustische Kenngröße bezeichnet werden. Ursprünglich wurde die Nachhallzeit durch W.C. Sabine mittels Stoppuhr und subjektivem Höreindruck ermittelt. Sehr überschlägig kann die Nachhallzeit als die Zeitdauer beschrieben werden, die ein Schallereignis nach seiner Beendigung benötigt, bis es in einem Raum nicht mehr hörbar ist.

Technisch wird die Nachhallzeit als die Zeitspanne definiert, die der Schallpegel nach Beendigung der Schallfeldanregung benötigt, um um 60 dB abzusinken[1]. Die Nachhallzeit bezieht sich auf die Änderung des Schallpegels nach Beendigung des eingeschwungenen Schallfeldes im Raum. Betrachtet man den Verlauf des Schallpegels, so ergibt sich eine weitgehend lineare Abnahme im Zeitverlauf, rechts in Abbildung 4.1. Wird hingegen die Abnahme des Schalldrucks über der Zeit aufgetragen, so ergibt sich eine exponentielle Abnahme, siehe Abbildung 4.1 links.

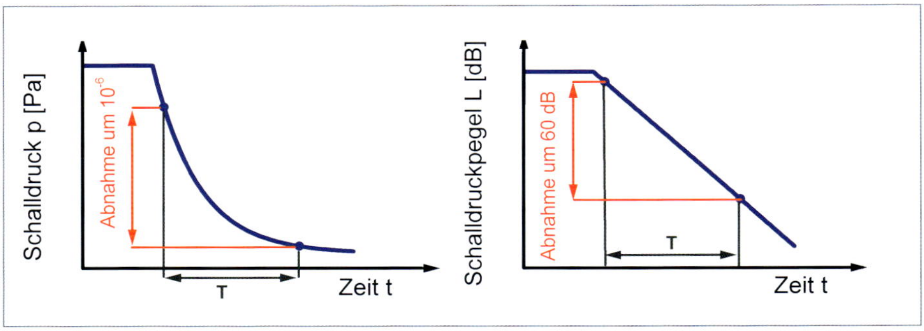

Abbildung 4.1 Definition und Darstellung der Nachhallzeit T: links als Abnahme des Schalldrucks und rechts als Abnahme des Schalldruckpegels über der Zeit

Die Abnahme des Schallpegels erfolgt in der Praxis bzw. in realen Räumen nie ideal linear, insofern werden bei messtechnischen Auswertungen in der Regel Ausgleichsgeraden in den Pegel-Zeit-Schrieb gelegt. Je steiler die Abnahme des Schalldruckpegels, desto kürzer die Nachhallzeit.

Als Nachhall kann auch die Summe aller Reflexionen in einem geschlossenen Raum angesehen werden. Nach dem Ausschalten einer Schallquelle »läuft« der Schall noch durch den Raum, so dass der Schalldruck erst nach einer gewissen Zeitdauer am jeweiligen Hör- oder Messpunkt abnimmt und irgendwann nicht mehr wahrgenommen wird.

In Abbildung 4.2 ist schematisch die Schallausbreitung im Raum in Verbindung mit dem sogenannten Echogramm, auch Raum-Impulsantwort genannt, dargestellt. Die Idee eines Echogramms besteht darin, dass ein kurzer Schallimpuls ausgesendet wird und den Raum durchläuft. Die einzelnen Schallwege

1 Diese Definition anhand des Schalldruckpegels in der DIN 18041 [35] weicht streng genommen von der Definition mit Hilfe der räumlich gemittelten Schallenergiedichte in den Messnormen DIN EN ISO 3382-1/2 [47, 48] und anderer Literatur [87] ab.

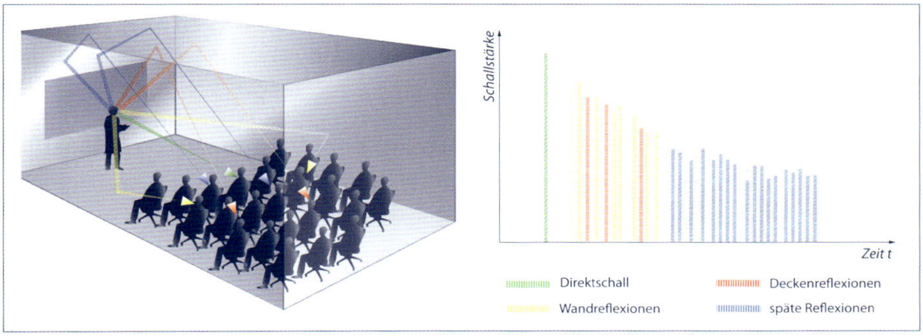

Abbildung 4.2 Pegelabnahme als Summe aller Reflexionen im Raum

können wie in Abbildung 4.2 angedeutet als geradlinig, ähnlich der Idee eines Lichtstrahls, angenommen werden. In Verbindung mit dem Reflexionsgesetz, entsprechend »Einfallwinkel gleich Ausfallwinkel«, lässt sich die Schallausbreitung im Raum modellhaft nachbilden.

Prinzipiell wird zwischen dem Direktschall und dem Reflexionsschall unterschieden. Für die Wahrnehmung wichtig ist weiterhin noch der Zeitpunkt des eintreffenden Schalls nach dem Direktschall.

Der Direktschall erreicht aufgrund des kürzesten Weges als erster den Empfänger. Der kürzeste Weg bedeutet zugleich, dass der Direktschall den höchsten Schallpegel besitzt. Sämtliche Reflexionen kommen erst später an und haben aufgrund des längeren Ausbreitungswegs einen geringeren Pegel. Neben der geometrischen Pegelabnahme (Abstandsgesetz nach Gleichung 2.3) kommt es bei jeder Reflexion zu einer weiteren Pegelabnahme durch die Absorption des jeweiligen Materials am Reflexionspunkt.

Prinzipiell wird zwischen frühen und späten Reflexionen bei der Schallausbreitung in einem Raum unterschieden. Die Grenze zwischen früher und später Reflexion ist nicht eindeutig zu definieren, da neben der Art des Schallereignisses auch die Erwartung des Hörers eine Rolle spielt. In der Regel werden Reflexionen innerhalb der ersten 50 ms als förderlich für die Wahrnehmung von Sprache empfunden. Für musikalische Darbietungen werden hingegen Reflexionen bis zu 80 ms nach dem Direktschall als positiv aufgefasst. Mit Hilfe der Schallgeschwindigkeit von 340 m/s lässt sich ableiten, dass eine Zeitdauer von 50 ms einem Laufweg von 17 m und 80 ms einem Laufweg von 27 m entspricht. Diese Erkenntnisse sollten bei der geometrischen Gestaltung von Räumen beachtet werden.

In der Regel kann das Ohr die Reflexionen aus dem Raum nicht einzeln auflösen, da das menschliche Ohr eine bestimmte zeitliche Trägheit aufweist, siehe Abschnitt 2.3. Störend empfunden werden Reflexionen, wenn sie sehr stark und/oder zeitlich verzögert auftreten. Starke Einzelreflexionen werden mitunter als Echo wahrgenommen. Starke Mehrfachreflexionen mit periodischen Reflexionsabfolgen werden als Flatterechos bezeichnet.

Aus der Impulsantwort kann mit Hilfe einer energetischen Betrachtung (Integration) die Nachhallzeit bestimmt werden. Die messtechnischen Details hierzu können der einschlägigen Literatur [62, 122] oder auch Normen wie der DIN EN ISO 3382, Teil 2 [48] entnommen werden (Stichwort »Schrödersche Rückwärtsintegration«). Die Impulsantwort kann auf verschiedene Art und Weise gemessen werden. Eine Berechnung der Raumimpulsantwort ist mit Hilfe von dreidimensionalen Raumakustik-Simulationsprogrammen möglich, die vielfach auf der Näherung von Schallstrahlen beruhen.

Die Definition, dass sich die Nachhallzeit auf eine Abnahme des Schallpegels von 60 dB bezieht, erfolgte rein willkürlich. In der Messtechnik sind derartige Pegelabnahmen gerade in größeren Raumvolumina nur mit sehr energiereichen Schallquellen wie beispielsweise Pistolen erreichbar. Aus diesem Grund wird bei Messungen die Nachhallzeit aus einem kleineren Dynamikbereich ermittelt, siehe hierzu auch Abschnitt 4.5. In diesem Zusammenhang wird häufig von T_{30}-Werten gesprochen; dies sind Nachhallwerte, die aus einer Messung mit einem Dynamikbereich von 30 dB ermittelt wurden, sich aber durch Extrapolation auch auf die ursprünglich zur Definition verwendete Pegelabnahme von 60 dB beziehen.

Die Nachhallzeit ist eine globale raumakustische Kenngröße, d. h. in einfach strukturierten, quaderförmigen Räumen, wie den meisten Räumen des täglichen Leben, zeigt die Nachhallzeit keine starke Abhängigkeit von der Position von Schallquelle und Empfänger im Raum. Treten starke räumliche Schwankungen der Nachhallzeit im Raum auf, kann dies geradezu als Hinweis auf raumakustisch ungünstige Bedingungen gewertet werden. Flatterechos, Fokussierungen oder aber die Wirkung von abgetrennten oder angekoppelten Räumen und Raumteilen zeigen sich dann auch in der Nachhallzeit. Auch die Analyse einzelner Nachhallvorgänge kann hilfreiche Hinweise geben.

Die Nachhallzeit ist eine frequenzabhängige raumakustische Kenngröße. Messungen werden in der Regel in Terz- oder Oktavbandbreite durchgeführt. Die Anregung erfolgt hierbei mit breitbandigen Rauschsignalen, so dass Messungen bei kleinen bis mittelgroßen Räumen heutzutage keinen großen Aufwand bedeuten. Bei raumakustischen Planungen erfolgt die Berechnung meist in Oktavbandbreite. Auch dies ist bei den betrachteten sechs Oktaven ein überschaubarer Rechenaufwand.

Durch die raumakustische Kenngröße der Nachhallzeit werden unterschiedlichste Räume miteinander vergleichbar und können in ihrer raumakustischen Qualität bewertet werden. Zur Bewertung der Nachhallzeit wird auch deren Frequenzverlauf herangezogen. Als Nachhallkurve wird im Folgenden die frequenzabhängige Nachhallzeit bezeichnet.

Die Nachhallzeit kann nach verschiedenen Ansätzen berechnet werden. Je nach Fragestellung sind überschlägige oder aber detailliertere Verfahren und Modellbildungen notwendig. Hierauf wird im Kapitel 6 eingegangen. Die verschiedenen Berechnungsansätze und zugehörigen Anwendungsbereiche werden dort kurz erläutert. Verfahren zur Messung der Nachhallzeit werden im Abschnitt 4.5 vorgestellt.

Die Nachhallzeit und die Sprachverständlichkeit in einem Raum hängen voneinander ab, auch wenn sie streng genommen unabhängige raumakustische Kenngrößen sind. Allgemein gilt, dass mit zunehmender Nachhallzeit die im Raum gemittelte Sprachverständlichkeit abnimmt. Dies bedeutet nicht, dass die kürzeste Nachhallzeit generell die beste Nachhallzeit ist. Eine ungenügende Sprachverständlichkeit deutet in der Regel auf eine zu lange Nachhallzeit hin. Die Sprachverständlichkeit als nicht-statistische Kenngröße wird im folgenden Abschnitt vorgestellt.

4.3 Sprachverständlichkeit

Die vielleicht klassischste Methode zur Messung der Sprachverständlichkeit in Räumen ist die systematische Befragung einer ausreichend großen Anzahl von Personen mit genormten Listen von Silben und Sätzen [93]. Dieses Vorgehen ist jedoch mit großem Aufwand verbunden und wird daher meist nur im Zusammenhang mit Forschungsfragen oder aber sehr prestigeträchtigen Räumen, wie Parlamenten oder Konzertsälen, durchgeführt.

Auf der Grundlage derartiger subjektiver Untersuchungen wurden physikalische Messgrößen zur Beschreibung der Sprachverständlichkeit entwickelt. Eine weit verbreitete Größe ist der Sprachübertragungsindex (engl. Speech Transmission Index, kurz STI). Eine weitere klassische Kenngröße zur Bewertung der Sprachqualität ist die Deutlichkeit D_{50}. Die Bedeutung von D_{50} nimmt aufgrund der stärkeren Verbreitung des STI-Werts ab.

Sprachübertragungsindex STI

Mit der DIN EN 60268-16 [42] wurde ein ausführliches Regelwerk geschaffen, in dem das objektive Verfahren zur Bewertung der Sprachverständlichkeit in vielerlei Hinsicht dargestellt ist. Im Rahmen dieses Buches sind insbesondere die Aspekte der Sprachverständlichkeit ohne Beschallungsanlage in Räumen erwähnenswert. Gegenüber den Vorgängerfassungen der DIN EN 60268-16 wurden in der letzten Fassung eine Reihe von Fortschreibungen, Klarstellungen und Ergänzungen aufgenommen.

Der Sprachübertragungsindex STI wurde in den 1970er Jahren entwickelt und hat seitdem eine Reihe von Modifikationen erfahren. Grundlage der Bestimmung des STI ist eine Erfassung der Übertragung zwischen einer Schallquelle (Sprecher) und einem Empfangspunkt (Hörer). Je stärker die Übertragung durch den Einfluss des Raums (Nachhall, Abschirmung, Echos) oder die akustische Umgebung (Hintergrundpegel, weitere Schallquellen) gestört wird, desto schlechter ist die Sprachverständlichkeit bzw. desto kleiner ist der STI-Wert. Dieser Zusammenhang ist direkt zu beobachten, wenn bei ungünstigen raumakustischen Bedingungen die damit einhergehende schlechte Sprachverständlichkeit durch ein Anheben der Sprechlautstärke (Pegelerhöhung) kompensiert wird. Andererseits kann bei bestehender, aber unerwünschter sehr guter

Sprachverständlichkeit durch künstliches Einspielen von Geräuschen (in der Regel Rauschsignale) die Sprachverständlichkeit gesenkt werden. Dieser Effekt wird technisch durch sogenannte »Sound masking«-Systeme umgesetzt.

In der aktuellen Fassung der DIN EN 60268-16 [42] werden neben der Übertragung des Schalls in einem Raum als Anwendung, also ohne elektroakustisches System im Übertragungsweg, auch Anpassungen der STI-Methode für Übertragungen mit elektroakustischen Systemen beschrieben. Klassischerweise sind damit Beschallungsanlagen zur Durchsage und Alarmierung hinsichtlich der Sprachverständlichkeit zu untersuchen. Weiterhin werden in der Norm auch Hörsysteme und Kommunikationssysteme angeführt. Die Kenngrößen STIPA (»STI for Public Address systems«) für Beschallungsanlagen sowie STITEL (»STI for TELecommunication systems«) für Telekommunikationsanlagen sind im Hinblick auf die raumakustischen Anwendungen dieses Buchs nicht von Interesse.

Tabelle 4.2 Zuordnung zwischen der Sprachverständlichkeit und dem STI-Wert, Auszug aus Tabelle F.1, DIN EN ISO 9921 [56]

Wertebereich STI	Sprachverständlichkeit
0,75 bis 1,00	sehr gut
0,60 bis 0,75	gut
0,45 bis 0,60	befriedigend
0,30 bis 0,45	schlecht
0,00 bis 0,30	sehr schlecht

Der STI-Wert berücksichtigt sowohl den Einfluss des Nachhalls als auch den Schallpegel von Störgeräuschen. Als grober Anhaltswert kann angeführt werden, dass eine Zunahme des Nutzsignals relativ zum Störgeräusch von ca. 3 dB zu einer Verbesserung des STI um 0,1 führt [42]. Die Tabelle 4.2 zeigt die klassische Zuordnung zwischen dem STI-Wert und der zugehörigen Einstufung der Sprachverständlichkeit nach DIN EN ISO 9921[56]. Es ist darauf hinzuweisen, dass zwischen STI-Wert und der subjektiven Sprachverständlichkeit zwar ein Zusammenhang besteht, dass aber genau zwischen Satzverständlichkeit, Wortverständlichkeit und Silbenverständlichkeit zu unterscheiden ist. Schon ab einem STI von mehr als 0,45 werden einfache Sätze zu 100% verstanden.

Der STI-Wert ist eine nicht-statistische bzw. lokale raumakustische Kenngröße. Nach Hinweis in der DIN EN 60268-16 [42] Anhang F, sollte bei Messungen in einem bestimmten Raumbereich eine räumlich-statistische Analyse der STI-Werte durchgeführt werden. Auf diese Weise können dann Aussagen zum durchschnittlichen STI-Wert und seiner Schwankung oder auch zur Standardabweichung in einem Raum getroffen werden. Anders als die Nachhallzeit ist der STI-Wert eine Einzahlangabe; die Frequenzabhängigkeit wird in dem Kennwert mit erfasst.

Eine genauere Unterteilung mit 13 Stufen ist im Anhang G der DIN EN 60268-16 [42] aufgeführt, wobei dort verschiedene Anwendungsbeispiele von Aufnahmestudios über Theater, Gerichtsräume, Konzertsäle bis hin zu Einkaufszentren angeführt werden. Diese Anwendungsbeispiele beziehen sich wiederum auf elektroakustische Anlagen. Informativ sind ebenfalls die Anhänge H und I der DIN EN 60268-16 mit Angaben für STI-Werte für fremdsprachliche Hörer als auch für Hörer mit Hörverlusten im Alter von mehr als 60 Jahren. Nach diesen Hinweisen benötigt ein erfahrener fremdsprachlicher Hörer, der täglich in der fremden Sprache kommuniziert, für eine sehr gute Sprachverständlichkeit einen minimalen Wert von 0,86 statt 0,75. Die gegenüber der Tabelle 4.2 verschobenen Skalen sind in den Anhängen zur DIN EN 60268-16 [42] zu finden. Inwieweit diese indikativen Hinweise zutreffend sind, wird in aktuellen Forschungsprojekten vertieft.

Deutlichkeit D_{50} und Klarheitsmaß C_{80}

Anders als der STI-Wert berücksichtigt die klassische Kenngröße Deutlichkeit nicht den Einfluss des Störpegels im Raum, sondern beruht auf einer Analyse der Impulsantwort in einem Raum, siehe DIN EN ISO 3382, Teil 2 [48]. Damit ist auch die Deutlichkeit eine lokale raumakustische Kenngröße, die wiederum von der Frequenz abhängt. Die Deutlichkeit beruht auf dem Verhältnis von zwei Energieanteilen in der Impulsantwort. Bei der Betrachtung von Sprache wird die Energie der ersten 50 ms ins Verhältnis zur Gesamtschallenergie der Impulsantwort gesetzt. Entsprechend wird die Kenngröße Deutlichkeit mit D_{50} abgekürzt. Die Zeitdauer von 50 ms wird bei der Betrachtung von Sprache verwendet; bei Musik wird in der Regel eine Zeitdauer von 80 ms verwendet und die entsprechende Kenngröße als Klarheitsmaß C_{80} bezeichnet. Die Definitionen der Kenngrößen wie auch das Vorgehen zur Messung sind im Anhang A der DIN EN ISO 3382, Teil 1 [47] aufgeführt.

Sowohl das Klarheitsmaß C_{80} als auch die Deutlichkeit D_{50} beschreiben die Balance zwischen früh und spät eintreffender Schallenergie. Beide Kenngrößen sind von der Nachhallzeit unabhängige Kenngrößen. Es ist durchaus vorstellbar und auch messbar, dass bei identischer Energie- bzw. Pegelabnahme (Nachhallzeit) durch die Raumform sowie die Absorber- und Reflektoranordnung gänzlich andere Energieverhältnisse auf den Empfangspunkten im Raum ausgelöst werden. Dies zeigt, dass bei gleicher Nachhallzeit und bei gleichem Raumvolumen allein durch die Innenraumgestaltung und Raumform verschiedene Hörbedingungen, ausgedrückt durch die Kenngrößen D_{50} und C_{80}, geschaffen werden können.

4.4 Weitere Kenngrößen

Die Impulsantwort zwischen einer Schallquelle und einem Empfangspunkt in einem Raum enthält als Summe aller Reflexionen sämtliche Informationen über die Schallausbreitung. Eine weitergehende Analyse der Raum-Impulsantwort liefert die zuvor beschriebenen Kenngrößen wie die frequenzabhängige Nachhallzeit, den STI-Wert und die frequenzabhängige Deutlichkeit.

Gerade im Bereich der Musik hat es zahlreiche Entwicklungen weiterer objektiver Kenngrößen zur Beschreibung der Qualität von Räumen gegeben. Diese Größen im Detail anzuführen würde den Rahmen dieses Buches sprengen und wäre für die betrachteten Räume des Alltags nicht von großem Interesse. Ein Beschreibung und Bewertung der weltbesten Konzertsäle und Opernhäuser anhand dieser objektiven Messgrößen wird von Beranek [13] eindrucksvoll dargestellt.

Mit der Einführung der DIN EN ISO 3382, Teil 1 [47], wurden im Jahr 2009 die vermeintlich wichtigsten Kenngrößen für Aufführungsräume normativ beschrieben. Eine eventuell ebenso komplexe Aufgabe wie die Gestaltung eines Konzertsaals oder Opernhauses ist die Planung eines funktionierenden Großraumbüros. Für diesen Anwendungsfall, in dem es auf möglichst geringe Sprachverständlichkeit sowie auf niedrige Schallpegel ankommt, wurde im Jahr 2012 die DIN EN ISO 3382, Teil 3 [49] mit eigenen raumakustischen Kenngrößen für Großraumbüros eingeführt.

Im Folgenden werden die Kenngrößen der Teile 1 bis 3 der DIN EN ISO 3382-Serie angeführt. Dies dient in erster Linie der Vollständigkeit, auch wenn in den gewöhnlichen Räumen des Alltags hauptsächlich die Nachhallzeit als Kenngröße ausreicht, so wie dies durch den Titel des Teils 2 der DIN EN ISO 3382 »Messung von Parametern der Raumakustik - Teil 2: Nachhallzeit in gewöhnlichen Räumen« schon zum Ausdruck gebracht wird.

Kenngrößen nach ISO 3382 – Teil 1

Im Teil 1 der DIN EN ISO 3382 werden die in Tabelle 4.3 aufgeführten Kenngrößen definiert. Diese Kenngrößen können aus der Impulsantwort abgeleitet werden. Es handelt sich durchweg um nicht-statistische, frequenzabhängige Kenngrößen eines Raums. Neben dem in der Tabelle angegebenen Frequenzbereich zur Bildung eines Mittelwerts sind in der Norm auch Vorschläge zur Erfassung und Darstellung der räumlichen Schwankung in einem Raum genannt. Diese Hinweise, wie auch die teilweise recht umfangreichen mathematischen Definitionen, werden hier nicht wiederholt, da diese nur in wenigen Fällen relevant für die in diesem Buch behandelten Raumtypen sind. Anhand der Darstellung in der Norm wird klar, dass bei einigen der Kenngrößen durchaus noch Unklarheit über die Wahrnehmbarkeit von Änderungen der jeweiligen Größe und somit offenbar noch Forschungsbedarf besteht.

Die subjektive Wahrnehmung des räumlichen Phänomens Schall wird durch diese weitestgehend monauralen Kenngrößen nur ansatzweise abgebildet. Der Anhang B der Norm führt entsprechend auch binaurale Messgrößen in Zuhörerräumen an, weist aber zugleich darauf hin, dass zumindest im Sinne der Normung noch keine allgemeine Übereinstimmung hinsichtlich der binauralen als auch der anderen räumlichen Kenngrößen besteht. Gerade die aktuellen Entwicklungen im Bereich der Messtechnik, wie 3D-Mikrophon-Arrays, lassen hier spannende Entwicklungen erwarten.

Subjektiver Zuhöreraspekt	Akustische Größe	Einzelfrequenz-Mittelwertbildung	Unterscheidungs-schwelle (JND)	Üblicher Bereich
Messgrößen (Gütemaße) für Zuhörerraum				
subjektiver Schallpegel	Stärkemaß G in dB	500 bis 1 000 Hz	1 dB	−2 dB bis 10 dB
wahrgenommene Halligkeit	frühe Abklingzeit (EDT) in s	500 bis 1 000 Hz	rel. 1%	1 s bis 3 s
wahrgenommene Transparenz	Klarheitsmaß C_{80} in dB	500 bis 1 000 Hz	1 dB	−5 dB bis 5 dB
	Deutlichkeit D_{50}	500 bis 1 000 Hz	0,05	0,3 bis 0,7
	Schwerpunktzeit T_S in ms	500 bis 1 000 Hz	10 ms	60 ms bis 260 ms
scheinbare Quellenbreite (ASW)	früher seitlicher Energieanteil, J_{LF} oder J_{LFC} in s	125 bis 1 000 Hz	0,05	0,05 bis 0,35
Zuhörer-Einhüllung (LEV)	später seitlicher Schallpegel L_J in dB	125 bis 1 000 Hz	unbekannt	−14 dB bis 1 dB
Bühnenmessgrößen				
Ensemblebildung	frühe Unterstützung ST_{early} in dB	250 bis 2 000 Hz	unbekannt	−24 dB bis −8 dB
wahrgenommene Halligkeit	späte Unterstützung ST_{late} in dB	250 bis 2 000 Hz	unbekannt	−24 dB bis −10 dB

Tabelle 4.3 Übersicht zu den aus Impulsantworten abgeleiteten Größen der DIN EN ISO 3382, Teil 1 [47], Zusammenfassung aus Anhängen A und C

Kenngrößen nach DIN EN ISO 3382 – Teil 3

Mit der Verabschiedung der DIN EN ISO 3382-3 [49] im Mai 2012 wurden Kenngrößen und Verfahren zur objektiven Messung im Großraumbüro eingeführt. Neben der Nachhallzeit stehen folgende eindeutig definierte Größen bzw. Einzahlwerte zur Verfügung:

- räumliche Abklingrate des A-bewerteten Schalldruckpegels der Sprache, kurz $D_{2,S}$
- Ablenkungsabstand, kurz r_D, und Vertraulichkeitsabstand, kurz r_P
- bewerteter Schalldruckpegel der Sprache in einem Abstand von 4m, kurz $L_{p,A,S,4m}$.

Anhand dieser Kenngrößen lassen sich die akustischen Bedingungen in einem Großraumbüro objektiv bewerten und vergleichen. Die räumliche Abklingrate $D_{2,S}$ wie auch der Sprachpegel in 4 m Abstand $L_{p,A,S,4m}$ beziehen sich auf ein normiertes Spektrum von Sprache. Dieses normierte Sprachspektrum in 1 m Abstand von der ungerichteten Quelle ist in Abbildung 4.3 dargestellt.

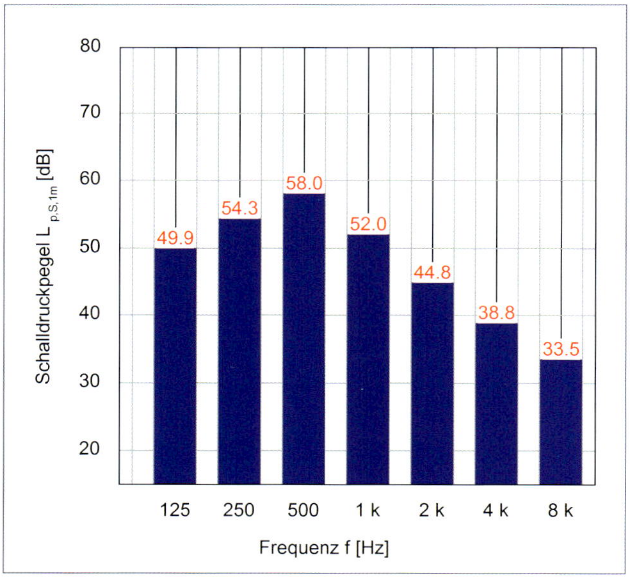

Abbildung 4.3 Definition des normierten Sprachpegels nach DIN 3382-3 [49]

Es ergibt sich ein Summenpegel von 57,4 dB in 1 m Abstand von der Schallquelle. Nach Angabe in der Norm handelt sich um einen Mittelwert aus männlichen und weiblichen Stimmen bei normaler Sprechanstrengung. Außerdem wird von einer ungerichteten Schallabstrahlung ausgegangen. Reale Sprecher haben durchaus andere Spektren. Somit stellt das Spektrum in Abbildung 4.3 nur eine künstliche Bezugsgröße zur Messung dar. Durch die Festlegung eines normierten Sprachspektrums werden die Messungen in verschiedenen Räumen miteinander vergleichbar. Die Kenngrößen des Teils 3 der DIN EN ISO 3382 werden auf dieses Spektrum bezogen.

Der Ablenkungsabstand r_D beschreibt den Abstand zur Quelle, an dem der STI-Wert auf 0,50 gesunken ist. Der Abstand zur Quelle, an dem der STI-Wert bei 0,20 liegt, wird als Vertraulichkeitsabstand r_P bezeichnet. Die Ableitung dieser Einzahlwerte erfolgt auf Grundlage von Messungen des Schallpegels, des Sprachübertragungsindex STI [42] sowie des Fremdgeräuschpegels entlang zuvor definierter Messwege zwischen Arbeitsplätzen im Großraumbüro. In der DIN EN ISO 3382, Teil 3 [49] wird definiert, wie die Messwege zu wählen sind. Die Messungen sind entlang einer Linie, die nicht gerade sein muss, durchzuführen. Die erste Messposition muss am zur Schallquelle nächstgelegenen Arbeitsplatz liegen. Mindestens sind vier, idealerweise sechs bis zehn Positionen auf dem Messweg in einem Bereich zwischen 2 m bis 16 m Abstand zur Quelle zu untersuchen.

Die Messungen sind ohne Personen im betriebsfertigen Raum durchzuführen; es wird darauf hingewiesen, dass sich durch Geräusche der Menschen im Raum positive Maskierungseffekte ergeben können. Im Raum vorhandene künstliche Maskierungssysteme sind bei der Messung einzuschalten.

Aus der Abnahme des Schallpegels entlang des Messweges wird unter Berücksichtigung des normierten Sprachspektrums der Einzahlwert $D_{2,S}$ durch lineare Regression ermittelt. Das gleiche Vorgehen wird zur Bestimmung des Ablenkungsabstandes r_D und des Vertraulichkeitsabstandes r_P für die Messgröße STI durchgeführt. In Abbildung 4.4 ist exemplarisch ein Ergebnisblatt mit den Messungen der Abnahme des Schalldruckpegels sowie des STI im Raum dargestellt. Aus den Kurven zur räumlichen Abnahme der Messwerte (Schallpegel und Sprachverständlichkeit) im Raum werden rechnerisch die Einzahlwerte bestimmt.

Bei der DIN EN ISO 3382-3 [49] handelt es sich um eine reine Messvorschrift. Eine Bewertungsgrundlage wurde, anders als im Entwurf zur Norm aus dem Jahr 2009, in der final verabschiedeten Fassung im Jahr 2012 nicht aufgeführt.

4.5 Messung der raumakustischen Parameter

In diesem Abschnitt werden kurz die wichtigsten Hinweise und Anmerkungen zur Durchführung raumakustischer Messungen zusammengefasst.

Während es bis zur Einführung der DIN EN ISO 3382-1 [47] im Jahr 2009 lediglich eine Norm zur Messung raumakustischer Parameter gab, existieren inzwischen drei Teile der DIN EN ISO 3382. Teil 2, eingeführt im September 2008, bezieht sich auf die Messung der Nachhallzeit in gewöhnlichen Räumen, Teil 1, erschienen im Oktober 2009, behandelt die Messung in Aufführungsräumen und der im Mai 2012 final publizierte Teil 3 behandelt die Messung in Großraumbüros.

In Tabelle 4.4 sind die raumakustischen Parameter der drei Teile der DIN EN ISO 3382-Serie zusammenfassend aufgeführt. Anhand der Übersicht wird deutlich, dass eine Vielzahl von raumakustischen Kenngrößen speziell für Aufführungsräume existiert. Hier hat sich unter Akustikern eine lebhafte Diskussion um die Anwendung der Kenngrößen des Teils 1 der DIN EN ISO 3382 entwickelt. Normative Vorgaben oder andere Empfehlungen für Aufführungsräume wie Konzertsäle, Opernhäuser oder andere Räumlichkeiten existieren nicht, sondern sind nach den jeweiligen Erfordernissen eines Raums festzulegen.

Teil 2 der DIN EN ISO 3382 kann als der wichtigste Teil für die gewöhnlichen Räume angesehen werden, da in der Regel die Nachhallzeit als Kriterium für die raumakustische Qualität verwendet wird. Teil 3 betrachtet den speziellen Fall der Großraumbüros, in denen neben der Nachhallzeit weitere Kenngrößen eine Rolle spielen. Für die Nachhallzeit in gewöhnlichen Räumen wie auch die weiteren Parameter des Teils 3 der DIN EN ISO 3382 existieren mit den unter Ziffer 5 angeführten Regelwerken inzwischen Empfehlungen und Vorgaben.

Messung von Parametern der Raumakustik nach DIN EN ISO 3382-3 (2012)

Auftraggeber : Beispielfirma
Straße 1
11111 Beispielstadt

Akustikbüro Oldenburg

Dr. Christian Nocke
Katharinenstr. 10, 26121 Oldenburg
www.akustikbuero-oldenburg.de

Gebäude:	Beispielgebäude
Raum:	Mehrpersonenbüro 001
Messpfad:	1, siehe Skizze in Anhang A
Raumzustand:	unbesetzt, möbliert, wie vorgefunden

Einzelheiten zu Raumsituation und Messdurchführung sind dem Messbericht zu entnehmen

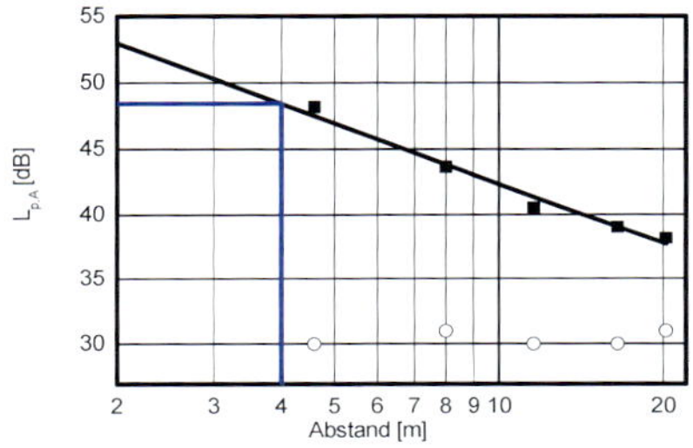

Werte zur Pegelabnahme und daraus bestimmter Einzahlwert

- ■ A-bew. Sprachpegel $L_{p,A,S}$
- —— A-bew. Sprachpegel $L_{p,A,S}$ (lin. Fit bis 16 m)
- —— A-bew. Sprachpegel in 4 Meter Abstand
- ○ A-bew. Schalldruckpegel des Fremdgeräuschs

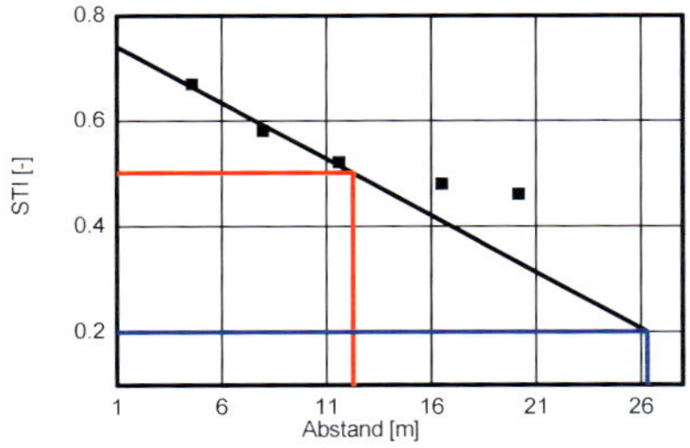

Gemessene STI-Werte und daraus bestimmte Einzahlwerte

- ■ Sprachübertragungsindex STI (Messwerte)
- —— Sprachübertragungsindex STI (Fit 2 m-16 m)
- —— Ablenkungsabstand (r_D) bei STI= 0,5
- —— Vertraulichlkeitsabstand (r_D) bei STI= 0,2

Einzahl-Werte nach DIN EN ISO 3382-3:

STI am nächstgelegenen Arbeitsplatz [-]	0,67
Ablenkungsabstand r_D [m]	12
Vertraulichkeitsabstand r_p [m]	20
Räumliche Abklingrate des A-bewerteten SPL der Sprache, $D_{2,S}$ [dB]	5
A-bewerteter SPL der Sprache im 4 m Abstand, $L_{p,A,S,4m}$ [dB]	48
Mittleres A- bewertetes Fremdgeräusch, $L_{p,A,B}$ [dB]	30

Messdatum: 01.01.2014
Projekt-Nr.: 2014/0007

Bearbeiter:

Abbildung 4.4 Kennwerte nach DIN EN ISO 3382, Teil 3, [49]; Darstellung der Ergebnisse in Form eines Prüfzeugnisses

DIN EN ISO 3382 ...	raumakustische Parameter
Teil 1 Aufführungsräume	T_{20} Nachhallzeit T_{30} Nachhallzeit G Stärkemaß * EDT Frühe Abklingzeit * C_{80} Klarheitsmaß * D_{50} Deutlichkeit * T_S Schwerpunktzeit * J_{LF} Früher seitlicher Energieanteil * L_J Später seitlicher Energieanteil *
Teil 2 gewöhnliche Räume	T_{20} Nachhallzeit T_{30} Nachhallzeit
Teil 3 Großraumbüros	STI (Messung nach vollständigem Verfahren DIN EN 60268-16[42]) r_D Ablenkungsabstand r_P Vertraulichkeitsabstand $D_{2,S}$ Räumliche Abklingrate $L_{p,A,S,4\,m}$ Sprachpegel in 4 m-Entfernung $L_{p,A,B}$ Fremdgeräusch
* abgeleitete Kenngrößen bzw. Gütemaße nach Anhang A (informativ) in [47]	

Tabelle 4.4 Übersicht der raumakustischen Parameter aus DIN EN ISO 3382, Teile 1 bis 3 [47, 48, 49]

Die Messung der raumakustischen Parameter der Teile 2 und 3 der DIN EN ISO 3382 wird im Folgenden kurz zusammengefasst. Raumakustische Messungen sind in der Praxis häufig sinnvoll und hilfreich, wenn subjektiv Beschwerden über die Situation in einem Raum geäußert werden. Zum einen dienen die Messergebnisse der Objektivierung und können weiterhin die Grundlage einer raumakustischen Planung bilden. Es ist anzumerken, dass durch die Objektivierung häufig auch die subjektiv geäußerten Bedenken genauer eingegrenzt und durch einen Vergleich mit einschlägigen Anforderungen und Empfehlungen in Einzelfällen sogar gänzlich aufgelöst werden können.

Teil 2 der DIN EN ISO 3382 [48] behandelt die Messung der Nachhallzeit in verschiedenen Räumen des Alltags. Als Raumtypen werden Wohnräume, Treppenhäuser, Werkstätten, Industrieanlagen, Klassenräume, Büros, Restaurants, Messehallen, Sporthallen sowie Bahnhöfe und Flughafenabfertigungsgebäude explizit benannt.

Für die technischen Details der Messung wird im Teil 2 der DIN EN ISO 3382 auf den Teil 1 der Messnorm verwiesen. Hierauf kann im Rahmen des Buches nur kurz eingegangen werden, es ist der Normentext des Teils 1 der DIN EN ISO 3382 [47] heranzuziehen. Es ist eine Schallquelle mit ungerichteter Abstrahlung (Kugelschallquelle) im Frequenzbereich zwischen 125 Hz und 4 000 Hz zu verwenden. Die höchstzulässige Abweichung von der kugelförmigen Abstrahlung liegt bei ± 1 dB unterhalb von 500 Hz, ± 3 dB bei 1 000 Hz, ± 5dB bei bis zu 2 000 Hz und ± 6 dB bei 4 000 Hz. Weiterhin muss die Schallquelle einen ausreichend hohen Schallpegel erzeugen. Das Mikrofon sollte ungerichtet (Kugelcharakteristik) und so klein wie möglich sein. Weiterhin bestehen Anforderungen an die im Gerät verwendeten Filter als auch an die Aufzeichungs- bzw. Aufnahmegeräte an sich. Die Details zu den apparativen Anforderungen sind unter Ziffer 4 des Teils 1 der DIN EN ISO 3382 zu finden.

Sowohl im Teil 1 als auch im Teil 2 der DIN EN ISO 3382 werden zwei mögliche Verfahren zur Messung der Nachhallzeit angeführt: das Verfahren des abgeschalteten Rauschens sowie das Verfahren der integrierten Impulsantwort. Die Unterschiede sowie jeweiligen Vor- und Nachteile dieser beiden Verfahren können an dieser Stelle nicht vertieft werden, sondern es ist sowohl auf die beiden Normenteile als auch auf die weitergehende Fachliteratur zur akustischen Messtechnik wie [66, 122] zu verweisen. Prinzipiell wird zwischen einem Kurzverfahren, einem Standardverfahren und einem Präzisionsverfahren unterschieden. Für das Kurzverfahren genügt es, die Messungen in den Oktavbändern zwischen 250 Hz und 2 000 Hz mit einer Senderposition zur Anregung des Schallfelds durchzuführen. Das Kurzverfahren dient lediglich zur Beurteilung der Absorption im Raum für Schallschutzzwecke. Zur Überprüfung der Anforderungen an die Nachhallzeit eines Raums ist das Standardverfahren anzuwenden. Hierbei sind mindestens zwei Senderpositionen im Raum sowie sechs unabhängige Sender-Mikrofon-Kombinationen erforderlich. Für das Präzisionsverfahren sind ebenfalls zwei Senderpositionen, dann allerdings zwölf Sender-Mikrofon-Kombinationen, zu verwenden. Die Messungen sind beim Standard- und Präzisionsverfahren in den sechs Oktaven zwischen 125 Hz und 4 000 Hz oder den 18 Terzen zwischen 100 Hz und 5 000 Hz durchzuführen.

Für das Präzisionsverfahren wird bei Messungen der Nachhallzeit in Terzbandbreite eine Genauigkeit von weniger als 5% und in Oktavbandbreite von weniger als 2,5% angegeben. Für das Standardverfahren liegt die Genauigkeit bei 10% für Terzmessungen und bei 5% bei Oktavmessungen.

Für Details der Messung bzw. Bestimmung des STI-Werts wird auf die umfangreichen Ausführungen in der DIN EN 60268-16 [42] verwiesen. Sowohl von der apparativen Ausstattung her als auch hinsichtlich der Messdurchführung erfordert der STI deutlich mehr Aufwand und Erfahrung als andere akustische Messungen. Grundlage der Betrachtung ist der Frequenzbereich von 125 Hz bis 8 000 Hz.

5 Anforderungen und Empfehlungen

5.1 Gesetzliche Grundlagen

Raumakustische Anforderungen an Gebäude sind in Deutschland nicht baurechtlich vorgegeben. Letztlich bleibt es jedem Besitzer, Bauherrn oder Betreiber eines Gebäudes überlassen, welche raumakustischen Bedingungen in den Räumen eines Gebäudes herrschen. Im Gegensatz zu prestigeträchtigen Bauvorhaben, wie Parlamenten, Konzertsälen oder Theatern, wird in Räumen des alltäglichen Aufenthalts, wie privaten Wohnräumen, aber auch Schulen, Büros und anderen Arbeitsstätten, die Raumakustik in der Planung kaum oder auch gar nicht beachtet. Die Ursache hierfür ist nur schwer nachvollziehbar, zumal der Aufwand einer raumakustischen Planung im Allgemeinen überschaubar ist.

Jeder Planer ist gehalten, die allgemein anerkannten Regeln der Technik bei seiner Tätigkeit zu berücksichtigen. Aus der Rechtsprechung, beispielsweise im Bereich des baulichen Schallschutzes, ist bekannt, dass ein Abweichen von den allgemein anerkannten Regeln der Technik gegenüber dem Auftraggeber bzw. Bauherrn zu begründen ist. Inwieweit dies bei komplexen Sachverhalten gelingen kann bzw. in welcher Detailtiefe durchgeführt werden muss, ist eine nicht endgültig geklärte Rechtsfrage. Es ist allerdings zweifelhaft, ob ein akustischer Laie über entsprechende Sachverhalte in einer angemessenen Art und Weise informiert werden kann, um die Vor- und Nachteile der Durchführung oder Nicht-Durchführung einer raumakustischen Planung vollständig gegeneinander abwägen zu können.

Im Bereich der Raumakustik kann die DIN 18041 »Hörsamkeit in kleinen bis mittelgroßen Räumen« [35] nach weit verbreiteter Ansicht vieler Fachleute als allgemein anerkannte Regel der Technik für die Mehrzahl der in dem Regelwerk aufgeführten Räume angesehen werden. Eine aktuell laufende Fortschreibung der DIN 18041 wird gegebenenfalls geringe Änderungen der Anforderungen an die Nachhallzeit auslösen, um beispielsweise das Thema Inklusion in Schulen besser abzubilden und dient im Wesentlichen dazu, dass Formulierungen genauer gefasst und damit bestehende Unsicherheiten der Interpretation dieser Norm gelöst werden. Ein Anlass der Fortschreibung ist ferner der Abgleich mit anderen Regelwerken wie der VDI 2569 »Schallschutz und akustische Gestaltung im Büro« [153].

Neben den baulichen Anforderungen an die raumakustische Gestaltung lassen sich aus anderen Zusammenhängen, Regelwerken und gesetzlichen Vorgaben Anforderungen an die Raumakustik ableiten. Dies ist mitunter jedoch eine rechtliche Frage, die nicht im Rahmen dieses Buchs vertieft werden soll. Die folgenden Beispiele zeigen entsprechende Herangehensweisen auf.

Die Unfallverhütungsvorschrift Kindertageseinrichtungen [70] führt zum Thema Bau- und Raumakustik an, dass entsprechend der Nutzung bau- und raumakustische Anforderungen einzuhalten sind, führt aber nicht aus, welche. Auch die Regeln und Vorgaben des barrierefreien Bauens sowie des Inklusionsgesetzes können dahingehend ausgelegt werden, dass Räume auch für Menschen mit Beeinträchtigungen des Hörsinns entsprechend vorzubereiten sind, um so allen Menschen eine angemessene Nutzung zu ermöglichen. Diese Auffassung wird aktuell durch den Leitfaden Barrierefreies Bauen des Bundesministeriums für Umwelt, Naturschutz, Bau und Reaktorsicherheit (BMUB) [95] unterstrichen. Auch hier wird die DIN 18041 als allgemein anerkannte Regel der Technik aufgeführt.

Aus Richtung des Arbeitsschutzes werden Schutzziele definiert, die sich auf die Gestaltung eines Arbeitsplatzes beziehen. Diese recht allgemein gehaltene Herangehensweise führt dann bezüglich der Raumakustik zu Vorgaben zur Ausstattung der Räume mit schallabsorbierenden oder auch schallschirmenden Elementen. Die maximalen Grenzwerte der Arbeitsstättenverordnung [7] sowie der Lärm- und Vibrations-Arbeitsschutzverordnung [89] verfolgen das Ziel, aurale Gehörschäden zu vermeiden. Bei einem Beurteilungspegel am Arbeitsplatz von 80 dB und mehr sind den Mitarbeitern Unterweisungen, Vorsorgeuntersuchungen und Gehörschutz anzubieten und ab 85 dB sogar zwingend vorgeschrieben. Bei einem Beurteilungspegel ab 85 dB und mehr muss weiterhin ein Lärmminderungsplan durch den Arbeitgeber erstellt werden.

Im Bereich der extra-auralen Wirkungen ist die Angabe eines Grenz- oder auch nur Richtwerts in der Regel nicht zielführend. Andere Eigenschaften des Schalls, wie beispielsweise die Verstehbarkeit von Sprache, ausgedrückt durch den Sprachübertragungsindex, gewinnen somit an Bedeutung. Sicherlich ist die Empfehlung eines Pegels eine Voraussetzung, aber nicht alleiniges Kriterium für eine angemessene Akustik. Grenzwerte für die Lärmbelastung in Büros, Schulen oder öffentlichen Gebäuden existieren nicht. Es handelt sich in der Regel um Empfehlungen und Hinweise, deren Einhaltung mitunter eine gezielte Gestaltung der Raumakustik voraussetzt.

Ebenfalls erhält die Raumakustik eine Bedeutung im Rahmen der Zertifizierung von Gebäuden, wie sie beispielsweise durch die Deutsche Gesellschaft für Nachhaltiges Bauen – DGNB e.V. oder das Bewertungssystem Nachhaltiges Bauen für Bundesgebäude (BNB) des Bundesministeriums für Verkehr, Bau und Stadtentwicklung (BMVBS) gegeben sind. In den entsprechenden Kriteriensteckbriefen wird die Raumakustik im Bereich der soziokulturellen Qualität als »Akustischer Komfort« bezeichnet und trägt bei Unterrichtsgebäuden beim BNB mit 1,5% immerhin doppelt soviel zur Gesamtbewertung bei wie die »Kunst am Bau«. Die Frage, wie die Nachhaltigkeit eines Gebäudes, das aufgrund völlig unzureichender raumakustischer Bedingungen nicht oder nur erschwert genutzt werden kann, zu bewerten ist, ist nicht Thema dieses Buchs. Die Steckbriefe der genannten Zertifizierunssysteme beziehen sich in Teilen auf die DIN 18041 [35] wie auch auf die VDI 2569 [153].

In den folgenden Abschnitten werden die Empfehlungen aus der aktuell gültigen DIN 18041 [35] aus dem Jahr 2004, der derzeitige Diskussionsstand zur Neufassung der VDI 2569 sowie einige weitere Regelwerke mit Bezug zu den Räumen des Alltags aufgeführt und kommentiert. Diese Regelwerke können als Grundlage und Voraussetzung für die raumakustische Planung, die im Kapitel 6 vorgestellt wird, angesehen werden.

5.2 Normen

In diesem Abschnitt werden die DIN 18041 »Hörsamkeit in kleinen bis mittelgroßen Räumen« [35] und die Richtlinie VDI 2569 »Schallschutz und akustische Gestaltung im Büro« [153] als maßgebliche Regelwerke zur Akustik von Alltagsräumen zusammengefasst.

5.2.1 DIN 18041 »Hörsamkeit in kleinen bis mittelgroßen Räumen«

Die DIN 18041 »Hörsamkeit in kleinen bis mittelgroßen Räumen« wurde im Jahre 1968 erstmals veröffentlicht. Schon in dieser ersten Fassung wurde auf den grundlegenden Unterschied zwischen der Nutzung von Räumen für Sprache und Musik hingewiesen und so wurden entsprechend zwei Nutzungsarten definiert. Die Norm fasste das schon damals bekannte Wissen im Bereich der Raumakustik zusammen und beruhte damit auf einer Vielzahl der unter Ziffer 3.1 zitierten Quellen.

Im Folgenden wird die aktuell gültige Fassung der DIN 18041 aus dem Jahr 2004 vorgestellt. Vorweg ist der in der Norm definierte und schon im Titel verwendete Begriff der Hörsamkeit zu erwähnen. Folgende Definition führt die DIN 18041 an:

> *»Hörsamkeit« – Eignung eines Raumes für bestimmte Schalldarbietungen, insbesondere für angemessene sprachliche Kommunikation und musikalische Darbietung an den für die Nutzung des Raumes vorgesehenen Orten. Die Hörsamkeit eines Raums wird vorwiegend durch die geometrische Gestaltung des Raumes, die Auswahl und Verteilung schallabsorbierender und schallreflektierender Flächen, die Nachhallzeit und den Gesamtstörschalldruckpegel beeinflusst.*

Im Jahr 2000 wurde eine grundlegende Überarbeitung der DIN 18041 begonnen, die zu der heute gültigen Ausgabe aus dem Jahr 2004 führte. Gegenüber der ersten Fassung aus dem Jahr 1968 wurde eine Reihe von inhaltlichen Ergänzungen und Erweiterungen vorgenommen. Ein Anlass der gesamten Überarbeitung bestand darin, dass die Belange von Menschen mit Hörbeeinträchtigungen besser berücksichtigt werden sollten. Weiterhin gab es Hinweise darauf, dass gerade bei kommunikationsintensiven Nutzungen mit mehreren Sprechern an verschiedenen Orten in einem Raum kürzere Werte der Nachhallzeit als günstig bewertet werden. Vor dem Hintergrund der Diskussion um das Hören in Schulen [137] waren ebenfalls die Belange in Schulgebäuden nicht zuletzt durch die ersten internationalen Bildungsvergleiche zu thematisieren. Eine ebenfalls damals laufende Diskussion um die Bedeutung tiefer Frequenzen unterhalb von 100 Hz wurde zumindest in Teilen der Kommission zur Neufassung der DIN mit Interesse verfolgt. Es stellte sich in der Abwägung allerdings heraus, dass die Argumente für eine Erweiterung des Frequenzbereichs keine ausreichende Evidenz aufwiesen und wissenschaftlich nicht belegt werden konnten.

Anhand der Definition des Begriffs Hörsamkeit wird deutlich, dass es sich um eine Raumeigenschaft handelt. Die DIN 18041 bezieht sich dabei explizit nicht auf Räume mit speziellen Anforderungen an die Raumakustik. Als Beispiele für derartige Räume werden Theater, Konzertsäle, Kinos, Sakralräume sowie Räume mit anderen hochwertigen akustischen Nutzungen, wie z. B. Aufnahmestudios und Akustiklabors, genannt. Die Empfehlungen und Ausführungen der DIN 18041 können nach Hinweis in der Norm für Räume mit allgemeinen Musikdarbietungen oder auch Mehrzwecknutzungen angewandt werden.

Zur Zielgruppe der DIN 18041 gehören Architekten, Bauplaner, Bauherren und Fachingenieure, in deren Aufgabengebiet die Planung und Ausführung der zuvor beschriebenen Räume fällt.

Allgemein gilt die Norm für Räume mit Volumina bis maximal ca. 5 000 m^3 sowie für Sporthallen bis ca. 8 500 m^3. Es werden Anforderungen und Empfehlungen zur raumakustischen Planung formuliert sowie Hinweise und Richtlinien zur Umsetzung gegeben. Für Räume mit Volumina bis maximal 30 000 m^3 kann die Norm sinngemäß angewandt werden.

In der DIN 18041 werden prinzipiell zwei Gruppen von Räumen unterschieden:

- Gruppe A – Anforderungen an die Hörsamkeit über mittlere und größere Entfernungen
- Gruppe B – Empfehlungen für die Hörsamkeit über geringe Entfernungen

Nutzungsarten und Beispiele für Räume der Gruppe A	
Nutzungsart	**Beispiele nach DIN 18041**
»Musik«	Musikunterrichtsraum mit aktivem Musizieren und Gesang Rats- und Festsaal für Musikdarbietungen
»Sprache«	Gerichts- und Ratssaal Gemeindesaal Versammlungsraum Musikproberaum in Musikschulen o.Ä. Sport- und Schwimmhallen mit Publikum
»Unterricht«	Unterrichtsraum (außer für Musik) Musikunterrichtsraum mit audiovisueller Darbietung Gruppenräume in Kindergärten und Kindertagesstätten Seniorentagesstätten Seminarraum Interaktionsraum Hörsaal Raum für Teleteaching, Tagungsraum, Konferenzraum Darbietungsraum ausschließlich für elektroakustische Nutzungen
»Sport 1«	Sport- und Schwimmhallen ohne Publikum für normale Nutzung und/oder einzügigen Unterrichtsbetrieb (eine Klasse oder Sportgruppe, einheitlicher Kommunikationsinhalt)
»Sport 2«	Sport- und Schwimmhallen ohne Publikum für mehrzügigen Unterrichtsbetrieb (mehrere Klassen oder Sportgruppen parallel mit unterschiedlichem Kommunikationsinhalt)
Beispiele für Räume der Gruppe B	
	Verkaufsräume Gaststätten Publikumsbereiche für den öffentlichen Nah- und Fernverkehr Fahrkarten- und Bankschalter Sprechzimmer in Anwalts- und Arztpraxen Einzelbüros Mehrpersonen- und Großraumbüros Bürgerbüros Operationssäle, Behandlungs- und Rehabilitationsräume Krankenzimmer Lesesäle und Leihstellen in Bibliotheken Werkräume (z. B. Lehrwerkstatt) Öffentlichkeitsbereiche, Publikumsverkehrsflächen Foyers, Ausstellungsräume, Treppenhäuser

Tabelle 5.1 Beispiele von Räumen der Gruppen A und B in Anlehnung an DIN 18041. Bei Räumen der Gruppe A werden fünf Nutzungsarten unterschieden.

Ein wesentlicher Unterschied zwischen diesen beiden Gruppen besteht darin, dass bei Räumen der Gruppe A eine Anforderung an die frequenzabhängige Nachhallzeit formuliert und bei Räumen der Gruppe B lediglich die Absorptionsfläche bzw. die minimal oder maximal benötigte Schallabsorberfläche als Empfehlung vorgegeben wird. Für beide Raumgruppen wird eine Reihe von Maßnahmen vorgestellt.

In der Tabelle 5.1 sind die in der DIN 18041 aufgeführten Beispiele für die Räume der Gruppen A und B zusammengefasst. Diese Aufstellung entspricht im Wesentlichen der Darstellung in der Norm. Inwieweit die Zuordnung und Unterscheidung in Räume der Gruppen A und B noch zeitgemäß ist, wird später in diesem Abschnitt diskutiert.

Räume der Gruppe A

Neben architektonisch-gestalterischen Aspekten sowie anderen bauphysikalischen Eigenschaften – wie Temperatur, Beleuchtung, Luftfeuchte etc. – sind die Raumgeometrie, -größe und -ausstattung die grundlegenden Eigenschaften zur Schaffung einer guten Hörsamkeit der Räume der Gruppe A. Die Räume der Gruppe A stellen dabei selbstverständlich auch die Hörsamkeit über geringe Entfernungen sicher. Wichtige akustische Voraussetzung ist weiterhin ein niedriger Gesamtstörschalldruckpegel $L_{NA,Bau}$ (siehe Ziffer 3.2). Die bauakustischen Anforderungen werden in der DIN 18041 nur kurz angeführt. Ansonsten wird auf die einschlägigen Regelwerke und gesetzlichen Vorgaben zur Bauakustik wie die DIN 4109 [36] verwiesen.

Für Räume der Gruppe A werden fünf Nutzungsarten unterschieden. Diese werden mit »Musik«, »Sprache«, »Unterricht«, »Sport 1« und »Sport 2« bezeichnet. Folgende allgemeine Beschreibungen können für die vorwiegenden Nutzungen und Erwartungen der Nutzer an die Hörsamkeit für Räume der jeweiligen Nutzungsarten aufgeführt werden.

Musik

Diese Nutzungsart bezieht sich auf Räume, die vorwiegend musikalisch genutzt werden. Die Nutzer können schwerpunktmäßig erwarten, dass die Räume eine gute Hörsamkeit für Musik aufweisen und nehmen in Kauf, dass sprachliche Darbietungen nur mit gewissen Einschränkungen der Sprachverständlichkeit möglich sind.

Sprache

Die Nutzungsart »Sprache« richtet sich an Räume, in denen sprachliche Ereignisse im Vordergrund der Nutzung stehen, jedoch nur in geringem Umfang oder keine Kommunikation zwischen mehreren Personen gleichzeitig an verschiedenen Stellen im Raum durchgeführt wird. Die Nutzer können davon ausgehen, dass das Zuhören eines Sprechers mühelos möglich ist. Musikalische Darbietungen werden von den Nutzern in der Regel als zu transparent und klar empfunden.

Ebenfalls sind dieser Nutzungsart Sporthallen mit Publikum zugeordnet. Dies erfolgt vor dem Hintergrund der Pegelminderung in solchen Hallen.

Unterricht

Die Nutzungsart »Unterricht« ist für Räume anzuwenden, in denen kommunikationsintensive Nutzungen mit mehreren gleichzeitigen Sprechern verteilt im Raum stattfinden. Die Nutzer können davon ausgehen, dass auch bei längerer Dauer entsprechende Aktivitäten ohne Belästigung möglich sind. Einzelne Sprecher über größere Distanzen, also in größeren Räumen, können mitunter schwer verstanden werden.

Im Bereich der Musik sind Nutzungen mit elektroakustischer Unterstützung zu nennen. Unverstärkte Musik kann mitunter zu klar und präsent sein.

Sport 1

Die Nutzungsart »Sport 1« ist für Sport- und Schwimmhallen ohne Publikum mit Nutzung durch eine Gruppe gedacht. Kommunikation findet in der Regel nur über kurze Distanzen innerhalb der Gruppe oder durch einen Sprecher statt.

Sport 2

Die Nutzungsart »Sport 2« geht auf die Verhältnisse in Sport- und Schwimmhallen ohne Publikum ein, in denen gleichzeitig von mehreren Gruppen mit unterschiedlichen Inhalten entweder gemeinsam oder durch einen Sprecher kommuniziert wird.

Die Bezeichnungen der Nutzungsarten erscheinen widersprüchlich, da letztlich auch Sprache Teil des Unterrichts ist oder auch Musik im Rahmen von Unterricht erklingt. Die Benennung der Nutzungsarten sind ein Bestandteil der aktuellen Diskussion zur Überarbeitung der DIN 18041. Zusammengefasst kann gesagt werden, dass die Zuordnung zu den Nutzungsarten letztlich anhand der Intensität der kommunikativen Nutzungen im jeweiligen Raum erfolgt.

In der Tabelle 5.1 sind Beispiele von Räumen für die verschiedenen Nutzungsarten zusammengestellt. Nach dem Hinweis der DIN 18041 sind vergleichbare Räume sinngemäß zuzuordnen. Hierbei kann folgender Gedanke die Zuordnung unterstützen: Je mehr Kommunikation innerhalb des Raums oder aber auch aus dem Raum heraus und hinein (Beispiel: Videokonferenzraum) stattfindet, desto kürzer sollte die Nachhallzeit sein. Je weniger Nutzungsanteile mit sprachlicher Kommunikation auftreten, desto länger kann der Zielwert der Nachhallzeit gewählt werden.

Die Zuordnung zu den Nutzungsarten ist der erste Schritt der raumakustischen Planung, da anhand der Nutzungsart innerhalb der Räume der Gruppe A die anzustrebende Nachhallzeit festgelegt wird. Die zweite Größe zur Festlegung der Soll-Nachhallzeit ist neben der Nutzung das Raumvolumen.

Mit Hilfe der folgenden Gleichungen lassen sich in Abhängigkeit vom Raumvolumen V die empfohlenen Soll-Nachhallzeiten bei mittleren Frequenzen für die verschiedenen Nutzungsarten der Gruppe A Räume berechnen. Die zugehörige Frequenzabhängigkeit wird relativ zu diesen Soll-Werten für 500 Hz bzw. 1 000 Hz angegeben. Es ist zu ergänzen, dass eine alleinige Betrachtung der Soll-Nachhallzeit ohne Berücksichtigung des Frequenzverlaufs nicht im Sinne der DIN 18041 ist.

Für die Nutzungsart »Musik« mit typischen Volumina zwischen 30 m³ und 1 000 m³ gilt:

$$T_{\text{SOLL, Musik}} = \left(0{,}45 \log \frac{V}{m^3} + 0{,}07\right) s \qquad 5.1$$

Für die Nutzungsart »Sprache« mit typischen Volumina zwischen 300 m³ und 5 000 m³ gilt:

$$T_{\text{SOLL, Sprache}} = \left(0{,}37 \log \frac{V}{m^3} - 0{,}14\right) s \qquad 5.2$$

Für die Nutzungsart »Unterricht« mit typischen Volumina zwischen 30 m³ und 1 000 m³ gilt:

$$T_{\text{SOLL, Unterricht}} = \left(0{,}32 \log \frac{V}{m^3} - 0{,}17\right) s \qquad 5.3$$

Implizit wird durch die grafische Darstellung in der DIN 18041 davon ausgegangen, dass lediglich Räume der Nutzungsart »Sprache« Volumina von mehr als 1 000 m³ aufweisen.

Für Volumina V zwischen 2 000 m³ und 8 500 m³ sind die beiden folgenden Nutzungsarten anzuwenden. Für die Nutzungsart »Sport 1« gilt:

$$T_{\mathrm{SOLL,\,Sport1}} = \left(1{,}27\,\log\frac{V}{m^3} - 2{,}49\right)\,\mathrm{s} \qquad 5.4$$

Für die Nutzungsart »Sport 2« gilt:

$$T_{\mathrm{SOLL,\,Sport2}} = \left(0{,}95\,\log\frac{V}{m^3} - 1{,}74\right)\,\mathrm{s} \qquad 5.5$$

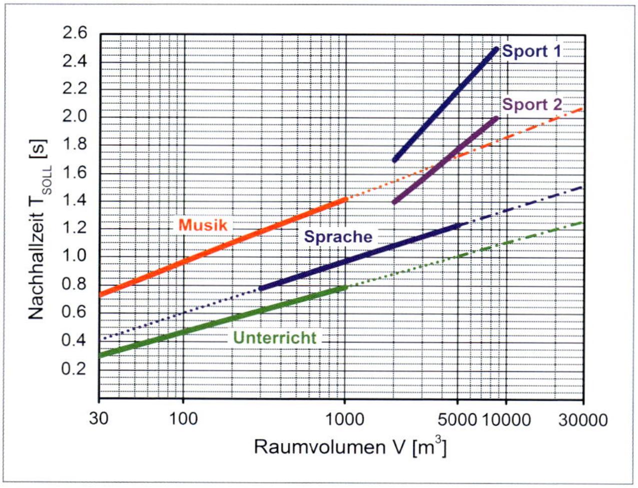

Abbildung 5.1 Anzustrebender Wert der Nachhallzeit T_{SOLL} für Räume der Gruppe A in Anlehnung an DIN 18041 [35]. Unterschieden wird zwischen den Nutzungsarten »Musik«, »Sprache«, »Unterricht«, »Sport 1« und »Sport 2«.

In der Abbildung 5.1 sind die empfohlenen Nachhallwerte aus den Gleichungen 5.1 bis 5.5 in Abhängigkeit von der Nutzungsart und dem Raumvolumen grafisch dargestellt. Die Bereiche der typischen Volumina sind als durchgezogene Linien dargestellt; punktiert sind untypische Volumina und strichpunktiert sind Richtwerte oberhalb von Volumina ab 5 000 m³. Im Sinne der DIN 18041 sind Räume mit Volumina von mehr als 5 000 m³ nicht als kleine oder mittelgroße Räume einzustufen und entsprechend nur in Anlehnung an diese

Norm zu planen. In solch großen Räumen ist generell zu empfehlen, dass ein Fachplaner für Raumakustik hinzugezogen wird.

Bei Mehrzwecknutzungen sind entsprechend der verschiedenen Nutzungsanteile und deren Wertigkeit Zwischenwerte für die Soll-Nachhallzeit zu bestimmen. Hierbei sind in der Regel die Nutzer der Räume einzubeziehen. Dieser Hinweis in der Norm zeigt das klassische Problem der Raumakustik bei Mehrzwecknutzungen auf.

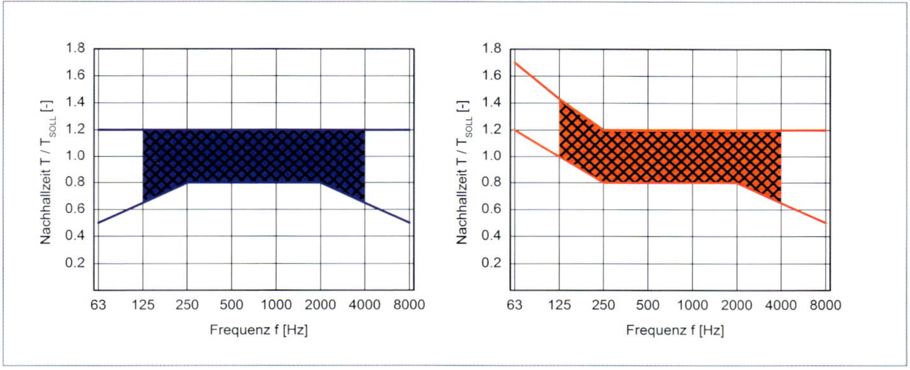

Abbildung 5.2 Anzustrebender Bereich der Nachhallzeit in Abhängigkeit von der Frequenz für die Nutzungsarten »Sprache« und »Unterricht« (links) sowie »Musik« (rechts)

Die Frequenzabhängigkeit der Nachhallzeit wird ebenfalls in der DIN 18041 thematisiert. Für die Nutzungsarten »Musik« und »Sprache« wird ein Toleranzbereich im Frequenzbereich zwischen 125 Hz und 4 000 Hz definiert. Bezugsgröße ist die Nachhallzeit T_{SOLL} der jeweiligen Nutzungsart. Der Toleranzbereich wird im für Sprache wichtigen Frequenzbereich zwischen 250 Hz und 2 000 Hz durch eine Ober- bzw. Untergrenze von $\pm 20\%$ festgeschrieben. Auch wenn im Text der DIN 18041 die Nutzungsart »Unterricht« nicht explizit aufgeführt wird, so ist die Frequenzabhängigkeit wie für »Sprache« anzuwenden. Für die Nutzungsarten »Sport 1« und »Sport 2« ist die Soll-Nachhallzeit mit einer Genauigkeit von $\pm 20\%$ zwischen 250 Hz und 2 000 Hz einzuhalten. In der Abbildung 5.2 sind die Toleranzbereiche bezogen auf die Soll-Nachhallzeit der jeweiligen Nutzungsart grafisch dargestellt. In der DIN 18041 sind die Toleranzbereiche über den eigentlich verbindlichen Frequenzbereich der Norm hinausgehend auch für den Bereich unterhalb von 100 Hz und oberhalb von 5 000 Hz als optionale Planungshinweise dargestellt.

Weiterhin wird in der DIN 18041 darauf hingewiesen, dass Menschen mit einem Bedürfnis nach erhöhter Sprachverständlichkeit die raumakustische Situation umso günstiger empfinden, je kürzer die Nachhallzeit ist. Als Beispiele für ein derartiges Erfordernis nach einer kürzeren Nachhallzeit werden Personen mit Hörschäden oder eingeschränktem Hörvermögen, Kommunikation mit Personen, die nicht in ihrer Muttersprache sprechen sowie Personen mit Sprach- oder Sprachverarbeitungsstörungen, Konzentrations- bzw. Aufmerksamkeitsstörungen oder Leistungsschwäche genannt. Nach Ansicht des Autors kann dieser Anwendungsbereich auch für weitere Personen angewandt werden, beispielsweise für kleinere Kinder, deren Sprachentwicklung noch nicht abgeschlossen ist. Auch normal-hörende Personen profitieren von einer kürzeren Nachhallzeit. Die DIN 18041 schlägt vor, dass für Räume mit einem Volumen bis 250 m^3 die anzustrebende Nachhallzeit bis zu 20% unter den für die Nutzungsarten »Sprache« und »Unterricht« empfohlenen Werten liegen sollte. Diese Absenkung sollte in den Oktavbändern zwischen 250 Hz und 2 000 Hz angewandt werden.

Räume der Gruppe B

Für Räume der Gruppe B, bei denen die Hörsamkeit nur über geringe Entfernungen zu gewährleisten ist, werden keine konkreten Anforderungen an die Nachhallzeit definiert. Die in der DIN 18041 beschriebenen Empfehlungen und Maßnahmen dienen hier vielmehr dem Zweck, eine angemessene Sprachkommunikation über geringe Entfernungen sicherzustellen. Dies wird über eine Erhöhung der Schallabsorption bzw. Absenkung der Nachhallzeit und einer damit ausgelösten Minderung des Gesamtstörschallpegels erreicht. Inwieweit dies bei bestimmten Raumnutzungen noch zeitgemäß ist, wird zum Ende dieses Abschnitts bei den Anmerkungen zur aktuellen Fassung der DIN 18041 aufgegriffen.

Neben bauakustischen Anforderungen und dem Hinweis zur Reduzierung der Geräuscheinträge durch technische Anlagen und Geräte zur Minderung des Gesamtschalldruckpegels im Raum wird ausgeführt, welche Schallpegelminderung ΔL in einem Raum unter der näherungsweisen Annahme eines diffusen Schallfeldes erreicht werden kann, hierzu siehe auch Abschnitt 6.5. Die Minderung des Gesamtschalldruckpegels im Raum wird durch eine Erhöhung der Absorption bzw. ein Absenken der Nachhallzeit erreicht.

Die DIN 18041 weist für Räume der Gruppe B darauf hin, dass schallabsorbierende, flächenhafte Materialien oder Einrichtungsgegenstände, kurz also Schallabsorber (siehe Abschnitt 3.4), einzusetzen sind, wenn

1. eine Minderung ΔL des Schalldruckpegels von mindestens 3 dB durch die zusätzlich in den Raum einzubringenden Schallabsorber erreicht werden kann. Dies wird minimal durch eine Verdopplung der äquivalenten Absorptionsfläche erreicht. Dieser Hinweis kann als Untergrenze der einzubringenden Absorptionsfläche A_{eq} angesehen werden.

2. der über die Oberflächen des Raums gemittelte Schallabsorptionsgrad in den vier Oktaven von 250 Hz bis 2 000 Hz den Wert von 0,35 nicht überschreitet. Auch wenn im Sinne der Lärmminderung eine solch starke Bedämpfung sinnvoll erscheinen mag, ist die technische und wirtschaftliche Umsetzbarkeit zu hinterfragen. Dieser Hinweis in der Norm stellt eine Obergrenze für die einzubringende Absorptionsfläche A_{eq} in den Raum dar.

Die Tabelle 5.2 gibt die Tabelle 6 der DIN 18041 wieder. Die Absicht dieser Tabelle besteht darin, dass je nach akustischer Qualität des verwendeten Schallabsorbers die benötigte Schallabsorberfläche direkt abgelesen werden kann. Die Qualität des Schallabsorbers wird durch den bewerteten Schallabsorptionsgrad α_w nach DIN EN ISO 11654 [45] beschrieben, zur Definition siehe die Ausführungen unter Ziffer 3.6. Angegeben in Tabelle 5.2 wird die mit Schallabsorbern zu bekleidende Decken- und Wandfläche für verschiedene Werte des bewerteten Schallabsorptionsgrads α_w als Vielfaches der Raumgrundfläche. Es wird von einer mittleren Raumhöhe von 2,5 m ausgegangen.

Anwendung der Tabelle 6 der DIN 18041 bzw. Tabelle 5.2:
In einer Schalterhalle ist bei Verwendung eines Schallabsorbers mit einem α_w-Wert von 1,00 das 0,7-fache der Raumgrundfläche als Absorberfläche an den Wänden oder der Decke des Raums einzubringen. Wird ein Schallabsorber mit einem α_w von 0,75 verwendet, so erhöht sich die benötigte Fläche auf das 0,9-fache der Grundfläche. Bei einem nur gering absorbierenden Material mit $\alpha_w = 0{,}35$ wäre sogar die doppelte Grundfläche des Raums an Wänden und Decke einzubringen.

Raumart	bewerteter Schallabsorptionsgrad α_w																
	1,00	0,95	0,90	0,85	0,80	0,75	0,70	0,65	0,60	0,55	0,50	0,45	0,40	0,35	0,30	0,25	0,20
Verkaufsräume, Werkräume, Call Center, Lesesäle in Bibliotheken	0,9	0,9	1,0	1,1	1,1	1,2	1,3	1,4	1,5	1,6	1,8	2,0	–	–	–	–	–
Mehrpersonen- oder Großraumbüros mit Büromaschinen, Schalterhallen, Bürgerbüros, Operationssäle, Krankenzimmer, Leihstellen in Bibliotheken, Ausleihbibliotheken	0,7	0,7	0,8	0,8	0,9	0,9	1,0	1,1	1,2	1,3	1,4	1,6	1,8	2,0	–	–	–
Einzelbüros, Sprechzimmer, Behandlungs- und Rehabilitationsräume, Pausenhallen, Speisegaststätten, Speiseräume,Kantinen mit einer Grundfläche über $50 m^2$	0,5	0,5	0,6	0,6	0,6	0,7	0,7	0,8	0,8	0,9	1,0	1,1	1,3	1,4	1,7	2,0	–
Treppenhäuser, Foyers, Ausstellungsräume, Verkehrsflächen (Flure und Vorräume) mit starkem Personenverkehr und Publikumsbereiche für den ÖPNV	0,2	0,2	0,2	0,2	0,3	0,3	0,3	0,3	0,3	0,4	0,4	0,4	0,5	0,6	0,7	0,8	1,0

Tabelle 5.2 Orientierungswerte für Schallabsorberflächen nach DIN 18041, dort Tabelle 6. Beispiel zur Anwendung im Text

Maßnahmen Räume Gruppe A

In der DIN 18041 ist eine Reihe von Vorschlägen, insbesondere auch zur Positionierung der schallabsorbierenden Flächen im Raum, aufgeführt. Weitere Hinweise zu Materialien und zur Berechnung sind in zahlreichen Anmerkungen der Norm beschrieben. Die grundlegende Sabinesche Nachhallformel zur Berechnung der Nachhallzeit, die in Abschnitt 6.2 dieses Buches eingehender vorgestellt wird, ist lediglich in einer Anmerkung zur Definition der Nachhallzeit in der DIN 18041 zu finden. Insofern ist die DIN 18041 in erster Linie als Anforderungsnorm zu verstehen, die Hinweise zur Berechnung und zur Dimensionierung der Hörsamkeit in kleinen bis mittelgroßen Räumen gibt. Eine Berechnungsvorschrift zur Nachhallzeit enthält die DIN 18041 streng genommen nicht, auch wenn in der Praxis die Norm in dieser Weise interpretiert wird.

Im Hinblick auf die Verteilung der schallabsorbierenden Flächen ist eine möglichst gleichmäßige Verteilung auf den Raumoberflächen anzustreben. In der Abbildung 5.3 sind Skizzen zur ungünstigen und günstigen Positionierung der schallabsorbierenden Anteile von Decken und Wänden dargestellt. Da sich Schall immer dreidimensional, also in alle Raumrichtungen ausbreitet, ist es dringend angeraten, dass Flächen in mindestens zwei, idealerweise in allen drei Raumrichtungen mit Schallabsorbern zu belegen sind. Hinter einem Sprecher sollte keine schallabsorbierende Fläche vorhanden sein (oben links). Weiterhin ist eine alleinige Belegung der Decke mit absorbierend wirkenden Materialien nicht zu empfehlen. Zwischen parallel angeordneten, reflektierenden Flächen kann es dann zu einem deutlich wahrnehmbaren Flatterecho kommen. Ein Flatterecho ist eine Folge von einzelnen starken Reflexionen, die immer dann auftreten kann, wenn eine Raumrichtung deutlich weniger bedämpft wird als die anderen Raumrichtungen. Es kann passieren, dass durch die Erhöhung der Absorption in einer Raumrichtung, beispielsweise beim Austausch einer Decke, ein Flatterecho hervortritt, das vorher bei längerem Nachhall im Raum nicht wahrnehmbar war.

Günstige Anordnungen von schallabsorbierenden Flächen oder auch senkrecht gehängten Baffles oder unter der Decke abgehängten Elementen (»Deckensegel«) sind in den unteren beiden Zeilen der Abbildung 5.3 dargestellt. Es sollte gerade bei Räumen der Nutzungsart »Unterricht« immer auch ein Teil der dem Sprecher gegenüberliegenden Wand mit Schallabsorbern belegt werden.

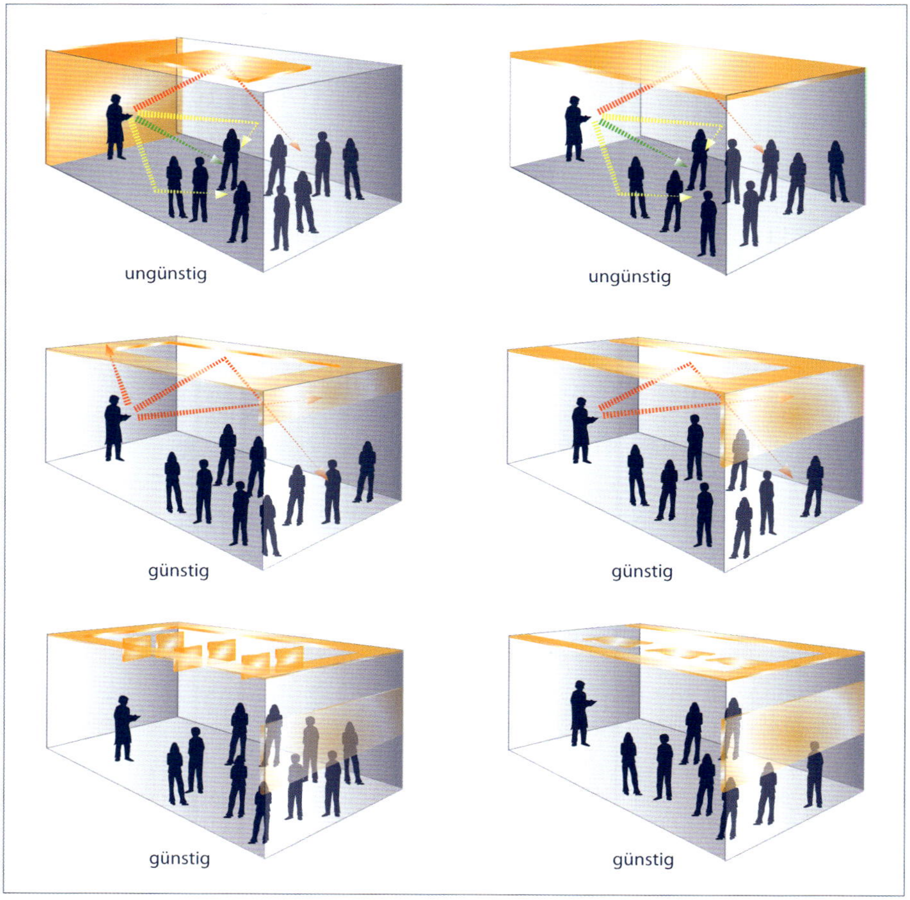

Abbildung 5.3 Günstige und ungünstige Verteilung von Schallabsorptionsflächen (gelb markiert) an der Decke sowie der Rückwand in Anlehnung an die DIN 18041

Zur Vermeidung von Flatterechos zwischen parallelen, reflektierenden Flächen kann entweder eine der beiden Flächen strukturiert, schräg gestellt oder mit Absorption ausgestattet werden. Drei Möglichkeiten zur Vermeidung von Flatterechos sind in Abbildung 5.4 skizziert. Durch eine Strukturierung einer Wand (oberer Teil der Abbildung) kommt es zu diffusen Reflexionen an der entsprechend behandelten Fläche. Die Strukturierung kann auch durch Einrichtungsgegenstände wie offene Regale, Vorsprünge, kleinteilige Glasrahmen etc. erfolgen. Wichtig hierbei ist, dass die Strukturgröße in der Größenordnung der Wellenlänge für Sprache ist, siehe Abbildung 3.3. Eine Schrägstellung um erfahrungsgemäß mindestens 5° bewirkt ebenfalls eine Unterbrechung der Vielfach-Reflexionen zwischen parallelen Wänden (siehe rechts unten). Bei Aufbringung von Absorption auf eine der beiden parallelen Flächen genügt es in der Regel, dass ca. 30 % der Fläche mit einem Schallabsorber belegt werden, um das Flatterecho aufzubrechen (siehe links unten). Neben der Absorption bewirkt der Wechsel zwischen absorbierender und reflektierender Fläche dann zusätzlich eine diffuse Reflexion oder Streuung. Auch hier ist zu beachten, dass die Schallausbreitung im dreidimensionalen Raum erfolgt. Zu beachten ist, dass Flatterechos durchaus auch zwischen Decke und Boden auftreten können.

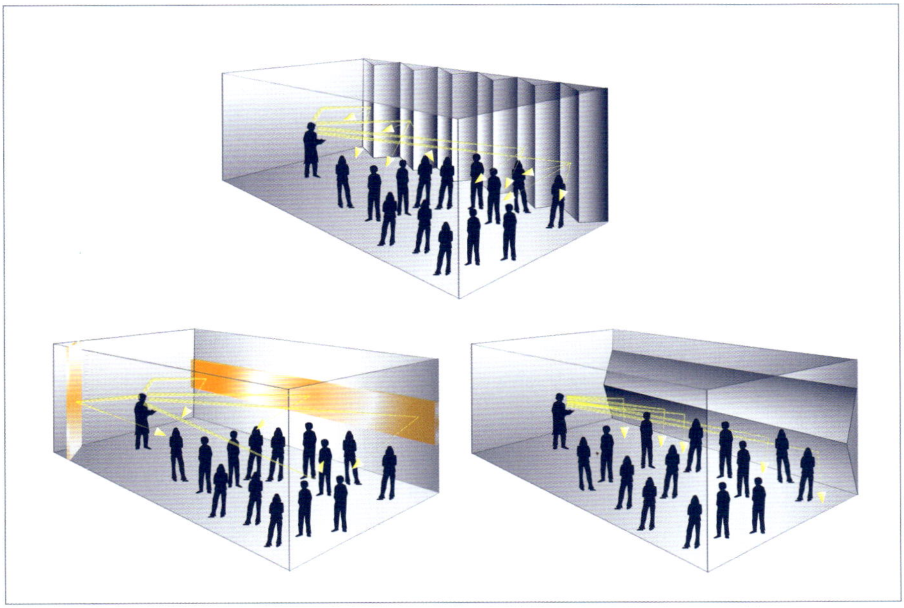

Abbildung 5.4 Vermeidung von Flatterechos durch teilweise Belegung mit Absorbern (links unten), Schrägstellung (rechts unten) oder Strukturierung (oben) wenigstens einer von zwei parallelen Wänden in Anlehnung an die DIN 18041

Bei Räumen mit einer Abmessung von mehr als 9 m in wenigstens einer Raumrichtung kann es bei reflektierenden Flächen aufgrund der Laufzeit des Schalls zu zeitlich verzögerten und trotzdem starken, somit wahrnehmbaren Reflexionen kommen. Derartige Reflexionen führen in der Überlagerung mit dem Direktschall und den weiteren Reflexionen im Raum zu einer Minderung der Sprachverständlichkeit. Zur Vermeidung eines solchen Effekts ist es sinnvoll, die reflektierenden Flächen mit Schallabsorbern zu belegen oder aber schräg zu stellen, um den Schall gezielt in die weiter von der Schallquelle bzw. vom Sprecher entfernt liegenden Hörerbereiche zu lenken.

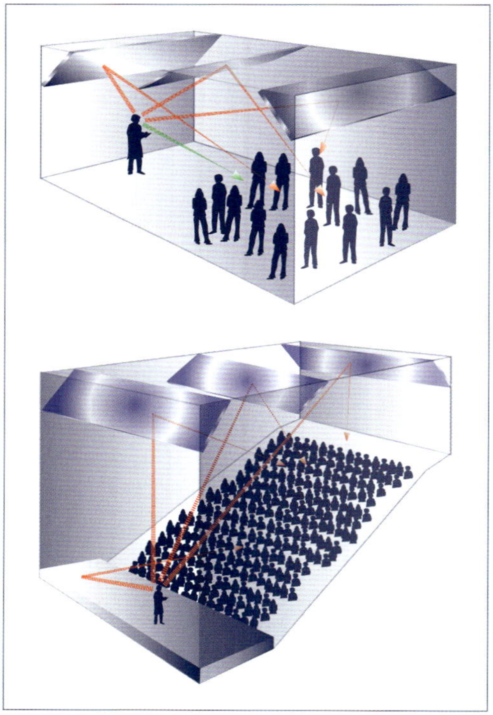

Abbildung 5.5 Lenkung des Schalls mit Hilfe nützlicher Reflexionen für einen kleinen Raum mit einer Ebene für die Zuhörer sowie für einen größeren Raum mit ansteigendem Gestühl in Anlehnung an die DIN 18041

Die Schalllenkung mit reflektierenden Flächen ist der Absorption gerade in Räumen mit vielen Zuhörerplätzen vorzuziehen, da aufgrund der Personenzahl häufig schon ausreichend Absorption im Raum vorhanden ist. Zusätzliche Absorption ohne gezielte Schalllenkung kann dazu führen, dass der Schallpegel an weiter vom Sprecher entfernten Zuhörerplätzen nicht mehr ausreicht.

In größeren Vortrags- oder Aufführungsräumen mit fest definierter Sprecher- oder Bühnenposition ist es ratsam, die Fläche hinter dem Sprecher bzw. der Bühne schallreflektierend auszubilden, um so den Schall gezielt in den Raum zu lenken. Die DIN 18041 empfiehlt, diese Fläche als Schallabsorber für tiefe Frequenzen auszubilden und mit weiteren Elementen an Decke und Wänden zur Schalllenkung, sogenannten Reflektoren, zu kombinieren. In Abbildung 5.5 sind entsprechende Möglichkeiten der Schalllenkung skizziert. Bei der Ausrichtung und Positionierung der entsprechenden Reflektoren hilft die Vorstellung der geometrischen Akustik, dass sich Schall strahlenförmig ausbreitet. Um eine wirksame geometrische Reflexion, siehe Abschnitt 3.3, zu erhalten, sind entsprechend große Reflektoren zu verwenden.

Anmerkungen zur DIN 18041 (2004)

Die DIN 18041 [35] kann nach Ansicht vieler Akustiker und Sachverständiger als allgemein anerkannte Regel der Technik für den Bereich der Raumakustik angesehen werden. Mit der Neufassung im Jahr 2004 sind wesentliche neue Aspekte, unter anderem die damals neue Nutzungsart »Unterricht«, hinzugekommen.

Trotzdem bestehen nach einem Jahrzehnt seit der letzten Neufassung eine Reihe von Ideen und Wünschen zu einer erneuten Fortschreibung der in der Praxis außerordentlich bewährten Norm. Die Diskussion zur Fortschreibung wurde zu Beginn des Jahres 2013 gestartet und führte im Oktober 2013 zur Konstituierung eines Arbeitskreises zur Überarbeitung der DIN 18041. Die Anmerkungen dieses Abschnitts sind als Beitrag des Autors in der aktuellen Diskussion zur Neufassung der DIN 18041 zu verstehen.

Im Folgenden werden einige aus Sicht des Autors wichtige Aspekte einer möglichen Neufassung oder auch Fortschreibung der DIN 18041 ohne Anspruch auf Vollständigkeit angeführt.

Ein allgemeiner Hinweis für die Erfordernis einer Änderung der DIN 18041 bezieht sich auf den Begriff des »diffusen Schallfelds«, der an mehren Stellen der DIN 18041 verwendet wird. Es ist dazu darauf hinzuweisen, dass die aktuell gültige DIN 18041 lediglich in zwei Anmerkungen Formeln zu Berechnungen verwendet, die auf der Annahme eines diffusen Schallfeldes beruhen. Die Sabinesche Nachhallformel sowie die zu erwartende Schalldruckpegelminderung sind formal als Anmerkung in den Normentext eingefügt und damit streng genommen nicht normativer Bestandteil der Richtlinie. Dies unterstreicht, dass die DIN 18041 als Norm zur Formulierung von Anforderungen und nicht als Berechnungsvorschrift zu interpretieren ist. Im Normentext wird vielmehr darauf hingewiesen, dass »im Zweifelsfall genauere Prognosen durch Anwendung verfeinerter statistischer Berechnungsmethoden (Simulationsverfahren am mathematischen oder physikalischen Modell) erfolgen können«. Aktuell existiert keine Norm zu diesen verfeinerten statistischen Berechnungsmethoden der Raumakustik. Ein solches Regelwerk wäre nach den immensen Entwicklungen bei den raumakustischen Simulationsprogrammen sicherlich wünschenswert, um so eine Qualitätssicherung und Verlässlichkeit in diesem Bereich zu erreichen.

Zur aktuellen Überarbeitung der DIN 18041 werden vereinzelt Meinungen geäußert, den normativ festgelegten Frequenzbereich um jeweils eine Oktave am unteren und oberen Rand zu erweitern. Es existieren keine wissenschaftlich gesicherten Erkenntnisse, dass hierdurch eine wesentliche Verbesserung der Hörsamkeit von kleinen bis mittelgroßen Räumen für Sprachdarbietungen erreicht werden kann. Eine Erweiterung des Frequenzumfangs würde auch Auswirkungen auf die Messnormen, wie die Hallraum-Methode (Ziffer 3.5.2), mit sich bringen müssen. Entsprechende Erweiterungen des Messbereichs, die in der Bauakustik seit geraumer Zeit zumindest angedacht werden, sind in der Raumakustik bislang nicht zu erkennen und auch nicht notwendig. Im Juni 2014 haben die beteiligten Fachleute hierzu Stellung bezogen, siehe die »Gemeinsame Stellungnahme des DIN-Arbeitskreises zur Überarbeitung der DIN 18041 und des Fachausschusses Bau- und Raumakustik der Deutschen Gesellschaft für Akustik zur Thematik tiefer Frequenzen in der Akustik kleiner bis mittelgroßer Räume« [40].

Mehr Gewicht haben nach Auffassung des Autors die Hinweise zu notwendigen Klarstellungen und Ergänzungen zu den Nutzungsarten und deren Anwendung. Hier bestehen Doppeldeutigkeiten und Auslassungen, die es zu korrigieren gilt. Ferner sind aufgrund von Anforderungen aus angrenzenden Disziplinen wie der thermischen Bauphysik neue Bauweisen entstanden, die in der Baupraxis nicht mehr mit den Empfehlungen der derzeitigen DIN 18041 in Übereinstimmung zu bringen sind. Als Beispiel ist der zunehmend geforderte Bau von Schulen nach Passivhaus-Standard zu nennen.

Die Anforderungen der gültigen DIN 18041 beziehen sich auf den mit Publikum bzw. den Nutzern »besetzten« Zustand des Raums. Es wird dann angemerkt, dass die Nachhallzeit im unbesetzten Zustand nicht mehr als 0,2 s über dem Sollwert liegen sollte. Da einerseits die Absorption der Menschen, also die Besetzung eines Raums, nicht eindeutig zu berechnen ist, führt diese Vorgabe zu einem Interpretationsspielraum. Vereinzelt ist zu beobachten, dass Planungen auf den unbesetzten Zustand bezogen und dann mit 0,2 s erhöhten Soll-Werten durchgeführt wurden. Dies ist nicht im Sinne der Norm. Im Rahmen der laufenden Überarbeitung sollte daher eine Klarstellung zu dem Raumzustand erfolgen. Es erscheint sinnvoll, hier auf den betriebsfertigen, eingerichteten und mit Personen besetzten Raum abzuzielen und dazu aber eine klare Umrechnung zur Berücksichtigung von Personen im Raum normativ zu definieren.

Auch die aktuell laufende Überarbeitung der Richtlinie VDI 2569 macht es notwendig, dass zumindest ein Angleich der DIN 18041 im Hinblick auf die in Gruppe B angesiedelten Büroräume erfolgt.

Rein formal sind weiterhin eine Reihe von Bezügen in der DIN 18041 zu aktualisieren. Die DIN EN 20354 zur Messung der Schallabsorption ist mittlerweile durch die DIN EN ISO 354 [50] ersetzt worden. Die Normenreihe der DIN EN ISO 3382 mit den Teilen 1 bis 3 ersetzt die DIN EN ISO 3382 aus dem Jahr 2000. Weiterhin ist die DIN 12354, Teil 6, inzwischen verabschiedet. Diese Fortschreibungen der in der DIN 18041 angeführten Normen erfordern keine wesentliche Änderung der Norm, sollten aber aktualisiert werden.

Nach Beobachtung des Autors wird der Hinweis der DIN 18041, dass Menschen mit einem Bedürfnis nach erhöhter Sprachverständlichkeit deutlich von einer kürzeren Nachhallzeit profitieren, in der Praxis des Schulbaus sowohl bei

Neubauten als auch bei Sanierungen inzwischen zunehmend berücksichtigt. Vor diesem Hintergrund wird vorgeschlagen, eine Soll-Nachhallzeit einzuführen, die gegenüber der Soll-Nachhallzeit $T_{SOLL,Unterricht}$ eine Absenkung um 20 % berücksichtigt. Nach Hinweis in der jetzigen Norm sollte diese Absenkung im für Sprache wichtigen Frequenzbereich zwischen 250 Hz und 2000 Hz erfolgen.

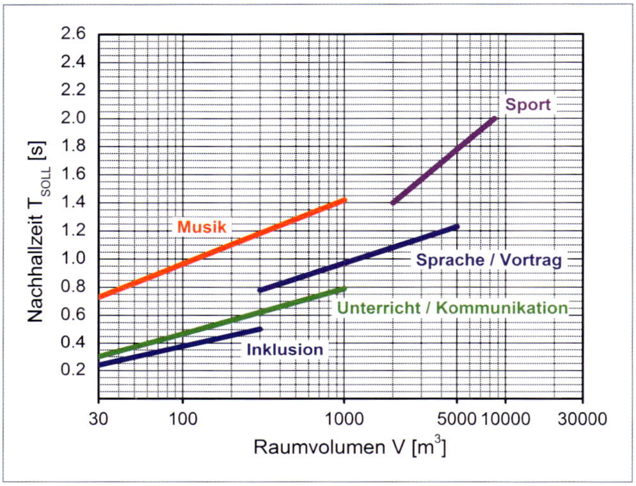

Abbildung 5.6 Vorschlag für anzustrebende Werte der Nachhallzeit T_{SOLL} für die verschiedenen Nutzungsarten

Für diese weitere Nutzungsart wird die Bezeichnung »Inklusion« und entsprechend die Bezeichnung $T_{SOLL,Inklusion}$ vorgeschlagen. Diese neue Nutzungsart »Inklusion« ist für Räume anzuwenden, in denen sehr kommunikationsintensive Nutzungen mit mehreren gleichzeitigen Sprechern verteilt im Raum mit Nutzern stattfinden, die ein besonderes Bedürfnis für gutes Sprachverstehen haben. Die Nutzer können davon ausgehen, dass auch bei längerer Dauer entsprechende Aktivitäten ohne Belästigung und Anstrengung möglich sind. Für Räume größer als 300 m^3 wie auch musikalische Nutzungen ist diese Nutzungsart nicht geeignet.

Die Vorgabe von $T_{SOLL,Inklusion}$ entspricht einer in der Beratungspraxis häufig bewährten Vorgehensweise, die in dem »Leitfaden zur Raumakustischen Planung, Bremen« [129] sowie im Beitrag des Autors im Buch »Gestalten des Schulraums – Neue Kulturen des Lernens und Lebens« [128] weiter beschrieben ist. Zahlreiche abgeschlossene Projekte in Grundschulen und Kita-Einrichtungen bestätigen den Nutzen dieses Ansatzes einer kürzeren Nachhallzeit. Auch die Nutzer ohne ein Bedürfnis nach erhöhter Sprachverständlichkeit profitieren deutlich von kürzeren Nachhallzeiten.

In Abbildung 5.6 ist in Analogie zur Abbildung 5.1 der aktuellen Fassung der DIN 18041 die Zusammenfassung der Vorschläge des Autors zu den Soll-Werten für die Nachhallzeit der unterschiedlichen Nutzungsarten dargestellt. Berücksichtigt wurde in der Darstellung ebenfalls der Vorschlag für die jeweiligen Raumvolumina. Für die gegenüber der bisherigen Norm erhöhten Anforderungen an die Nachhallzeit in dieser Nutzungsart »Inklusion« gilt demnach:

$$T_{\text{SOLL,Inklusion}} = \left(0{,}26 \log \frac{V}{m^3} - 0{,}14\right) s \qquad 5.6$$

Die Frequenzabhängigkeit folgt dann ebenfalls den Empfehlungen der aktuellen DIN 18041, dass im für Sprache wichtigen Frequenzbereich zwischen 250 Hz und 2 000 Hz die Nachhallzeit abgesenkt wird. Bezogen auf den Soll-Wert $T_{\text{SOLL,Inklusion}}$ ergibt sich dann der in Abbildung 5.7 dargestellte Zielbereich der frequenzabhängigen Nachhallzeit.

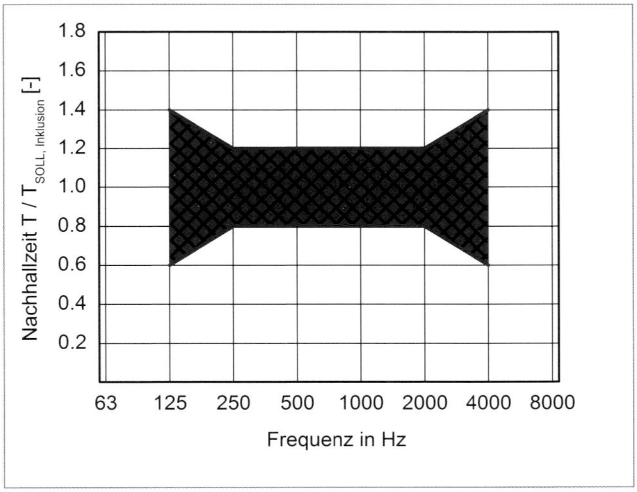

Abbildung 5.7 Vorschlag zum Verlauf der Nachhallzeit in Abhängigkeit von der Frequenz für die Nutzungsart »Inklusion«

Die Nutzungsart »Sport 1« der aktuellen Fassung der DIN 18041 kann entfallen, da derart gestaltete Räume vielfach zu Beschwerden führen. Die entsprechenden Raumtypen sind der bisherigen Nutzungsart »Sport 2« zuzuschlagen, die dann als »Sport« bezeichnet werden kann.

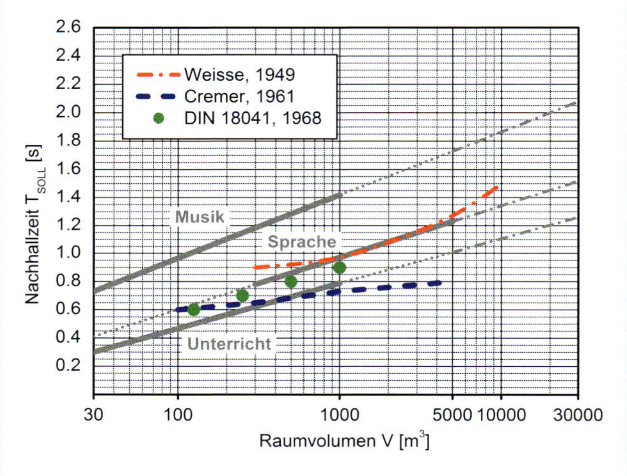

Abbildung 5.8 Empfehlungen für die Nachhallzeit bei mittleren Frequenzen von Cremer [25] und Weisse [158] im Vergleich zu den Werten der DIN 18041 für die Nutzungsarten »Sprache«, »Unterricht« und »Musik«

Ein Rückblick auf die unter Ziffer 3.1 angeführte Literatur zeigt, dass die in der aktuell gültigen Fassung der DIN 18041 gegebenen Empfehlungen der Nutzungsarten »Sprache« und »Unterricht« eine große Übereinstimmung mit quasi »historischen« Empfehlungen zeigen. Die Vorgaben der DIN 18041 aus dem Jahr 1968 sowie die Empfehlungen von Cremer [25] und Weisse [158] sind in Abbildung 5.8 im Vergleich zu den aktuellen Sollwerten der Nutzungsarten dargestellt. Neben dem absoluten Wert der Nachhallzeit bei mittleren Frequenzen wird sowohl von Cremer [25] als auch von Weisse [158] auf die notwendige Einhaltung des Frequenzverlaufs der Nachhallzeit zwischen 100 Hz und 4 000 Hz hingewiesen. Schon Weisse [158] unterschied 1949 zwischen »Kanzelrede«, die einen längeren Nachhall erfordert, und »sachlichen Sprachvorträgen«, die die kürzesten Nachhallzeiten benötigen. Das folgenden Zitat aus dem Buch von Weisse fasst einige interessante Aspekte der aktuellen Diskussion um den Frequenzbereich und den Frequenzverlauf der Nachhallzeit zusammen:

> *»Ein gerader Verlauf der Nachhallzeit für 128 bis 4096 Hz mag für Sonderzwecke wie Senderäume usw. Bedeutung besitzen, in wirklichen Gebrauchs- und Festräumen, historischen wie neueren, wurde er bisher nicht beobachtet.«*

5.2.2 VDI 2569 »Schallschutz und akustische Gestaltung im Büro«

Die VDI 2569 »Schallschutz und akustische Gestaltung im Büro« [153] befindet sich derzeit in der Überarbeitung. Die aktuell noch gültige Fassung stammt aus dem Jahr 1990. Im Folgenden werden sowohl die gültige Version der Richtlinie kurz als auch der aktuelle Diskussionsstand zur Neufassung vorgestellt.

Ausgabe 1990

Schon im Vorwort der Richtlinie aus dem Jahr 1990 wird darauf hingewiesen, dass Lärm im Büro von vielen Befragten als einer der schwerwiegendsten Störfaktoren bewertet wird. Dieser Hinweis wird allerdings nicht weiter vertieft.

Neben ausführlichen Empfehlungen zum Schallschutz, also der Schalldämmung von Bauteilen, werden auch Hinweise zur Nachhallzeit und »Halligkeit« sowohl in Einzelbüros als auch in Mehrpersonenbüros aufgeführt. Für kleine Büroräume wird angeführt, dass aus Gründen der Sprachverständlichkeit und einer »akustischen Behaglichkeit« die »Halligkeit« gering sein sollte. Eine schallabsorbierende Decke wird als vorteilhaft für die akustische Behaglichkeit sowie für die Verständigung am Telefon beschrieben. Konkrete Angaben zur Nachhallzeit werden hingegen nicht gemacht.

Die Fassung der VDI 2569 aus dem Jahr 1990 beschreibt die Nachhallzeit als kein ausreichendes Kriterium für große Mehrpersonenbüros zur Beurteilung und Auslegung der akustischen Eigenschaften des Raums. Die »Halligkeit« sollte durch die Verwendung von schallabsorbierendem Material verringert werden. Eine explizite Vorgabe für die Nachhallzeit wird nicht gegeben. Stattdessen wird das Verhältnis von äquivalenter Absorptionsfläche A_{eq} im Raum zum Raumvolumen V betrachtet. Es wird als geeigneter Wert der Richtwert von

$$A_{eq}/V = 0{,}3 \text{ bis } 0{,}35 \text{ m}^{-1} \qquad 5.7$$

beschrieben. Ein Aussage oder Vorgabe, auf welchen Frequenzbereich sich die äquivalente Absorptionsfläche A_{eq} bezieht, fehlt.

Für die Planung von Räumen mit Anforderungen an Kommunikation oder auch »die Wahrnehmung von sprachlichen Mitteilungen« verweist die VDI 2569

[153] aus dem Jahr 1990 auf die damalige Fassung DIN 18041 aus dem Jahr 1968, die mit der Neufassung im Jahr 2004 fortgeschrieben wurde.

Diskussionsstand zur Neufassung der VDI 2569

Im Folgenden wird der aktuelle Diskussionsstand zur Neufassung der VDI 2569 zusammengefasst. Die Überarbeitung der Richtlinie hatte bereits im Jahr 2005 begonnen und war dann erst im Jahr 2011 wieder aufgenommen worden. Inwieweit dieser aktuelle Arbeitsstand nach dem Abstimmungsverfahren mit der dann final zu verabschiedenden (Entwurfs-)Fassung der Richtlinie übereinstimmen wird, kann momentan nicht abgeschätzt werden.

Sowohl für den Schallschutz (Bauakustik) als auch die akustische Gestaltung (Raumakustik) im Büro soll die Richtlinie VDI 2569 grundlegend neu gefasst werden. Beim Schallschutz ist beabsichtigt, die maßgeblichen Kenngrößen, wie schon zuvor im Bereich des Wohnungsbaus mit der Richtlinie VDI 4100 [154], auf nachhallbezogene Kennwerte umzustellen. Zu begrüßen ist hierbei, dass damit sowohl im Wohnungsbau mit der VDI 4100 als auch im Bereich der Büros nun Vorgaben und Planungshinweise existieren, die sich bewusst von den überholten und rechtlich fragwürdigen Anforderungen der DIN 4109 [36][2] absetzen.

Die mit der angedachten Neufassung der VDI 2569 angestrebte Neuausrichtung der Richtlinie geht davon aus, dass neben Lärm als einer der schwerwiegendsten Störfaktoren auch Sprache in Büros als größter Störfaktor von den Mitarbeitern benannt wird. Ein wichtiger Unterschied des Ansatzes der VDI 2569 im Vergleich zur DIN 18041, die generell auf das Erreichen einer möglichst guten Hörsamkeit in den verschiedenen Räumen abzielt, besteht darin, dass in der VDI 2569 Maßnahmen zur Minderung der Sprachverständlichkeit sowie zur Senkung von Störgeräuschen angeführt werden.

Mit der Neufassung der VDI 2569 sollen die Grundlagen der Lärmwirkungen in Büros dargestellt werden. Die klassischen Ansätze der Lärmminderung treffen in Büros in der Regel nicht zu. Nicht direkte oder aurale Wirkungen

2 Aktuell ist seit Dezember 2013 ein Entwurf zur Neufassung der DIN 4109 veröffentlicht, der allerdings nicht die bisherigen Empfehlungen des Schallschutzes im eigenen Bereich, z. B. zwischen den Büros in einer Firma, in Form des Beiblatts 2 der DIN 4109 [37] fortführt. Hier sollte der Entwurf zur VDI 2569 eine absehbare Regelungslücke schließen.

sind Grund der Störungen im Büro, sondern vielmehr Geräusche mit niedrigen Pegeln führen zu extra-auralen Belästigungsreaktionen mit verschiedensten Ausprägungen. Umfangreiche internationale Literaturzitate zeigen diesen Sachverhalt auf. Der Hinweis, dass lediglich 30% bis 40% der Belästigungen durch technisch-akustische Zusammenhänge aufgeklärt werden können, siehe Meis [108], wird in den Entwurf aufzunehmen sein. Neben den Belästigungsreaktionen sind auch Beeinträchtigungen kognitiver Leistungen durch Geräuscheinwirkungen in Büros zu beachten.

Wie auch in der aktuellen Fassung der VDI 2569 [153] werden Anforderungen an die Bau- und Raumakustik angeführt werden. Prinzipiell wird schon hier zwischen Einzelbüros und Mehrpersonenbüros unterschieden. Hinsichtlich des Schallschutzes werden ebenfalls vertrauliche Büros sowie Besprechungsräume einbezogen. Aktuell wird in der Diskussion von drei Schallschutzklassen (kurz: A, B und C) ausgegangen, die mit Anforderungswerten sowie einer Beschreibung der damit verbundenen Wahrnehmung hinterlegt werden.

Die Festlegung der raumakustischen Anforderungen erfolgt nach Einzel- und Mehrpersonenbüro getrennt. Für beide der betrachteten Büroarten werden Kriterien für eine Klassifizierung in drei Klassen (kurz: A, B und C) diskutiert. Die Kriterien beruhen sowohl auf raumakustischen Kenngrößen als auch auf dem Störschalldruckpegel bauseitiger Geräusche. Im Folgenden werden die Grundlagen dieser möglichen Klassifizierung dargestellt.

Einzelbüros

Im Einzelbüro wird die akustische Situation im Wesentlichen anhand der Bedämpfung des Raums, ausgedrückt durch die Nachhallzeit, sowie durch den bauseitigen Störgeräuschpegel bewertet. Als raumakustische Kenngrößen werden die maximale Nachhallzeit T_{max} und der Störschalldruckpegel der bauseitigen Geräusche $L_{NA,Bau}$, siehe DIN 18041 [35] sowie Ziffer 3.2, verwendet. Die Kenngröße T_{max} wird neu in der VDI 2569 als Obergrenze der nachzuweisenden Nachhallzeit nach DIN EN ISO 3382-2 [48] definiert.

Die Erwartungen der Nutzer an Räume, die den drei Klassen A, B und C entsprechen, können der Tabelle 5.3 entnommen werden. Die Zuordnung zu den Klassen A, B und C erfolgt mit Hilfe von T_{max} und $L_{NA,Bau}$ nach den in der

Klasse	Erwartung	Anmerkung aus planerischer Sicht und Beschreibung
A	hoch	*Idealzustand, den sich der Planer wünscht und der Nutzer einfordern sollte* Eine hohe akustische Behaglichkeit in Einzelbüros wird von den Nutzern als angenehm und ruhig empfunden und ermöglicht eine sehr gute Sprachverständlichkeit innerhalb des Raums sowie beim Telefonieren.
B	mittel	*mittlere Güte, die in der Regel ohne hohen baulichen Aufwand umgesetzt werden kann* Nur unter ungünstigen Umständen, wie z. B. beim Telefonieren unter Einwirkung eines erhöhten Störgeräusches oder anderer Gespräche, kann es zu einer ungenügenden Sprachverständlichkeit und damit zu einer hohen Höranstrengung kommen. Beanstandungen über unzureichende raumakustische Bedingungen kommen in der Regel selten vor.
C	gering	*Mindestmaß, das aus planerischer Sicht gerade noch vertretbar ist* Im Falle von Telefonaten und Besprechungen wird die Raumbedämpfung von den meisten Nutzern als zu gering empfunden. Störgeräusche mit dem maximal zulässigen Störschalldruckpegel bauseitiger Geräusche verringern die Sprachverständlichkeit. Beanstandungen der Nutzer über unzureichende raumakustische Bedingungen sind zu erwarten.

Tabelle 5.3 Erwartungen und Beschreibung der raumakustischen Bedingungen der Klassen A, B und C im Einzelbüro sowie Kurzbeschreibung

Tabelle 5.4 Anforderungen an die raumakustischen Kenngrößen zur Zuordnung zu den Klassen im Einzelbüro

Klasse	T_{max} 125 Hz	T_{max} 250 Hz bis 4 kHz	$L_{NA,Bau}$
A	$\leq 0{,}8$ s	$\leq 0{,}6$ s	≤ 30 dB
B	$\leq 1{,}0$ s	$\leq 0{,}8$ s	≤ 35 dB
C	$\leq 1{,}2$ s	$\leq 1{,}0$ s	≤ 40 dB

Tabelle 5.4 angegebenen Grenzen. Zur Zuordnung in eine der drei Klassen müssen beide Kenngrößen der jeweiligen Klasse eingehalten werden.

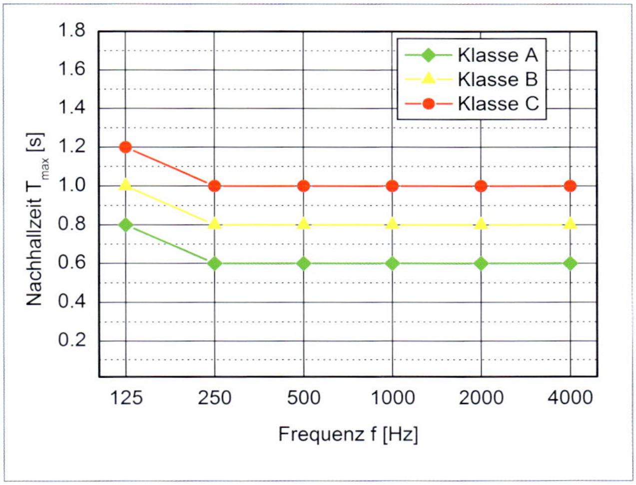

Abbildung 5.9 Anforderung an die Nachhallzeit T_{max} im Einzelbüro

In der Abbildung 5.9 sind die Anforderungen an die frequenzabhängige Nachhallzeit T_{max} grafisch dargestellt. Die Berechnung zur Planung oder die Messung zum Nachweis der akustischen Qualität von Einzelbüros ist für die Oktaven von 125 Hz bis 4000 Hz durchzuführen. Die Diffusität des Schallfeldes im Raum ist bei der Planung zu beachten. Durch schallstreuende Elemente oder aber eine entsprechende Positionierung von schallabsorbierenden und -reflektierenden Einbauten ist eine angemessene Diffusität sicherzustellen.

Die Anforderungen für Einzelbüros betreffen in der Regel Räume mit einem Volumen bis ca. 100 m^3. Bei größeren Einzelbüros ist gegebenenfalls eine gesonderte Einzelbetrachtung erforderlich, insbesondere dann, wenn in dem Büro zusätzlich Besprechungszonen oder andere Nutzungen geplant sind. Hier sind unter Umständen zusätzlich die Hinweise und Empfehlungen der DIN 18401 zur Hörsamkeit von Besprechungsräumen anzuwenden.

Häufig wird im Hinblick auf Einzelbüros angenommen, dass in einem solchen Raum keine Störungen auftreten können, da ja letztlich nur eine Person anwesend ist, die sich bestenfalls selbst stören könnte. Dieses Argument ist vordergründig richtig. Jemand, der bei jedem Telefonat gegen den Raum ansprechen muss, ist allerdings schneller erschöpft und auf Dauer weniger effizient und produktiv. Es geht auch im Einzelbüro um die Frage der akustischen Behaglichkeit und Nutzbarkeit des Raums.

Mehrpersonenbüros

Mehrpersonenbüros werden in der aktuellen Diskussion um die Neufassung der VDI 2569 anhand von vier Kenngrößen klassifiziert, wie dies im Jahr 2009 schon im Entwurf zur DIN EN ISO 3382, Teil 3 [49] erfolgte. Nur auf diese Weise können die besonderen Erfordernisse im Mehrpersonenbüro angemessen berücksichtigt werden [108]. Neben der Bedämpfung des Raums, die anhand der Nachhallzeit beschrieben wird, werden die räumliche Abklingrate $D_{2,S}$ sowie der Sprachpegel in 4 m Abstand $L_{p,A,S,4m}$ nach DIN EN ISO 3382-3 [49] als raumakustische Kenngrößen zur Klassifizierung verwendet. Als vierter Wert ist der Störschalldruckpegel der bauseitigen Geräusche $L_{NA,Bau}$ zu beachten. Insgesamt werden, wie im Einzelbüro, die Raumakustikklassen A, B und C definiert, die durch weitere Kenngrößen ergänzt werden. In der Tabelle 5.5 sind Informationen zur Zuordnung der Klassen sowie der zu erwartenden Situation angeführt.

Neben Werten der maximalen Nachhallzeit T_{max} werden Kriterien für die weiteren Parameter zur Zuordnung zu den Klassen definiert. Hierbei werden den Kenngrößen Abklingrate $D_{2,S}$ und Pegel $L_{p,A,S,4m}$ nach DIN EN ISO 3382, Teil 3, insgesamt drei Stufen der Schallausbreitung zugeordnet. Da sich diese beiden Kenngrößen jeweils auf einen Messweg im Sinne der DIN EN ISO 3382, Teil 3 beziehen, sind bei der Neufassung der VDI 2569 Hinweise zur Auswahl und Anzahl der notwendigen Messwege aufzunehmen.

Während in der DIN EN ISO 3382, Teil 3, lediglich zwischen geraden und gekrümmten Messwegen unterschieden wird, ist in der Praxis eine genauere Definition der Messwege notwendig. Durch die Auswahl der Messwege nach den Kriterien der DIN EN ISO 3382, Teil 3, ließe sich die Bewertung eines Raums stark beeinflussen. Allein aus der Tatsache, dass in der DIN EN ISO 3382, Teil 3, keine Mindestanzahl von Messwegen festgelegt ist und es auch keinerlei Hinweise zur Auswahl der Messwege zwischen den Arbeitsplätzen im Mehrpersonenbüro gibt, können im Sinne der Bewertung günstige oder ungünstige Messwege ausgewählt werden. Die aktuelle Diskussion nimmt Bezug auf nutzungsrelevante Sprachschallausbreitungswege.

Klasse	Planerischer und baulicher Aufwand	Anmerkung aus planerischer Sicht und Beschreibung
A	hoch	*Idealzustand, den sich der Planer wünscht und der Nutzer einfordern sollte* Die Klasse A erfordert sehr umfangreiche und hoch wirksame raumakustische Maßnahmen zur Raumbedämpfung und zur hoch effizienten Minderung der Schallausbreitung. Eine über die Klasse A hinausgehende Verbesserung der raumakustischen Bedingungen ist unter Beibehaltung einer offenen Bürostruktur nicht möglich. Die Klasse A stellt die typische Anforderung für Callcenter und andere Räume mit hohen Anteilen kommunikationsintensiver Nutzungen dar.
B	mittel	*mittlere Güte, die in der Regel ohne hohen baulichen Aufwand umgesetzt werden kann* Die Klasse B erfordert umfangreiche und wirksame raumakustische Maßnahmen zur Raumbedämpfung und zur effektiven Minderung der Schallausbreitung. Die Klasse B beschreibt die Mindestanforderung für Callcenter sowie die typische Situation für Vertriebs-, Konstruktions- und Verwaltungsbüros.
C	gering	*Mindestmaß, das aus fachplanerischer Sicht gerade noch vertretbar ist* Die Klasse C erfordert wirksame raumakustische Maßnahmen zur Raumbedämpfung und zur Minderung der Schallausbreitung. Die Klasse C ist die Mindestanforderung für Vertriebs-, Konstruktions- und Verwaltungsbüros.

Tabelle 5.5 Erwartungen und Beschreibung der raumakustischen Bedingungen der Klassen A, B und C im Mehrpersonenbüro

Tabelle 5.6 Anforderungen an die raumakustischen Kenngrößen zur Zuordnung zu den Raumakustikklassen im Mehrpersonenbüro

Raumakustikklasse	T_{max} 125 Hz	250 Hz bis 4 kHz	$L_{NA,Bau}$
A	$\leq$ 0,8 s	$\leq$ 0,6 s	$\leq$ 35 dB
B	$\leq$ 0,9 s	$\leq$ 0,7 s	$\leq$ 40 dB
C	$\leq$ 1,1 s	$\leq$ 0,9 s	$\leq$ 40 dB

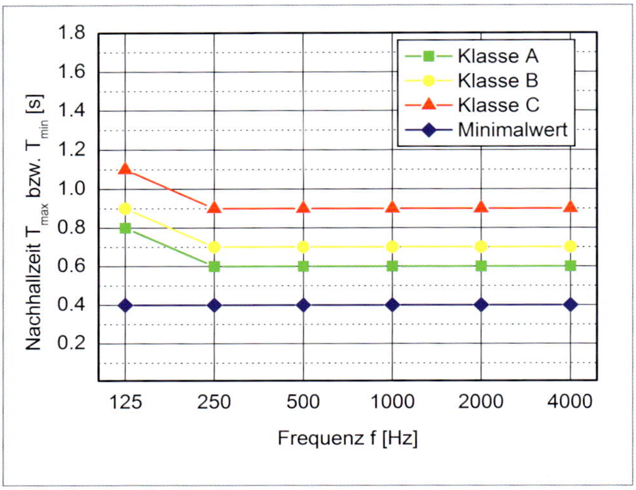

Abbildung 5.10 Anforderung an die Nachhallzeit für die Raumakustikklassen A, B und C sowie die minimal zulässige Nachhallzeit im Mehrpersonenbüro

Stufe der Schallausbreitung	$D_{2,S}$	$L_{p,A,S,4m}$
1	≥ 8 dB	≤ 47 dB
2	≥ 6 dB	≤ 49 dB
3	≥ 4 dB	≤ 51 dB

Tabelle 5.7 Anforderungen zur Einstufung der Messwege

Zur Kennzeichnung der Schallausbreitung werden durch die räumliche Abklingrate $D_{2,S}$ und durch den Sprachpegel in 4 m Abstand $L_{p,A,S,4m}$ insgesamt drei Stufen der Schallausbreitung definiert. Ein Vorschlag zur Definition der Stufen der Schallausbreitung 1 bis 3 ist in der Tabelle 5.7 angegeben. Um einen Messweg der entsprechenden Stufe der Schallausbreitung zuzuordnen, muss für beide Kenngrößen der jeweilige Wert erfüllt werden.

Zur Neufassung der VDI 2569 sollten konkrete Hinweise und Richtwerte zur Auswahl und Anzahl der zu verwendenden Messwege getroffen werden, um auf diese Weise einen einheitlichen Bewertungsmaßstab für die Räume sicherzustellen. Die Festlegung der Messwege in einem Raum nach derartigen Kriterien kann daher durchaus von den Empfehlungen in der DIN EN ISO 3382, Teil 3, abweichen. Erst durch solche erweiterten Vorgaben zur Auswahl der Messwege wird eine Vergleichbarkeit der Anwendung der Messvorschrift sichergestellt. Je nach Grundriss und Anordnung der Arbeitsplätze können sich Messwege mit unterschiedlicher Länge ergeben. Es sollten dann möglichst lange Messwege verwendet werden; idealerweise doppelt so viele lange wie kurze Messwege. Weiterhin sollten verschieden orientierte Messwege gewählt werden, also nicht nur entlang einer Fassade oder einer anderen Vorzugsrichtung im Raum. Werden in Räumen schallabschirmende Elemente wie Stellwände oder Schränke eingesetzt, dann sind Messwege mit und ohne Schirmung zu wählen. Bei einem Messweg über ein schirmendes Element hinweg muss mindestens ein Messpunkt des Messwegs von der Schallquelle aus gesehen vor dem Element liegen. Weitere Vorgaben und Präzisierungen sowie die Anzahl der notwendigen Messwege in Abhängigkeit von der Zahl der Arbeitsplätze sind in einen Entwurf zur Neufassung der VDI 2569 aufzunehmen.

Klasse	Anforderung Messwege nach Tabelle 5.7	Anforderung Raumakustik nach Tabelle 5.6
A	2/3 der Wege in Stufe 1 restliche Wege in Stufe 2	Raumakustikklasse A
B	2/3 der Wege in Stufe 2 restliche Wege mindestens in Stufe 3	Raumakustikklasse B
C	1/3 der Wege in Stufe 2 restliche Wege in Stufe 3	Raumakustikklasse C

Tabelle 5.8 Anforderungen zur Zuordnung zu den Klassen A, B und C im Mehrpersonenbüro

Zusammen mit den Stufen 1 bis 3 legen die Werte der frequenzabhängigen Nachhallzeit T_{max} sowie der Störschalldruckpegel der bauseitigen Geräusche $L_{NA,Bau}$ die Zuordnung zu den Klassen A, B und C für Mehrpersonenbüros fest. Um eine Klasse zu erreichen, müssen alle Kriterien erfüllt sein. Die Anforderungen an die Kenngrößen sind in der Tabelle 5.8 angeführt.

Die Anforderungen für die frequenzabhängige Nachhallzeit T_{max} sind in der Abbildung 5.10 und der Tabelle 5.7 dargestellt. Auch wenn streng genommen viele Mehrpersonenbüros nicht nach den Näherungen der Sabineschen Nachhalltheorie als Räume mit einem diffusen Schallfeld betrachtet werden können, wird hier die Nachhallzeit als Kenngröße verwendet. Bei einer messtechnischen Erfassung sollte deshalb die Nachhallzeit in Zonen mit maximalen Abständen von 8 m zwischen Sender und Empfänger erfasst werden. Dies kann als eine lokale Nachhallzeit aufgefasst werden.

Weitere Anmerkungen

Es bleibt abzuwarten, inwieweit die vorgeschlagene und in Fachkreisen diskutierte Klassifizierung Verbreitung und Anwendung im Entwurf zur Neufassung der VDI 2569 finden wird. Gegenüber dem im Jahr 2009 erschienenen Entwurf zur DIN EN ISO 3382, Teil 3, der in einem Anhang ebenfalls einen Vorschlag zu Klassifizierung von Mehrpersonenbüros enthielt, stellt der beschriebene Diskussionsstand zur Neufassung der VDI 2569 eine deutliche Klarstellung der Anforderungen und praxisbezogene Verbesserung der damaligen Klassifizierung dar. Mit dem Entwurf zur VDI 2569 sollten die Anforderungen für die Kenngrößen der DIN EN ISO 3382, Teil 3, formuliert werden. Seit Einführung der DIN EN ISO 3382, Teil 3, im Mai 2012 besteht aktuell eine Regelungslücke, die durch den Entwurf bzw. die Neufassung der VDI 2569 geschlossen werden kann.

Eine weitere Kenngröße in der DIN EN ISO 3382, Teil 3, ist der Ablenkungsabstand r_D. Da bei der Ermittlung von r_D jeweils der Fremdgeräuschpegel am Arbeitsplatz zu berücksichtigen ist und dieser Pegel nicht allein aus der Beschaffenheit des Gebäudes, sondern auch durch die im Raum vorhandene Büroausstattung (technische Geräte) sowie durch Verkehrsgeräusche in der Umgebung definiert wird, erschien der Kommission zur Neufassung der VDI 2569 diese Kenngröße nicht als praxistauglich. Je nach Betrieb und zugehörigen Geräuschen im Büro würde der Wert von r_D sich verändern. Bei Messungen von r_D wird häufig nicht der Fremdgeräuschpegel, sondern der Störschalldruckpegel der bauseitigen Geräusche $L_{NA,Bau}$ verwendet. Damit wäre dann eine Vergleichbarkeit verschiedener Räume wiederum gegeben.

Bei der Planung von Mehrpersonenbüros sollte zunächst eine ausreichende Bedämpfung der Räume nachgewiesen werden. Erst anschließend ist es sinnvoll, auch die Schallausbreitung unter Berücksichtigung von Schirmung, Anordnung der Plätze sowie Raumgeometrie im Detail zu betrachten. Da aktuell insbesondere die Berechnung von frequenzabhängiger Schirmung bzw. Beugung anhand von 3D-Modellen nur in gewissen Grenzen möglich ist, sollte die Klassifizierung eines Büroraums in erster Linie durch Messungen erfolgen.

Prinzipiell soll es mit der anstehenden Neufassung der VDI 2569 auch Nicht-Fachleuten durch die Klassifizierung ermöglicht werden, die akustischen Bedingungen in einen Büroraum eindeutig und nachvollziehbar zu definieren.

5.3 Weitere Angaben und Empfehlungen

Neben den unter Ziffer 5.2 genannten Regelwerken gibt es weitere Richtlinien, Empfehlungen, Anforderungen und Erfahrungswerte für die raumakustische Gestaltung von Räumen. Einen Schwerpunkt bilden hierbei die Räume in Bildungseinrichtungen für Kinder wie Kindertagesstätten, Kindergärten, Horte und Schulen. Aber auch für Schwimmbäder, Industriehallen oder Gaststätten sind Hinweise zur raumakustischen Konditionierung zu finden.

Schulen und Kitas

Der Leitfaden des Umweltbundesamtes [118] für die Innenhygiene in Schulgebäuden führt neben einer Reihe von Anforderungen an die Hygiene und die Raumluftqualität im Teil C bauliche und raumklimatische Anforderungen an die Akustik an. Neben bauakustischen Vorgaben werden Anforderungen an die Nachhallzeit von Unterrichtsräumen, Sport-, Turn- und Schwimmhallen, Fluren und Treppenhäusern formuliert, die teilweise von den Empfehlungen der DIN 18041 abweichen. Für Unterrichtsräume mit einem Volumen bis 300 m^3 wird, unabhängig vom Volumen, eine Nachhallzeit von $0{,}5 \pm 0{,}05$ s empfohlen. Für größere Unterrichtsräume sowie für Sport-, Turn- und Schwimmhallen wird hingegen auf die DIN 18041 [35] verwiesen. In der Abbildung 5.11 sind die Empfehlungen des Leitfadens des Umweltbundesamtes den Empfehlungen in Anlehnung an die DIN 18041 aus Abbildung 5.6 gegenübergestellt. Es ist zu erkennen, dass im Bereich typischer Klassenraumvolumina zwischen 100 m^3 bis 400 m^3 die Empfehlungen des Umweltbundesamts unter denen der Nutzungsart »Unterricht« nach DIN 18041 liegen. Bei einem Volumen von 300 m^3 wird der um 20% abgesenkte Wert $T_{SOLL,Inklusion}$ empfohlen.

Über die Empfehlungen der aktuell gültigen DIN 18041 hinausgehend wird im Leitfaden des Umweltbundesamtes für Flure und Treppenhäuser eine Empfehlung der Nachhallzeit angegeben. Hierbei wird die folgende Formel für Volumina zwischen 100 m^3 und 800 m^3 angeführt:

$$T_{SOLL,Flur} = \frac{V}{1\,000\,m^3} + 0{,}8s \qquad 5.8$$

Weiterhin werden Anhaltswerte für kleinere und größere Volumina dargestellt, die in Ergänzung zu der Empfehlung nach Gleichung 5.8 in der Abbildung 5.12 dargestellt sind.

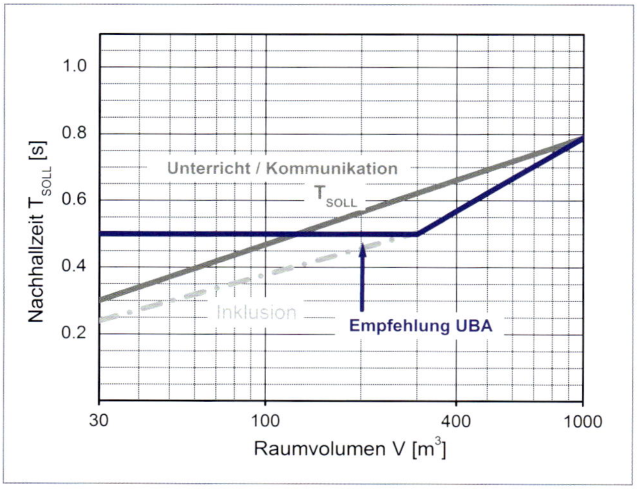

Abbildung 5.11 Empfohlener Wert der Nachhallzeit nach dem Leitfaden des Umweltbundesamts [118] im Vergleich mit T_{SOLL} und $T_{SOLL,Inklusion}$ in Anlehnung an die DIN 18041 [35], siehe Abbildung 5.6

Zur praktischen akustischen Gestaltung wird in dem Leitfaden des Umweltbundesamtes darauf hingewiesen, dass »alle genannten Kenngrößen bei sachgemäßer Planung mit kommerziell verfügbaren Bauteilen problemlos umsetzbar sind«.

In der Unfallverhütungsvorschrift Kindertageseinrichtungen [70] vom April 2009 wird im Rahmen der Maßnahmen zur Verhütung von Gefahren für Leben und Gesundheit beim Aufenthalt in Kindertageseinrichtungen ausgeführt:

> *In Räumen sowie in innenliegenden Aufenthaltsbereichen von Kindertageseinrichtungen sind entsprechend der Nutzung bau- und raumakustische Anforderungen einzuhalten.*

In der zugehörigen Regel wird die DIN 18041 genannt und explizit auf erhöhte raumakustische Anforderungen hingewiesen.

In dem Dokument BG/GUV-SI 8094 der Deutschen Gesetzlichen Unfallversicherung vom Januar 2012 mit dem Titel »Klasse(n)-Räume für Schulen« [14] werden Empfehlungen für gesundheits- und lernfördernde Klassenzimmer gegeben. Im Abschnitt zur Raumakustik wird neben einer Darstellung der empfohlenen Nachhallzeit nach DIN 18041, siehe Abbildung 5.1, ausführlich auf

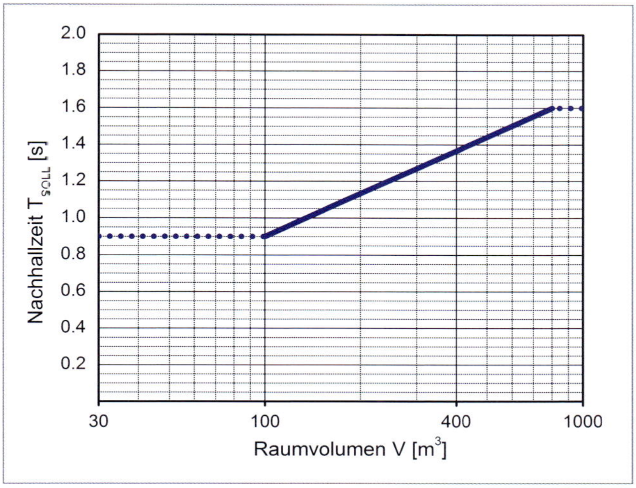

Abbildung 5.12 Empfohlener Wert der Nachhallzeit nach dem Leitfaden des Umweltbundesamts [118] für Flure und Treppenhäuser

den Lombard-Effekt eingegangen und ein kurzer Maßnahmenkatalog zur Verbesserung der Raumakustik dargelegt. Im Anhang C werden Anforderungen an die Raumakustik eines Klassenzimmers zusammenfassend aufgeführt. Hier ist neben dem »Gütemerkmal« kurze Nachhallzeit sogar ein Mindestwert für den Sprachübertragungsindex STI von minimal 0,75 angeführt. Diese Aussagen und Hinweise gehen damit weit über die Anforderungen der aktuell gültigen DIN 18041 hinaus.

Eine Reihe von Bundesländern greift ebenfalls das Thema Raumakustik in Bildungseinrichtungen in verschiedenen Publikationen auf. Im Folgenden können davon nur einige exemplarisch benannt werden. Mit dem Leitfaden zur Raumakustik in Unterrichts- und Gruppenräumen des Landesamtes für Gesundheit und Soziales in Mecklenburg-Vorpommern [94] wird eine Anleitung zur DIN 18041 [35] vorgestellt. Die aktuelle Fortschreibung des Leitfadens aus dem Jahr 2011 beruht auf der ersten Fassung aus dem Jahr 2003. Hervorzuheben ist der folgende Hinweis des Leitfadens:

Die DIN 18041 ist als allgemein anerkannte Regel der Technik bei Neubauten, Umbauten und Sanierungen zu beachten. Für Kindertageseinrichtungen ist gemäß GUV-VS2 Unfallverhütungsvorschrift »Kindertageseinrichtungen« i.V.m. GUV-SR S2 »Regel für

Sicherheit und Gesundheitsschutz« die DIN 18041 verbindlich anzuwenden.

Der Leitfaden zur akustischen Gestaltung von Kindertagesstätten [91] aus Baden-Württemberg geht auf Aspekte des baulichen Schallschutzes sowie auf die Raumakustik ein. Für Gruppenräume mit Volumina unter 300 m³ wird eine maximale Nachhallzeit von 0,6 s angesetzt. Für Besprechungs- und Sporträume sind in dem Leitfaden Anforderungen an die Nachhallzeit in Abhängigkeit vom Volumen zwischen 50 m³ und 500 m³ angegeben. In der Abbildung 5.13 sind die Anforderungen des Leitfadens vergleichend mit den zuvor genannten Empfehlungen, siehe Abbildung 5.6, dargestellt. Es zeigt sich, dass gegenüber den Anforderungen der DIN 18041 bei kleinen Volumina deutlich längere Nachhallzeiten zugelassen werden. Die Anforderung an die Besprechungsräume folgt exakt der Kurve für die Nutzungsart »Unterricht«. Sporträume der Kitas sind im Sinne der Nutzungsart »Sprache« angesetzt. Unklar bleibt, warum gerade für die Gruppenräume eine Empfehlung abweichend von der DIN 18041 gegeben wird.

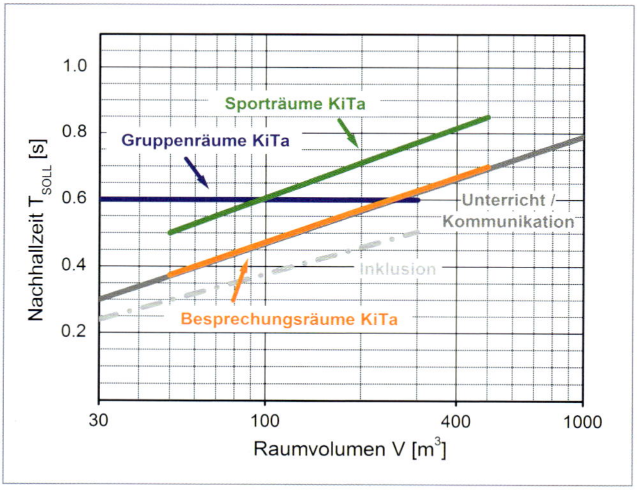

Abbildung 5.13 Anforderung für die Nachhallzeit nach dem Leitfaden zur akustischen Gestaltung von Kindertagesstätten [91]

Für separate Ruhe- und Schlafräume wird eine maximale Nachhallzeit von $T_{max} = 1{,}0\,s$ und für separate Treppenhäuser ein Wert von $T_{max} = 1{,}5\,s$ gefordert. Diese Empfehlungen folgen aus der Anforderung an adäquate Lärmpegel.

Der Hörbereich wird in diesem Leitfaden für Kitas von 63 Hz bis 8 000 Hz angesetzt und entsprechend sind die Anforderungen auch in diesem gegenüber der DIN 18041 erweiterten Frequenzbereich einzuhalten, was aus dem Leitfaden allerdings nicht klar hervorgeht. Dies wäre eine deutliche Verschärfung gegenüber den Anforderungen der DIN 18041.

Auch in Hessen [75], dem Saarland und anderen Bundesländern existiert eine Reihe von mehr oder weniger ausführlichen Hinweisen zur raumakustischen Gestaltung von Bildungseinrichtungen. In der Broschüre »Lärmprävention in Kindertageseinrichtungen« der Landesunfallkasse Nordrhein-Westfalen [90] wird sehr anschaulich das Thema Raumakustik und Lärm dargestellt. Auch hier wird wiederum auf die DIN 18041 als das zentrale Regelwerk verwiesen.

Zusammenfassend lässt sich feststellen, dass für die Raumakustik in Schulen und Kitas die DIN 18041 als allgemein anerkannte Regel der Technik anzusehen ist. Teilweise gehen die zitierten Empfehlungen und Anforderungen über die »Mindest«-Anforderungen der DIN 18041 deutlich hinaus. Auch dieser Aspekt ist bei der anstehenden Überarbeitung zu würdigen. Es wäre außerordentlich zu begrüßen, wenn im Rahmen der Diskussion der aktuellen Bildungsdebatte die Raumakustik in Schulen und Kitas eine stärkere baurechtliche Verankerung erfahren würde. Dies ist durch Einführung der DIN 18040-Serie zum Barrierefreien Bauen [32, 33, 34] in den Landesbauordnungen in einigen Bundesländern bereits erfolgt.

Schwimmbäder

Der Koordinierungskreis Bäder gibt in den Richtlinien für den Bäderbau [28] an, dass es aufgrund der hohen Schallpegel in Schwimmhallen sowie der Anforderung an die Sprachverständlichkeit notwendig ist, die Nachhallzeit in Schwimmhallen zu verringern. In der Richtlinie wird auf die DIN 18041 [35] verwiesen. Darüber hinaus werden Hinweise zur raumakustischen Gestaltung angeführt.

In der 4. Auflage der Richtlinie wurde für Frequenzen oberhalb von 500 Hz eine maximale Nachhallzeit $T_{max} = 1{,}7\,s$ angeführt. Für Frequenzen unter 500 Hz wurde ein Anstieg auf das 1,3-fache zugelassen. In der Abbildung 5.14 ist der zugehörige Frequenzverlauf der maximalen Nachhallzeit dargestellt. Diese explizite Vorgabe fehlt in der aktuellen 5. Auflage der Richtlinie [28]. Stattdessen wird dort für Schwimmbäder auf die Räume der Gruppe A der DIN 18041 verwiesen. Andererseits werden Bäder ohne Anforderungen angeführt, wobei dies nicht genauer ausgeführt wird. Für sie sind die Vorgaben der Gruppe B nach DIN 18041 zu beachten. In der Richtlinie wird dazu angemerkt, dass die Nachhallzeit dann bei Werten von T = 1,7 – 2,0 s liegen kann. Es ist darauf hinzuweisen, dass hier eine gewisse Inkonsistenz in der Richtlinie besteht, andererseits die DIN 18041 nur von Schwimmhallen spricht, worin vermutlich die Freizeit- und Spaßbäder nicht mit enthalten sind.

Aus Sicht des Autors hat sich die Vorgabe der 4. Auflage der Richtlinie in vielen Schwimm- und auch Freizeitbädern bewährt. Im Vergleich zu den Anforderungen der DIN 18041 stellt diese Vorgabe für die Bäder, die der Nutzungsart »Sprache« des Raumtyps A zuzuordnen sind, eine schwächere Anforderung dar. Im Vergleich zu den Schwimmhallen ohne Publikum nach DIN 18041 ist diese Vorgabe der Richtlinie allerdings als höhere Anforderung zu sehen.

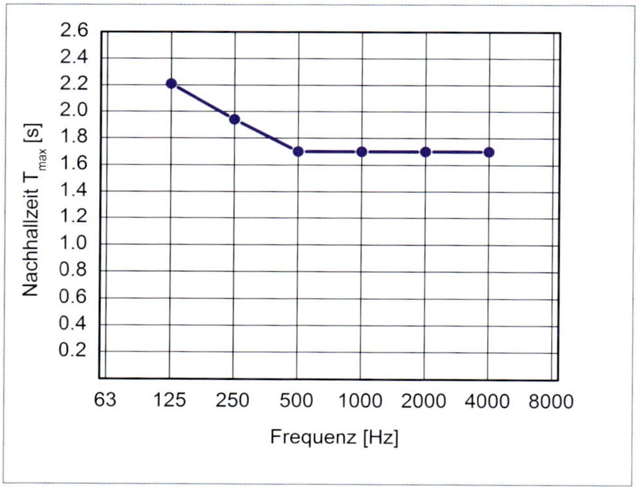

Abbildung 5.14 Empfohlener Wert der maximalen Nachhallzeit nach der 4. Auflage der Richtlinien des Koordinierungskreises Bäder

In der aktuellen Fassung der Richtlinie werden ebenfalls Hinweise für Maßnahmen angeführt. Gegenüber der 4. Auflage werden allerdings keine Mengen für die Schallabsorption mehr angeführt. In der vorherigen Auflage wurde recht konkret, ausgehend von einem Material mit einem Schallabsorptionsgrad

$\alpha_S \geq 0{,}5$ im Frequenzbereich zwischen 500 Hz und 2 000 Hz, dargestellt, dass pro 100 m^3 Raumvolumen eine Mindestfläche von 20 m^2 eines solchen Schallabsorbers in die Halle eingebracht werden muss.

Auch auf die Gefahr von möglichen Flatterechos wird in der aktuellen Fassung der Richtlinie hingewiesen. Es wird empfohlen, dass bei zwei parallelen schallharten Wänden wenigstens eine Wandfläche schallabsorbierend gestaltet werden sollte. Auch die Schrägstellung um mindestens 5° wird zur Vermeidung von Flatterechos zwischen Wänden oder auch zwischen schallharter Wasseroberfläche und Decke erwähnt.

In der 5. Auflage der Richtlinien für den Bäderbau [28] wird das Thema Notfallalarmierung aufgegriffen. Sofern ein Bad als allgemeiner öffentlicher Aufenthaltsbereich angesehen wird, sind die Regeln des Alarmierungskonzepts zu beachten. Die Planung und Ausführung der Sprachalarmierungsanlage ist mit den raumakustischen Bedingungen im Bad abzustimmen. Die Richtlinie fordert hierzu für sämtliche Aufenthaltsbereiche eine Nachhallzeit T von 1,2 s bis maximal 1,5 s zur Gewährleistung einer ausreichenden Sprachverständlichkeit. Für die eigentlichen Schwimmhallen ist je nach Größe und Anzahl der möglichen Gäste eine Lautsprecheranlage zwingend erforderlich. Die Sprachverständlichkeit bei Badebetrieb, also unter Berücksichtigung der Störgeräusche, einer solchen Anlage muss einen Mindestwert des Sprachverständlichkeitsindex STI von 0,5 erreichen. Auch dieser Aspekt macht die Bedeutung einer angemessenen Nachhallzeit in Bädern deutlich.

Weitere Angaben

Auch in anderen Regelwerken sind Hinweise zur Nachhallzeit in Räumen aufgeführt, von denen im Folgenden einige ohne den Anspruch auf Vollständigkeit exemplarisch genannt werden.

Die DIN EN ISO 11690, Teil 1, »Richtlinien für die Gestaltung lärmarmer maschinenbestückter Arbeitsstätten« [52] führt unter Ziffer 7 zur Behandlung von Lärmproblemen in Arbeitsstätten Werte für die Nachhallzeit sowie die Schalldruckpegelabnahme im Raum an. Für Raumvolumina bis 200 m^3 wird eine Nachhallzeit von 0,5 s bis 0,8 s und zwischen 200 m^3 und 1 000 m^3 von 0,8 s bis 1,3 s empfohlen. Für Räume über 1 000 m^3 wird keine Nachhall-Empfehlung gegeben, sondern Werte zwischen 3 dB und 4 dB für die Schalldruckpegelabnahme DL_2 empfohlen. Für Räume unter 1 000 m^3 wird keine Empfehlung für DL_2 angeführt. Die Frequenzabhängigkeit der Nachhallzeit wird bei der Definition des Begriffs erwähnt aber nicht weiter konkretisiert.

Die DIN 15609 »Tagungsstätten« [31] nimmt direkten Bezug auf die Empfehlungen der DIN 18041 und weist darauf hin, dass diese Vorgaben für unterschiedliche Raumgrößen und Nutzungen zu beachten sind. Angemerkt wird, dass auch in Kombination mit einer Beschallungsanlage die Raumakustik so gestaltet sein muss, dass ein Sprachübertragungsindex von $STI > 0{,}55$ erreicht wird. Zur Planung sind Nachhallzeit, Oberflächenmaterialien, Schallausbreitung, Störpegel und Raumgeometrie zu beachten.

Wie unter Ziffer 3.6.5 dargelegt, wird in der Technischen Regel zur Lärm- und Vibrations-Arbeitsschutzverordnung Teil 3 [150] (kurz TRLV Lärm 3) ausgeführt, dass der Stand der Technik dann als eingehalten gilt, wenn der flächen- und frequenzgemittelte Schallabsorptionsgrad $\bar{\alpha}$ mindestens 0,3 beträgt. Im folgenden Kapitel 6 wird darauf eingegangen, zu welchen Nachhallzeiten im Raum diese Vorgabe führt. Es sei dahingestellt, ob dies als Stand der Technik zu sehen ist.

In der VDI 2081, Blatt 1, »Geräuscherzeugung und Lärmminderung in Raumlufttechnischen Anlagen« [152] werden für eine Reihe von Raumtypen Richtwerte für mittlere Nachhallzeiten angegeben. Diese Richtwerte können zur Abschätzung des aus der raumlufttechnischen Anlage zu erwartenden A-bewerteten Schallpegels im Raum herangezogen werden. Gegenüber der DIN 18041 werden mehr Raumtypen aufgeführt, die in der Regel auch raumakustisch günstig gestaltet werden sollen. Wohnräume, ob im Hotel oder auch privaten Umfeld, Gaststätten, Museen oder andere öffentliche Räume sind nach diesen Hinweisen ebenfalls raumakustisch zu betrachten. Danach ist eine »gute Akustik« nicht nur vom Geräuscheintrag durch die Raumlufttechnischen Anlagen, sondern auch von der Nachhallzeit abhängig.

Raumart	Beispiel	Mittlere Nachhallzeit
Arbeitsräume	**Einzelbüro**	0,5 s
	Großraumbüro	0,5 s
	Werkstätten	1,5 s
	Chemie-Labor	2,0 s
Versammlungsstätten	Konzertsaal, Opernhaus	1,5 s
	Theater, Kino	1,0 s
	Konferenzraum	1,0 s
Wohnräume	Hotelzimmer	0,5 s
Sozialräume	Ruheraum, Pausenraum	1,0 s
	Wasch- und WC-Raum	2,0 s
Unterrichtsräume	**Lesesaal**	1,0 s
	Klassen- und Seminarraum	1,0 s
	Hörsaal	1,0 s
Krankenhaus gemäß DIN 1946-4	Bettenzimmer, Ruheraum	1,0 s
	Operationsraum	2,0 s
	Untersuchungsraum	2,0 s
	Labore	2,0 s
	Bäder und **Schwimmbäder**	2,0 s
	Umkleideräume	2,0 s
	Bettenzimmer, normal	1,0 s
Räume mit Publikumsverkehr	Museen	1,0 s
	Gaststätten	1,5 s
	Verkaufsraum	1,0 s
	Schalterhalle	1,5 s
Sportstätten	**Turn- und Sporthallen**	2,0 s
	Schwimmbäder	2,0 s
sonstige Räume	Rundfunkstudio	0,5 s
	Fernsehstudio	0,5 s
	EDV-Raum	1,5 s
	Reiner Raum	1,5 s
	Küche	1,5 s
	Schutzraum	2,0 s

Tabelle 5.9 Richtwerte für die mittlere Nachhallzeit nach Tabelle 2 der VDI 2081, Blatt 1 [152]. In fett sind die Beispiele hervorgehoben, für die es auch in der DIN 18041 Angaben und Empfehlungen gibt.

6 Raumakustische Planung

Die Planung der Akustik eines Raumes erfordert prinzipiell die Einbeziehung der späteren Nutzungen. Ohne Kenntnis der Wünsche und Erfordernisse der Menschen, für die der Raum hergestellt und ausgestattet wird, ist eine raumakustische Planung kaum möglich. Insbesondere bei sehr prestigeträchtigen Bauvorhaben wird die raumakustische Gestaltung häufig im Mystischen gehalten. Dabei kann nahezu jeder Raum akustisch optimal für die gewünschte Nutzung gestaltet werden.

Kleinere und einfach strukturierte Räume, also die meisten Räume des alltäglichen Lebens, können in der Regel anhand der Nachhallzeit als raumakustische Kenngröße geplant werden, wobei hinsichtlich der Positionierung der schallabsorbierenden Aufbauten im Raum einige Grundregeln zu beachten sind. Diese »Nachhall-Akustik« beruht auf der Annahme eines diffusen Schallfelds. Für viele der in diesem Buch behandelten Alltagsräume ist es ausreichend, die raumakustische Planung mit der aus rein wissenschaftlicher Sicht sicherlich starken Näherung der Sabineschen Nachhallformel durchzuführen.

Nach einigen grundsätzlichen Anmerkungen wird in diesem Kapitel unter Ziffer 6.2 die Sabinesche Nachhallformel als Grundlage für raumakustische Planungen von Alltagsräumen vorgestellt. Anhand eines konkreten Beispiels wird die Anwendung der Formel demonstriert. Anschließend werden die Grenzen dieser Art der Berechnung diskutiert.

Ein Thema mit zunehmender Bedeutung gerade in Mehrpersonenbüros stellt die Schallabschirmung dar. Anders als in Aufführungsräumen oder Vortragssälen ist nicht die Versorgung eines Hörers mit Direktschall, sondern die angemessene Minderung des direkten Schallanteils das Ziel. Den Abschluss des Kapitels bildet ein Ausblick auf den aktuellen Stand der rechnergestützten Simulationsverfahren in der Raumakustik sowie das bei Bauherrschaften und teilweise auch Architekten gänzlich unbekannte Vorhandensein der Raumakustik in der HOAI [76].

6.1 Planungsablauf

Prinzipiell kann bei der raumakustischen Planung zwischen einer Neuplanung und der Optimierung eines Raums unterschieden werden. In einem existierenden Raum mit akustischen Defiziten besteht die Möglichkeit, die Situation durch eine Messung objektiv zu erfassen. Bei einer Neuplanung gibt es diese Möglichkeit nicht. Die beiden Fälle Neuplanung und Optimierung eines Raums werden im Folgenden getrennt betrachtet.

Die raumakustische Planung eines Raums erfordert für beide Fälle eine Abstimmung mit den Nutzern, den weiteren Planern und gegebenenfalls auch anderen Beteiligten. Hier treffen häufig unterschiedliche Vorstellungen und Wünsche aufeinander, die nicht allein akustische Belange betreffen, siehe Abbildung 1.1. Nur gemeinsam kann erreicht werden, dass die Erwartungen und Vorstellungen hinsichtlich der Hörsamkeit im Raum erfüllt werden. Selbstverständlich ist nicht in allen Bauvorhaben der gesamte Stab der angeführten Planer beteiligt.

Je nach Raum und Nutzung sind unterschiedliche Methoden zur Planung anzuwenden. Während bei akustisch anspruchsvollen Räumen umfangreiche Modelle, Computermodelle oder auch physikalisch verkleinerte Modelle, verwendet werden, ist für einen einfach strukturierten Raum eine überschlägige Abschätzung der Nachhallzeit meist ausreichend. Die Wahl der Planungsmethode liegt hierbei im Ermessen des planenden Akustikers. Auch Erfahrungswissen führt mitunter zu beachtenswerten Ergebnissen. Auf die verschiedenen Planungsmethoden wird im weiteren Verlauf dieses Kapitels ab Ziffer 6.2 eingegangen. Für die Räume des Alltags mit häufig nicht allzu großen Volumina genügt in der Regel eine Betrachtung anhand der Sabineschen Nachhallformel.

Neuplanung

In Abbildung 6.1 ist der prinzipielle Ablauf einer raumakustischen Planung bei einem Neubauvorhaben dargestellt. Es wird davon ausgegangen, dass der Raumakustikplaner von Beginn der Planung an mit einbezogen wird. Dies ist in der Praxis erfahrungsgemäß nicht der Regelfall.

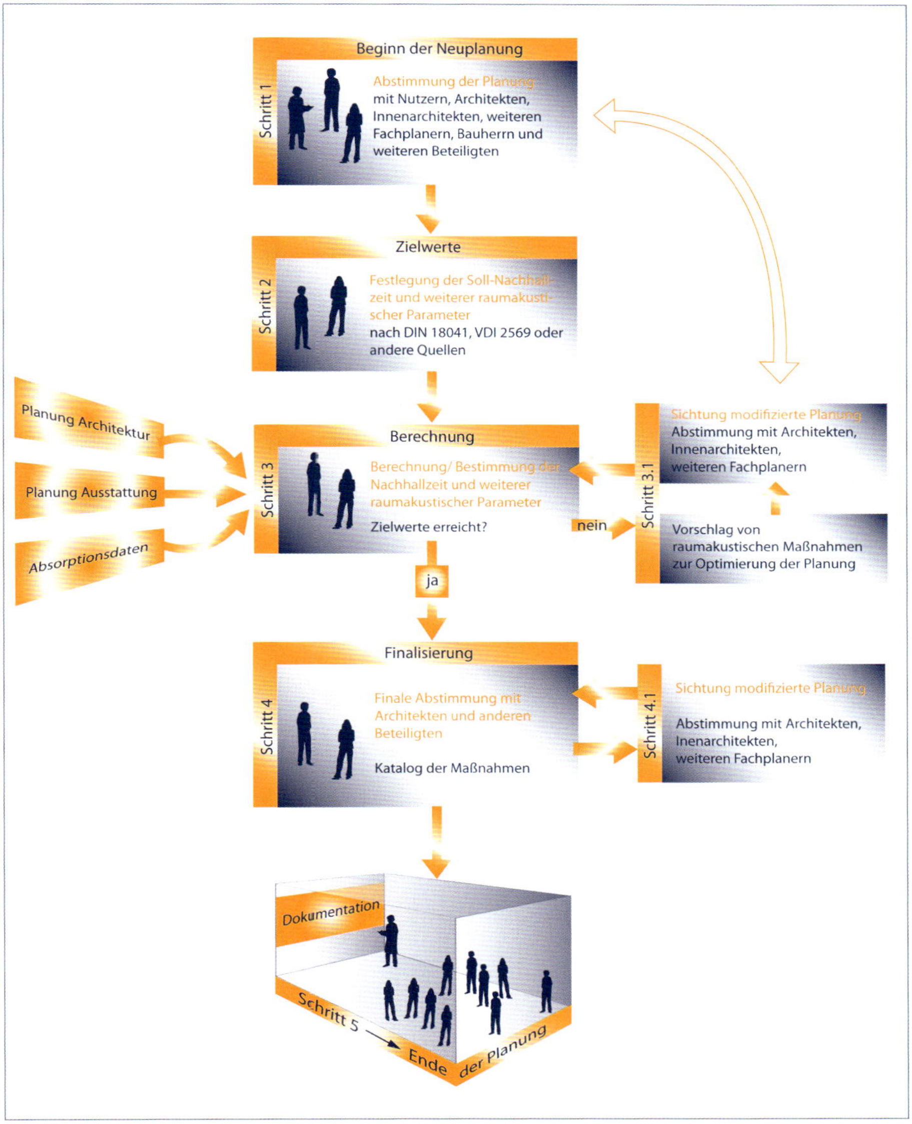

Abbildung 6.1 Prinzipieller Ablauf einer raumakustischen Planung bei einem Neubau

Schritt 1 – Planungsbeginn
Allgemeine Planungsgrundsätze sollten frühzeitig mit den Architekten und weiteren Fachplanern erörtert werden. Für akustisch anspruchsvolle Räume wie Auditorien oder Mehrzweckhallen sind Hinweise hinsichtlich der Raumform wie auch weitere Aspekte der raumakustischen Planung einzubringen. Für die nicht in diesem Buch behandelten Konzertsäle, Opernhäuser und Theater ist diese architektonisch-entwurfliche Klärung zwingend notwendig und für die in diesem Buch betrachteten Räume in der Regel auch hilfreich.

Schritt 2 – Zielwerte
Anhand dieser Abstimmungen zur Raumform, -ausstattung und -nutzung kann in einem zweiten Planungsschritt die Festlegung der Nachhallzeit T_{SOLL} und gegebenenfalls weiterer raumakustischer Parameter erfolgen. Je nach Raum und Nutzung können hier Anforderungen der vorgestellten Regelwerke wie der DIN 18401 [35] oder der VDI 2569 [153] verwendet oder aber eigene Empfehlungen des planenden Akustikers herangezogen werden. Welche Kenngrößen neben der Nachhallzeit notwendig und sinnvoll sind, liegt letztlich auch im Ermessen des verantwortlichen Planers. Es empfiehlt sich, dass in der abschließenden Dokumentation eine Begründung zur Wahl der jeweiligen Anforderungen erfolgt, die auch den Bezug zu den Abstimmungen mit den Nutzern aufgreift. Diese Definition kann als Planungsziel auch rechtlich aufgegriffen werden und sollte sich nach Umsetzung der Baumaßnahme messtechnisch überprüfen lassen.

Schritt 3 – Berechnung
In einem dritten Planungsschritt erfolgt auf Grundlage der architektonischen Planung, der Vorgaben zur Ausstattung des Raums und der zugehörigen Absorptionsdaten die Berechnung der zu erwartenden, frequenzabhängigen Nachhallzeit und gegebenenfalls weiterer raumakustischer Parameter. Werden die Anforderungen erfüllt, kann die Planung abgeschlossen werden, siehe Schritt 4.

Wird der Zielbereich der Nachhallzeit oder auch der weiteren Ziel-Parameter nicht erreicht, ist eine Modifikation der Planung, siehe Schritt 3.1, notwendig. Weitere Abstimmungen sind gegebenenfalls mit dem Bauherrn sowie anderen Fachplanern notwendig und können durchaus den architektonischen Entwurf betreffen. Unter Umständen muss sogar die gesamte Planung noch einmal begonnen werden, sofern sich heraus stellt, dass unvereinbare Erfordernisse nur durch einen neuen Entwurf aufgelöst werden können.

Schritt 4 – Finalisierung

Im diesem Planungsschritt ist die Positionierung der raumakustisch wirksamen Elemente im Raum festzulegen. Dabei ist auf eventuell spezielle Raumformen einzugehen. Mögliche Flatterechos zwischen parallelen und gut reflektierenden Wänden sind zu vermeiden.

Dieser Planungsschritt mündet in der Regel in einem Katalog zur Beschreibung der notwendigen Maßnahmen. Der Maßnahmenkatalog sollte noch einmal mit allen beteiligten Planern abgestimmt werden, siehe Schritt 4.1. Dies kann mitunter auch während der Ausführung der Maßnahmen in der Bauphase notwendig werden.

Bei sehr hohen Anforderungen an die Raumakustik ist es ebenfalls empfehlenswert, die Ausführung der geplanten Maßnahmen während der Bauphase messtechnisch zu begleiten. Anhand solcher baubegleitenden Messungen kann die Planung überprüft und gegebenenfalls angepasst werden.

Schritt 5 – Dokumentation

Zum Abschluss der Planung sollte eine Dokumentation erfolgen, anhand derer das Ergebnis der Planungen nachvollziehbar dargestellt wird. Der Zeitpunkt dieser abschließenden Dokumentation kann durchaus während oder auch nach der Ausführung eines Neubaus erfolgen.

Bei der Dokumentation ergibt sich häufig die Frage, welchen Detaillierungsgrad eine solches Dokument haben sollte. Es empfiehlt sich, dass zumindest die wichtigsten Grundlagen der Planung wie das Raumvolumen, die Annahmen zu den akustisch relevanten Flächen sowie das Ergebnis der Berechnung in Berichts- oder Gutachtenform dargestellt werden. Für umfangreichere Planungen oder anspruchsvolle Räume sollten auch die verwendeten Absorptionsgrade der Materialien dargestellt, Quellen dafür benannt und insgesamt auch die verwendeten Methoden umrissen werden. Bei Vorhaben, für die eine Planung anhand eines dreidimensionalen Raummodells zur raumakustischen Simulation durchgeführt wird, kann eine entsprechende Dokumentation recht umfangreich sein. Hier bietet es sich an, die Ergebnisse auch in Form von Hörbeispielen, die durch Auralisation erzeugt werden, zu präsentieren.

Optimierung eines bestehenden Raums

Abbildung 6.2 zeigt den prinzipiellen Ablauf einer raumakustischen Planung zur Optimierung eines bestehenden Raums. Gegenüber der Neuplanung ist das Vorgehen geringfügig anders.

Kommt es in einem bestehenden Raum zu Beschwerden, so kann anhand der subjektiven Äußerungen der Betroffenen oftmals abgeschätzt werden, welche Defizite in einem Raum die Klagen ausgelöst haben könnten. Anhand einer raumakustischen Messung, z. B. der Nachhallzeit oder auch weiterer Kenngrößen, kann die Situation in dem Raum weiterhin objektiv erfasst werden, siehe **Schritt 1**. Bei sehr einfach strukturierten Räumen kann diese Ist-Erfassung auch anhand einer Sichtung erfolgen. Dabei sind dann neben der Aufnahme der geometrischen Gegebenheiten auch die Ausstattung des Raumes aufzunehmen, um so die notwendigen Kenngrößen des Raums zu berechnen.

Anhand der vorgestellten einschlägigen Regelwerke können die Ergebnisse der Messung bzw. Berechnung auf Grundlage der Sichtung bewertet werden. Hierzu ist wie bei **Schritt 2** in der Neuplanung die Festlegung der Nachhallzeit T_{SOLL} und gegebenenfalls weiterer raumakustischer Parameter notwendig. Ab und an wird durch diese Objektivierung der Situation im Raum klar, dass zumindest keine baulich-akustischen Defizite in dem untersuchten Raum vorhanden sind, sondern die Beschwerden zur Akustik durch andere Faktoren oder auch subjektive Einschätzungen ausgelöst werden.

Die Ergebnisse aus Schritt 1 dienen als Grundlage für die weitere Planung zur akustischen Optimierung des Raums durch eine Berechnung zur Bestimmung der notwendigen Maßnahmen. Häufig ist in einen Raum zusätzliche Absorption einzubringen. Eher selten sind Absorberflächen zu entfernen, was aber auch durchaus ein mögliches Ergebnis darstellt.

Da mit einer Messung der komplett vorhandene Raumzustand objektiv erfasst wird, besitzt eine Planung auf Grundlage einer Messung in der Regel eine höhere Genauigkeit als eine rein rechnerische Betrachtung, zu der meist eine Reihe von Annahmen und Abschätzungen zur Wirkung der Materialien getroffen wird.

Schritt 4 und **Schritt 5** sind analog zu dem Vorgehen bei einer Neuplanung zu sehen.

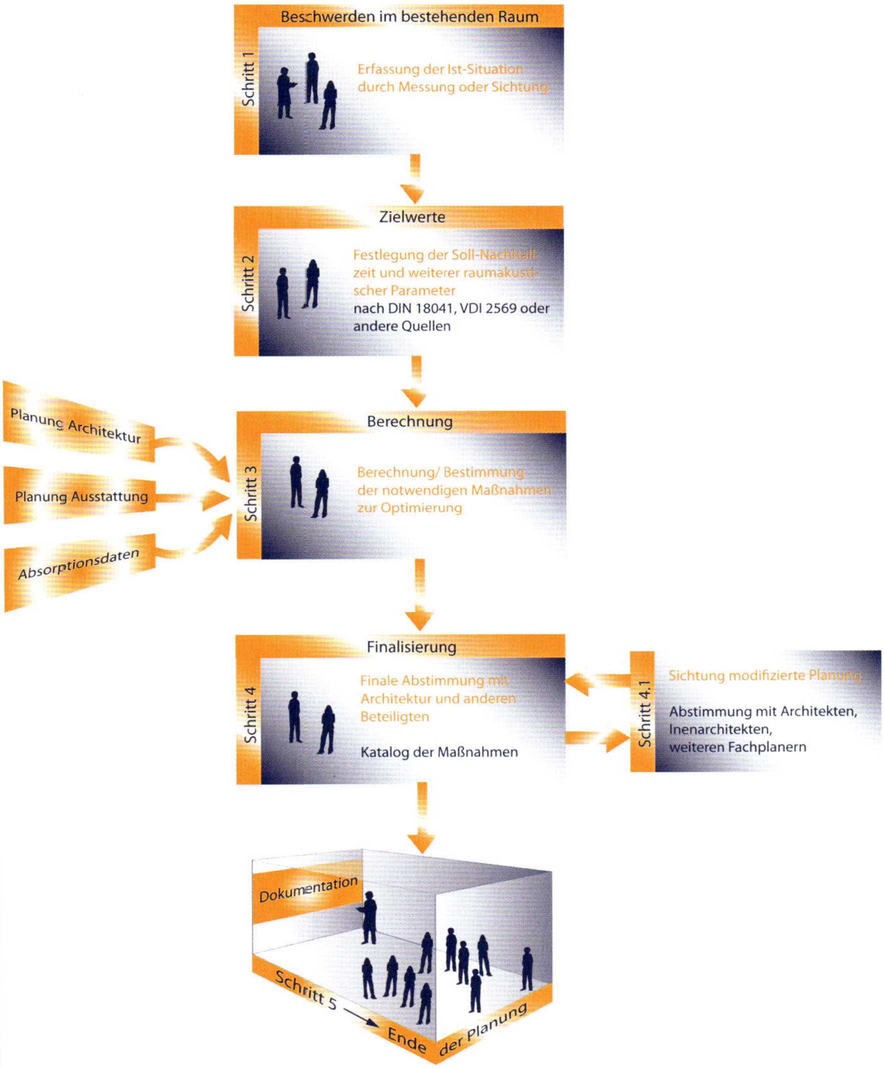

Abbildung 6.2 Prinzipieller Ablauf einer raumakustischen Planung zur Optimierung eines existierenden Raums

6.2 Klassisch: Sabinesche Nachhallformel

Die klassische Betrachtung zur Berechnung der Nachhallzeit geht auf W. C. Sabine zurück, der um 1900 anhand von umfangreichen Messungen die nach ihm benannte Formel empirisch abgeleitet hat. Spätere Forschungen zeigten, dass dieser Zusammenhang auch theoretisch abgeleitet werden kann. Eine entsprechende Darstellung der Ableitung ist beispielsweise im Buch von Kuttruff [88] zu finden. Grundvoraussetzung zur Anwendung der Sabineschen Nachhallformel ist die Ausbildung bzw. Annahme eines diffusen Schallfeldes im Raum.

Die Nachhallzeit T ergibt sich wie folgt:

$$T = 0{,}163\,\frac{V}{A_{eq}} \qquad 6.1$$

mit dem Raumvolumen V und der äquivalenten Absorptionsfläche A_{eq} des Raums, siehe Abschnitt 3.6.1.

Aus dieser grundlegenden Formel kann in der Planung bereits eine erste überschlägige Abschätzung zur benötigten äquivalenten Absorptionsfläche abgeleitet werden. In Abbildung 6.3 ist für verschiedene Raumvolumina zwischen 30 m^3 und 5 000 m^3 der Zusammenhang zwischen äquivalenter Absorptionsfläche und der Nachhallzeit im Raum dargestellt.

> Für eine Nachhallzeit von 0,8 s wird in einem Raum mit einem Volumen V von 400 m^3 eine äquivalente Absorptionsfläche A_{eq} von circa 80 m^2 benötigt.

In der Regel wird die raumakustische Planung eines Raums für die Oktaven zwischen 125 Hz und 4 000 Hz oder Terzen zwischen 100 Hz und 5 000 Hz nach Gleichung 6.1 durchgeführt. Die Bestimmung der äquivalenten Absorptionsfläche A_{eq} erfolgt rechnerisch für jede Oktave gesondert.

Bei bestehenden Räumen, in denen eine Optimierung der akustischen Bedingungen notwendig ist, sollte eine Messung der Nachhallzeit durchgeführt werden, um die vorhandene äquivalente Absorptionsfläche eines Raums durch Inversion der Sabineschen Nachhallformel, Gleichung 6.1, d. h.

$$A_{eq} = 0{,}163\,\frac{V}{T} \qquad 6.2$$

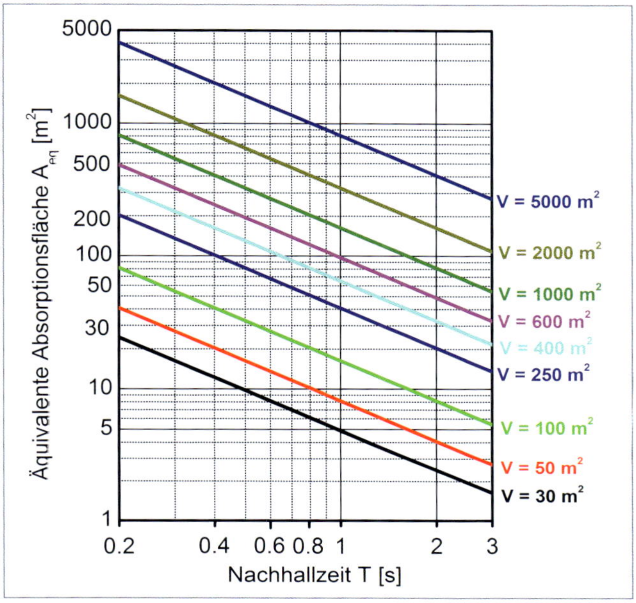

Abbildung 6.3 Zusammenhang von äquivalenter Absorptionsfläche A_{eq} und Nachhallzeit T bei verschiedenen Raumvolumina V

zu ermitteln. Messungen sind ebenfalls zu empfehlen, wenn die Wirksamkeit bestimmter akustischer Maßnahmen während der Ausführung überprüft werden soll.

Rechnerisch ergibt sich die äquivalente Absorptionsfläche A_{eq} eines Raums nach DIN 18041 [35], dort Formel (2), wie folgt:

$$A_{eq} = \sum_{i=1}^{n} \alpha_i \times S_i + \sum_{j=1}^{k} A_{obj,j} + 4 \times m\,V \qquad 6.3$$

Hierbei ist:

α_i	Schallabsorptionsgrad der Teilfläche S_i nach DIN EN ISO 354 [50]
$A_{obj,j}$	äquivalente Schallabsorptionsfläche nicht flächenhafter Objekte oder Personen im Raums in m^2 nach DIN EN ISO 354 [50]
m	Dämpfungskoeffizient der Luft nach DIN EN 12354-6 [41]
V	gesamtes Raumvolumen in m^3

Der Schallabsorptionsgrad α bzw. α_i der i-ten Teilfläche S_i kann aus Tabellen wie im Anhang 8.1, aus Literaturtabellen wie der DIN-Tabelle aus dem Jahr 1968 [29], aus Büchern oder auch aus Prüfzeugnissen nach DIN EN ISO 354 [50], die Hersteller von Akustikmaterialien in der Regel zur Verfügung stellen, entnommen werden. Ebenso sind Werte der äquivalenten Absorptionsfläche von Objekten A_{obj} aus diesen Quellen erhältlich. Auch hier sollte bei Hersteller-Angaben darauf geachtet werden, dass die Messungen nach den Vorgaben der DIN EN ISO 354 [50] durchgeführt wurden.

Klimabedingung	**Dämpfungskoeffizient m [10^{-3} Np/ m]**					
	125 Hz	**250 Hz**	**500 Hz**	**1 kHz**	**2 kHz**	**4 kHz**
10 °C, 30 % bis 50 % relative Luftfeuchte	0,1	0,2	0,5	1,1	2,7	9,4
10 °C, 50 % bis 70 % relative Luftfeuchte	0,1	0,2	0,5	0,8	1,8	5,9
10 °C, 70 % bis 90 % relative Luftfeuchte	0,1	0,2	0,5	0,7	1,4	4,4
20 °C, 30 % bis 50 % relative Luftfeuchte	0,1	0,3	0,6	1,0	1,9	5,8
20 °C, 50 % bis 70 % relative Luftfeuchte	0,1	0,3	0,6	1,0	1,7	4,1
20 °C, 70 bis 90 % relative Luftfeuchte	0,1	0,3	0,6	1,1	1,7	3,5

Tabelle 6.1 Dämpfungskoeffizient m in Luft in Abhängigkeit von Luftfeuchte und Temperatur für die Oktaven von 125 Hz bis 4k Hz nach DIN EN 12354-6 [41] in 10^{-3} Neper pro Meter

In der Tabelle 6.1 sind Werte des Dämpfungskoeffizienten m in 10^{-3} Neper pro Meter nach DIN EN 12354-6 [41], dort Tabelle 1, angegeben[3]. Das Volumen V bezieht sich nach DIN 18041 [35] auf das gesamte Raumvolumen. In der DIN EN 12354-6 [41] wird das Raumvolumen um das Volumen der Objekte im Raum reduziert. Der Einfluss dieser Differenz beim Raumvolumen ist in der Regel bei Räumen des Alltags zu vernachlässigen.

3 Das Neper ist definiert als der natürliche Logarithmus ln eines Verhältnisses linearer Größen. Für die Umrechnung von Neper, kurz Np, in das auf den dekadischen Logarithmus log bezogene Dezibel gilt: $1\ \mathrm{Np} = 8{,}6858\ \mathrm{dB}$.

Die Dämpfung der Luft kann in großen Räumen beträchtlich zur Schallabsorption bei hohen Frequenzen beitragen. Nach DIN 18041 [35] kann dagegen in Räumen bis 250 m^3 die Schalldämpfung der Luft vernachlässigt werden[4]. Bei raumakustischen Planungen empfiehlt es sich, die Absorption der Luft immer zu berücksichtigen, wobei es ausreichend ist, eine klimatische Situation (in der Regel 20 °C, 50 % bis 70 %) zu verwenden.

In kleinen Räumen und unter Vernachlässigung der Luftabsorption sowie der nicht-flächenhaften Objekte und der Personen kann die Sabinesche Nachhallformel Gleichung 6.1 durch Einsetzen der Gleichung 6.3 wie folgt umgeschrieben werden:

$$\begin{aligned} T &= 0{,}163 \frac{V}{\sum_{i=1}^{n} \alpha_i \times S_i} \\ &= 0{,}163 \frac{V}{\alpha_1 \times S_1 + \alpha_2 \times S_2 + \alpha_3 \times S_3 \ldots + \alpha_n \times S_n} \\ &= 0{,}163 \frac{V}{A_{eq,1} + A_{eq,2} + A_{eq,3} + \ldots + A_{eq,n}} \end{aligned} \qquad 6.4$$

mit den äquivalenten Teilabsorptionsflächen $A_{eq,i}$ an der gesamten äquivalenten Absorptionsfläche A_{eq} des Raums.

Mit dieser Formel kann sehr schnell und überschlägig eine Aussage zur Nachhallzeit in einem Raum getroffen werden. Im Rahmen eines Vor-Entwurfs zur groben Abschätzung von benötigten Schallabsorberflächen und der damit verbundenen Kosten ist diese Gleichung als ausreichend zu betrachten. Durch das Weglassen der Objekte im Raum, die in der Regel auch Absorption in den Raum bringen, sowie der Luftabsorption liegt ein Planer in der Regel damit »auf der sicheren Seite«.

Im Hinblick auf die Wahrnehmbarkeit der Unterschiede der Nachhallzeit wie auch vor dem Hintergrund des Zielbereichs der Nachhallzeit mit einer Toleranz von ± 20 % nach den Vorgaben der DIN 18041 ist die überschlägige Betrachtung ebenfalls häufig ausreichend. Eine im mathematischen Sinne exakte

4 Nach Hinweis in der DIN EN ISO 3382-2 [48] ist die Luftabsorption vernachlässigbar, wenn die Nachhallzeit bei 2k Hz kürzer als 1,5 s und bei 4k Hz kürzer als 0,8 s ist. Ein großer Raum liegt im Sinne dieser Norm bei einem Volumen von mehr als 300 m^3 vor.

Prognose der Nachhallzeit eines Raums würde die genaue Kenntnis aller Absorptionswerte und Flächengrößen sowie der gesamten Ausstattung erfordern. Tatsächlich sind für die entsprechenden Oberflächen in der Regel Annahmen und Erfahrungswerte zu treffen, die zu einer Unsicherheit bei der Vorausberechnung der Nachhallzeit führen. Auf diese Grenzen der klassischen Betrachtung nach Sabine wird im Folgenden eingegangen. Zuvor wird die Anwendung der Sabineschen Nachhallformel ausführlich anhand eines Beispiels demonstriert.

6.3 Planungsbeispiel

In diesem Abschnitt werden anhand eines konkreten Beispiels die einzelnen Planungsschritte entsprechend Abbildung 6.1 sowie die Anwendung der Sabineschen Nachhallformel (Gleichung 6.1) dargestellt und erläutert.

Schritt 1 – Planungsbeginn
Zunächst ist die Aufgabe zu definieren, sowie der architektonische Entwurf hinsichtlich der akustischen Wirksamkeit der Flächen im Raum zu bewerten.

Es soll die Nachhallzeit für einen $8{,}0\ \mathrm{m} \times 9{,}0\ \mathrm{m} \times 3{,}4\ \mathrm{m}$ großen Besprechungsraum bestimmt und mit der entsprechenden Anforderung verglichen werden.

Die Gestaltung des Raums ist wie folgt geplant: Die Bodenfläche hat eine Größe von $8{,}0\ \mathrm{m} \times 9{,}0\ \mathrm{m} = 72\ \mathrm{m}^2$. Der Boden soll komplett mit Parkett ausgestattet werden. Die Wände sind verputzt und gestrichen. Neben einer Doppeltür mit einer Fläche von $4\,\mathrm{m}^2$ sind Fenster mit einer Gesamtfläche von $51\ \mathrm{m}^2$ vorhanden. Es sind somit verputzte Wandflächen von $61\ \mathrm{m}^2$ zu berücksichtigen. An der Decke ist ein $52\,\mathrm{m}^2$ großes Deckenfeld mit einem gelochten Gipskarton vorgesehen. Umlaufend zu den Wänden soll ein geschlossener Deckenfries aus Gipskarton mit einer Fläche von $20\,\mathrm{m}^2$ eingebracht werden. Neben einigen Besprechungstischen und Stühlen sind keine weiteren Einrichtungsgegenstände vorgesehen.

Schritt 2 – Zielwerte
Die anzustrebende Nachhallzeit ergibt sich aus dem Volumen von $244{,}8\,\mathrm{m}^3$, gerundet $245\,\mathrm{m}^3$, sowie der geplanten Nutzung des Raums. Nach den Angaben der DIN 18041 ist ein Besprechungsraum der Nutzungsart »Sprache« der

Gruppe A zuzuordnen. Nach Gleichung 5.2 folgt entsprechend eine empfohlene Soll-Nachhallzeit von

$$T_{SOLL,\,Sprache} = \left(0{,}37\,\log\frac{245\,m^3}{m^3} - 0{,}14\right)s = 0{,}75\,s \qquad 6.5$$

Die Frequenzabhängigkeit nach Abbildung 5.2 führt somit zwischen 250 Hz und 2000 Hz zu einem Bereich der Ziel-Nachhallzeit zwischen 0,6 s und 0,9 s.

Schritt 3 – Berechnung
Für jedes Material ist anhand des Schallabsorptionsgrades und der Fläche zunächst die äquivalente Absorptionsfläche für die sechs Oktaven zu ermitteln. Die Absorptionswerte zu den genannten Materialien sind im Anhang 8.1 dieses Buches zu finden. In der Tabelle 6.2 sind die Flächengrößen und die verwendeten Absorptionswerte aufgeführt. Zunächst wird von sechs verschiedenen Materialien mit der jeweiligen Flächengröße ausgegangen.

Anschließend werden diese Absorptionsflächen in jeder Oktave addiert. Hierbei sollte auch die Luftabsorption nach Tabelle 6.1 berücksichtigt werden, die sich speziell bei hohen Frequenzen bemerkbar macht, auch wenn dies die aktuell gültige DIN 18041 [35] anders vorsieht.

Mit Hilfe der äquivalenten (Gesamt-)Absorptionsfläche A_{eq} des Raums kann dann anhand der Sabineschen Nachhallformel 6.1 die Nachhallzeit für die sechs Oktaven berechnet werden.

Schritt 3.1 – Modifikation der Planung
Ein Vergleich der berechneten Nachhallzeit in den sechs Oktaven mit der Unter- und Obergrenze des Zielbereichs zeigt, dass es in der 2000 Hz und der 4000 Hz-Oktave zu einer Überschreitung des Zielbereichs kommt. Zur Optimierung der Nachhallkurve wird in diesem Beispiel ein Material benötigt, das in diesen beiden Oktaven über eine hohe Schallabsorption verfügt. Bei Frequenzen unterhalb von 2000 Hz ist bereits ausreichend Absorption vorhanden.

Als eine Lösungsmöglichkeit kann das Parkett am Boden gegen einen Teppich ausgetauscht werden, da textile Bodenbeläge in der Regel hochfrequent schallabsorbierend wirken. In Tabelle 6.3 ist als siebte Teilfläche ein $62\,m^2$ großer Teppichboden anstelle des Parketts in die Berechnung aufgenommen worden. Es bleiben lediglich $10\,m^2$ Parkett im Raum vorhanden.

Schritt 1 – Planungsbeginn: Raumeigenschaften und Nutzung abstimmen						
Volumen V: 245 m^3 Nutzungsschwerpunkt: Sprache						
Schritt 2 – Zielwerte: Soll-Nachhallzeit festlegen: $T_{SOLL} = 0{,}75\,s \pm 20\,\%$ (DIN 18041)						
Toleranzbereich der frequenzabhängigen Nachhallzeit T						
	125 Hz	250 Hz	500 Hz	1 kHz	2 kHz	4 kHz
Obergrenze	0,90 s	0,90 s	0,90 s	0,90 s	0,90 s	0,90 s
Untergrenze	0,46 s	0,60 s	0,60 s	0,60 s	0,60 s	0,46 s
Schritt 3 – Berechnung:						
Absorptionsfläche Boden – Fläche $S_1 = 72\,m^2$ Parkett						
Parkett mit α_1	0,15	0,08	0,07	0,06	0,06	0,06
Abs.-Fläche $\alpha_1 \times S_1$	10,8 m^2	5,8 m^2	5,0 m^2	4,3 m^2	4,3 m^2	4,3 m^2
Absorptionsflächen Wände – $S_2 = 61\,m^2$ Putz; $S_3 = 51\,m^2$ Glas; $S_4 = 4\,m^2$ Tür						
Glattputz mit α_2	0,02	0,02	0,03	0,03	0,04	0,05
Abs.-Fläche $\alpha_2 \times S_2$	1,2 m^2	1,2 m^2	1,8 m^2	1,8 m^2	2,4 m^2	3,7 m^2
Glas mit α_3	0,28	0,20	0,11	0,06	0,03	0,02
Abs.-Fläche $\alpha_3 \times S_3$	14,3 m^2	10,2 m^2	5,6 m^2	3,1 m^2	1,5 m^2	1,0 m^2
Tür mit α_4	0,10	0,08	0,06	0,05	0,05	0,05
Abs.-Fläche $\alpha_4 \times S_4$	0,4 m^2	0,3 m^2	0,2 m^2	0,2 m^2	0,2 m^2	0,2 m^2
Absorptionsflächen Decke – $S_5 = 52\,m^2$ gelochter Gipskarton; $S_6 = 20\,m^2$ glatter Gipsk.						
gelochter Gipskarton mit α_5	0,57	0,73	0,67	0,52	0,30	0,18
Abs.-Fläche $\alpha_5 \times S_5$	29,6 m^2	38,0 m^2	34,8 m^2	27,0 m^2	15,6 m^2	9,4 m^2
glatter Gipskarton mit α_6	0,12	0,08	0,04	0,02	0,03	0,00
Abs.-Fläche $\alpha_6 \times S_6$	2,4 m^2	1,6 m^2	0,8 m^2	0,4 m^2	0,6 m^2	0,0 m^2
Absorptionsflächen durch Einrichtung						
Einrichtung akustisch nicht wirksam – entfällt						
Absorptionsflächen durch Menschen – N = 10 Personen						
A_{obj} pro Person	0,15 m^2	0,25 m^2	0,60 m^2	0,95 m^2	1,15 m^2	1,15 m^2
Abs.-Fläche $A_{obj} \times N$	1,5 m^2	2,5 m^2	6,0 m^2	9,5 m^2	11,5 m^2	11,5 m^2
Luftabsorption mit m aus Tab. 6.1 für 20°C, 50 % bis 70 % r.L.						
Luftabsorption: $A_{eq,Luft} = m \times V$	0,2 m^2	0,7 m^2	1,5 m^2	2,5 m^2	4,2 m^2	10,0 m^2
äquiv. Absorptionsfläche A_{eq} als Summe der Teil-Absorptionsflächen, siehe blaue Werte						
A_{eq}	60,4 m^2	60,3 m^2	55,7 m^2	48,8 m^2	40,3 m^2	40,1 m^2
Berechnung der Ist-Nachhallzeit nach Gleichung 6.1						
Nachhallzeit T_{Ist} =	0,66 s	0,66 s	0,72 s	0,82 s	0,99 s	1,00 s
Nachhallzeit im Zielbereich?	ok	ok	ok	ok	nein	nein
Anmerkung/Bewertung: Die Nachhallzeit ist zwischen 125 Hz und 1 000 Hz innerhalb des Zielbereichs. Bei 2 000 Hz und 4 000 Hz kommt es zu einer Überschreitung.						

Tabelle 6.2 Beispiel zur Berechnung der Nachhallzeit eines neu zu errichtenden Raums – Schritte 1 bis 3

Schritt 3.1 – optimierte Berechnung: Teppichboden als Absorberfläche						
Absorptionsflächen Boden – Fläche $S_1 = 10\,m^2$ Parkett; $S_7 = 62\,m^2$ Teppichboden NEU						
	125 Hz	250 Hz	500 Hz	1 kHz	2 kHz	4 kHz
Parkett mit α_1	0,15	0,07	0,07	0,06	0,06	0,06
Abs.-Fläche $\alpha_1 \times S_1$	$1.5\,m^2$	$0.7\,m^2$	$0.7\,m^2$	$0.6\,m^2$	$0.6\,m^2$	$0.6\,m^2$
NEU Teppich mit α_7	0,02	0,04	0,07	0,19	0,29	0,35
Abs.-Fläche $\alpha_7 \times S_7$	$1.2\,m^2$	$2.5\,m^2$	$4.3\,m^2$	$11.8\,m^2$	$18.0\,m^2$	$21.7\,m^2$
Summe der Absorptionsflächen $\alpha_n \times S_n$ mit $n = 1 \ldots 7$.						
äquiv. Absorptionsfläche A_{eq} als Summe der Teil-Absorptionsflächen, siehe blaue Werte						
A_{eq}	$52.3\,m^2$	$57.7\,m^2$	$55.7\,m^2$	$56.9\,m^2$	$54.6\,m^2$	$58.2\,m^2$
Erneute Berechnung der Ist-Nachhallzeit nach Gleichung 6.1						
Nachhallzeit $T_{Ist} =$	0,76 s	0,69 s	0,72 s	0,70 s	0,73 s	0,69 s
Nachhallzeit im Zielbereich?	ok	ok	ok	ok	ok	ok
Schritt 4 – Finalisierung Ist-Nachhallzeit nach Gleichung 6.1						
Anmerkung/Bewertung: Die zu erwartende Nachhallzeit liegt nun vollständig im Zielbereich. Hinweise zur Positionierung der Schallabsorber und zur Vermeidung von Flatterechos sind in der Dokumentation anzuführen.						

Tabelle 6.3 Beispiel zur Berechnung der Nachhallzeit eines neu zu errichtenden Raums – Schritte 3.1 und 4

Schritt 4 – Finalisierung
Unter Berücksichtigung dieser Änderung ergibt sich dann eine bei tiefen Frequenzen geringfügig längere Nachhallzeit (Absorptionsgrad des Teppichs geringer als des Parketts) und bei hohen Frequenzen kommt es nicht mehr zu einer Überschreitung des Zielbereichs. Die berechnete Nachhallzeit liegt für alle sechs Oktaven im empfohlenen Zielbereich.

In Abbildung 6.4 ist das Ergebnis der Berechnung vor und nach der Optimierung mit dem Teppichboden im Vergleich mit dem Zielbereich der Nachhallzeit für einen empfohlenen Wert von 0,75 s grafisch dargestellt. Die Überschreitung bei 2000 Hz und 4000 Hz vor der Optimierung ist deutlich zu erkennen. Nach der Optimierung zeigt die Nachhallkurve nur sehr geringe Schwankungen für die sechs Oktaven.

Schritt 5 – Dokumentation
Die detaillierte Berechnung in den einzelnen Oktaven der Tabelle 6.2 ist für eine ausführliche Dokumentation am Ende des Planungsprozesses kaum geeignet. Häufig werden die entsprechenden Ergebnisse daher in einer verkürzten

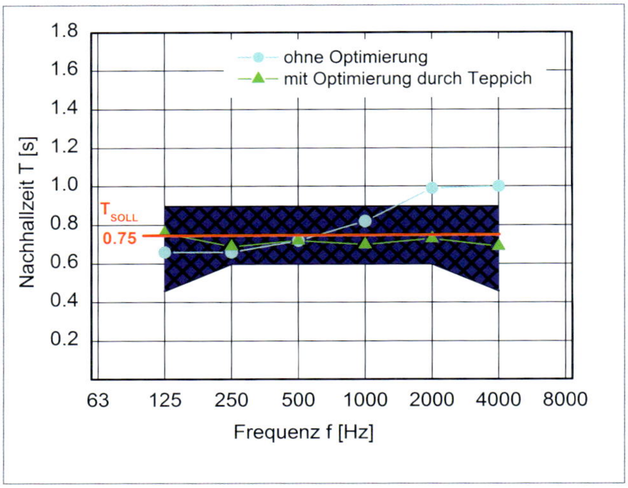

Abbildung 6.4 Zielbereich der Nachhallzeit für den Wert $T_{SOLL} = 0{,}75$ s im Vergleich mit der Berechnung

Form dargestellt. In der Abbildung 6.5 ist eine derartige zusammenfassende Darstellung wiedergegeben. Neben dem Zielbereich der Nachhallzeit sollten die Annahmen zu den in der Berechnung verwendeten Flächengrößen und Materialien aufgeführt werden. In diesem Beispiel sind allgemeine Bezeichnungen verwendet worden. Üblicherweise empfiehlt es sich mit konkreten Produktbeispielen zu agieren, um sowohl den anderen Fachplanern als auch den Architekten deutlich zu machen, mit welchen Materialien und Aufbauten die Planung durchgeführt wurde.

Eine Darstellung der exakten Werte der berechneten Nachhallzeit T_{Ist} kann zu haftungsrechtlichen Diskussionen führen, da aufgrund der getroffenen Annahmen bei der Berechnung wie auch der stets gegebenen Messungenauigkeit Abweichungen zwischen Planung und Messung im fertig gestellten Raum auftreten.

Für dieses Beispiel ist noch darauf hinzuweisen, dass zwar rechnerisch die Empfehlung für die Nachhallzeit nach DIN 18041 weitgehend erreicht wird, aber die Gefahr von Flatterechos zwischen den parallelen und reflektierenden Wänden besteht, da die Absorption fast ausschließlich auf eine Raumrichtung (Decke-Boden) beschränkt ist. Die Hinweise zur Positionierung der Absorber oder auch zu streuenden Elementen wie beispielsweise in Abbildung 5.4 dargestellt sind daher unbedingt zu beachten.

Überschlägige Abschätzung zur Nachhallzeit

Auftraggeber : Max Mustermann
Mustermannstraße 10
123456 Musterhausen

Objekt: Planungsbeispiel - Besprechungsraum

Akustikbüro Oldenburg

Dr. Christian Nocke
Katharinenstr. 10
26121 Oldenburg
www.akustikbuero-oldenburg.de

Raum: Besprechungsraum

Raumvolumen: 245 m³

empfohlene Nachhallzeit: T_{soll} = 0,75 s ± 20%, empfohlener Bereich bzw. Frequenzabhängigkeit siehe Grafik

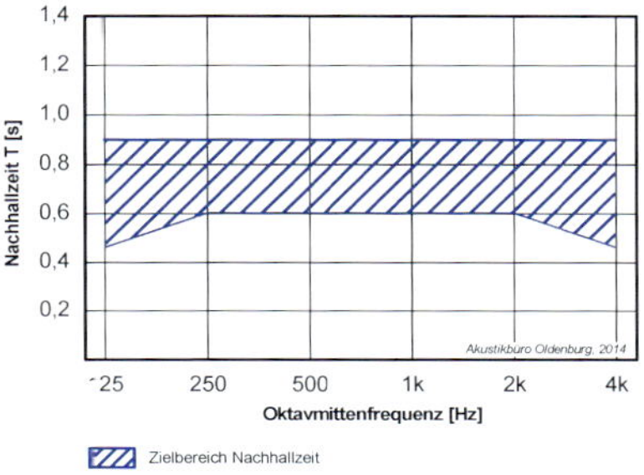

Annahmen zu Materialien im Raum nach aktuellem Planungsstand:

Material	**Menge**
Bodenbelag (Parkett)	ca.72 m²
Wand (hart)	ca.61 m²
Decke (GK - Lochdecke)	ca.52 m²
Decke (Wandfries)	ca.20 m²
Fenster (Isolierverglasung, Kasten- und Verbundfenster)	ca.51 m²
Tür, Holz, lackiert	ca.4 m²

Weiterhin wurde die Luftabsorption berücksichtigt.

Empfehlung zu weiteren Schallabsorbern:

Planungsbeispiel - Besprechungsraum	
Variante 1	62 m² (Bodenbelag) *Teppichboden, bis 6mm Florhöhe – niederflorig* 10 m² (Bodenbelag) *Parkettfußboden*

Datum: 01. Januar 2014 Bearbeiter: M. Sc. Ina Eilers

Abbildung 6.5 Zusammenfassung der Planung in Form eines Datenblatts zur Planung für das aufgezeigte Planungsbeispiel

6.4 Grenzen und Erweiterungen der klassischen Betrachtung

Die unter Ziffer 6.2 vorgestellte Nachhallformel nach Sabine beruht auf der Annahme eines diffusen Schallfeldes. Ein diffuses Schallfeld wäre im mathematischen Sinne dadurch gekennzeichnet, dass der Schall aus allen Richtungen (isotrop) in gleicher energetischer Stärke (homogen) auftritt. Es würde den Rahmen dieses Buches sprengen, die Diskussion des Begriffs »diffuses Schallfeld« weiterzuführen. Hier ist zur Vertiefung auf die raumakustische Literatur [26, 27, 87, 96, 106] zu verweisen.

Das »diffuse« Schallfeld kann als idealisierende Vorstellung der theoretischen Akustik eingestuft werden. Trotzdem wird in der Praxis der Raumakustik, aber auch der Bauakustik, sehr häufig die Annahme eines »diffusen« Schallfeldes verwendet. Im Folgenden werden einige Aspekte und Zusammenhänge angeführt, die die Grenzen dieser »diffusen« Schallfeldbetrachtung aufzeigen.

Tiefe Frequenzen

Sobald die Wellenlänge des Schalls und wenigstens eine der Raumabmessungen die gleiche Größenordnung haben, kann es zur Ausbildung von Raumresonanzen bzw. stehenden Wellen, auch Raummoden genannt, kommen. Diese treten bei den sogenannten Eigenfrequenzen des Raums auf. Für einen quaderförmigen Raum mit weitestgehend schallreflektierenden Wänden können diese Eigenfrequenzen, mit f_n abgekürzt, nach der folgenden Formel berechnet werden:

$$f_n = 170\sqrt{\left(\frac{n_1}{l_x}\right)^2 + \left(\frac{n_2}{l_y}\right)^2 + \left(\frac{n_3}{l_z}\right)^2} \qquad 6.6$$

n_1, n_2 und n_3 bezeichnen einen Zähler, auch Mode genannt, in die jeweilige Raumrichtung. l_x, l_y und l_z sind die Abmessungen des quaderförmigen Raums in m.

In Tabelle 6.4 sind für den im Beispiel unter Ziffer 6.3 vorgestellten Besprechungsraum, entsprechend einem Volumen von 245 m^3 (8,0 m × 9,0 m × 3,4 m), die ersten zehn Eigenfrequenzen mit den zugehörigen Moden aufgeführt. Die erste Modenfrequenz liegt bei 18,9 Hz. Immer wenn die Raumabmessung einer halben Wellenlänge bzw. einem Vielfachen davon entspricht, kommt es zur Ausbildung einer stehenden Welle im Raum. In diesem Beispiel gehört zur Mode (0,1,0) mit der niedrigsten Frequenz 18,9 Hz die halbe Wellenlänge der größten Raumabmessung von 9,0 m.

Eigenfrequenz f_n	Mode (n_1,n_2,n_3)
18,9 Hz (λ = 18,0 m)	(0,1,0)
21,3 Hz (λ = 16,0 m)	(1,0,0)
28,4 Hz (λ = 12,0 m)	(1,1,0)
37,8 Hz (λ = 9,0 m)	(0,2,0)
42,5 Hz (λ = 8,0 m)	(2,0,0)
43,3 Hz (λ = 7,8 m)	(2,2,0)
46,5 Hz (λ = 7,3 m)	(2,1,0)
50,0 Hz (λ = 6,8 m)	(0,0,1)
53,4 Hz (λ = 6,4 m)	(0,1,1)
54,3 Hz (λ = 6,3 m)	(1,0,1)

Tabelle 6.4 Die ersten zehn Eigenfrequenzen f_n, in Klammer die Wellenlänge λ, in einem Raum mit folgenden Abmessungen: $8{,}0\,\text{m} \times 9{,}0\,\text{m} \times 3{,}4\,\text{m}$

Für andere Raumformen kann die Bestimmung der Eigenfrequenzen in der Regel nicht analytisch erfolgen. Es ist allerdings eine weit verbreitete Fehlvorstellung, dass durch das leichte Schrägstellen einer Wand eine Raummode nicht mehr auftritt. Die Mode tritt ebenso deutlich hervor; sie ist lediglich nicht mehr so leicht zu berechnen.

Eine Betrachtung der Statistik der Raumresonanzen liefert ein Kriterium für das »diffuse« Schallfeld. Es kann gezeigt werden, dass die Anzahl der Eigenfrequenzen in einem Frequenzintervall (auch Eigenfrequenzdichte genannt) quadratisch mit der Frequenz anwächst. Praktisch bedeutet dies, dass gerade bei kleinen Räumen und tiefen Frequenzen mitunter recht wenige Eigenfrequenzen beispielsweise pro Terz oder auch pro Oktave vorkommen. Dies führt dazu, dass lediglich wenige Frequenzen das Schallfeld im Raum in diesem Frequenzbereich bestimmen.

Die Nachhallzeit T ist allgemein als die Zeitdauer definiert, die die Schallenergiedichte in einem Raum benötigt, bis sie auf den millionsten Teil ihres Anfangswerts abgefallen ist. Dies entspricht einer Abnahme des Schalldruckpegels um 60 dB (vgl. Abschnitt 4.2). Eine statistische Betrachtung der Energie im Raum unter Berücksichtigung der Anzahl der Eigenfrequenzen führt zum Begriff der Grenzfrequenz. Oberhalb der Grenzfrequenz sind ausreichend viele Eigenfrequenzen bzw. Raummoden vorhanden; das Schallfeld ist »diffus« und wird nicht mehr durch einzelne Moden geprägt.

Die Grenzfrequenz f_g hängt ab vom Raumvolumen V und der Nachhallzeit T, es gilt:

$$f_g = 2\,000\sqrt{\frac{T}{V}} \tag{6.7}$$

In Abbildung 6.6 ist die Grenzfrequenz für verschiedene Werte der Nachhallzeit T in Abhängigkeit vom Volumen dargestellt. Bei einem Raumvolumen von 250 m^3 liegt die Grenzfrequenz zwischen 90 Hz für eine Nachhallzeit von T = 0,5 s und 200 Hz für T = 2,5 s. Bei größeren Raumvolumina sinkt die Grenzfrequenz zu tieferen Werten.

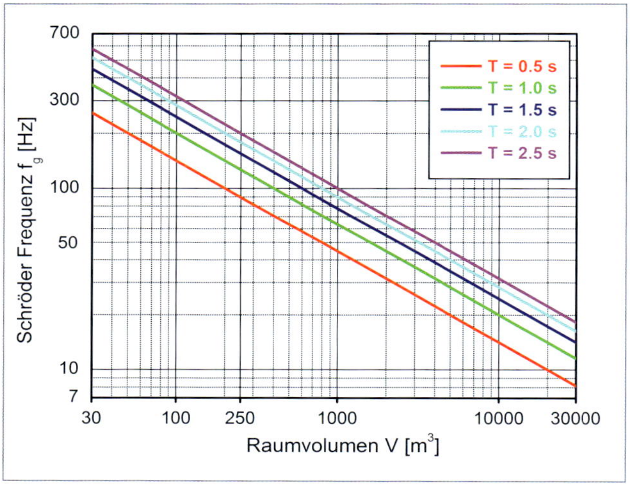

Abbildung 6.6 Abhängigkeit der Schröder-Frequenz f_g vom Volumen für verschiedene Werte der Nachhallzeit T

Für den erwähnten Raum mit einem Volumen von 245 m^3 und der Zielnachhallzeit von 0,75 s liegt die Grenzfrequenz bei 110 Hz. Demnach wäre erst ab der 125 Hz-Terz ein ausreichend diffuses Schallfeld vorhanden.

Die Gleichung 6.7 wird auch als »Großraumbedingung« bezeichnet. Erst oberhalb der Grenzfrequenz f_g ist die Raumgröße so, dass das Schallfeld im Raum hinreichend »diffus« ist. Zu Ehren von Manfred R. Schröder (1926–2009) wird die Grenzfrequenz auch als Schröder-Frequenz bezeichnet.

Hallradius

Die Idee des »diffusen« Schallfeldes ist ebenfalls dahingehend zu untersuchen, dass es in einem Raum immer einen Bereich in der Nähe einer Schallquelle gibt, in dem der Einfluss des Raums nicht wirkt bzw. die Reflexionen aus dem Raum noch nicht wirksam sind. Unter der Annahme einer Kugelschallquelle kann der Abstand in einem Raum berechnet werden, bis zu dem der Direktschall überwiegt. Die Entfernung von der Schallquelle, an der die Schallenergie bzw. die Schalldrücke von Direktschall und dem Pegel des »diffusen« Schallfeldes gleich sind, wird als Hallradius r_H bezeichnet. Der Hallradius hängt lediglich von der äquivalenten Absorptionsfläche A_{eq} im Raum ab und es gilt allgemein:

$$r_H = \sqrt{\frac{A_{eq}}{16\pi}} \qquad 6.8$$

Mit der invertierten Sabineschen Nachhallformel, Gleichung 6.2, folgt die in der Praxis angewandte Formel für den Hallradius:

$$r_H = 0{,}057\sqrt{\frac{V}{T}} \qquad 6.9$$

Der Hallradius ist häufig erstaunlich gering. In der Abbildung 6.7 ist der Hallradius für verschiedene Nachhallzeiten zwischen 0,5 s und 2,5 s in Abhängigkeit vom Raumvolumen dargestellt. Aus Abbildung 6.7 kann abgelesen werden, dass bei einem Raumvolumen von 250 m^3 und bei einer Nachhallzeit von 0,5 s der Hallradius bei einer Distanz von 1,27 m liegt. Je länger die Nachhallzeit, desto geringer der Hallradius. Selbst bei einem Raumvolumen von 1 000 m^3 liegt der Hallradius bei einer für dieses Volumen sehr kurzen Nachhallzeit von 0,5 s nur bei 2,5 m.

Für den erwähnten Besprechungsraum mit einem Volumen von 245 m^3 und der Zielnachhallzeit von 0,75 s liegt der Hallradius bei 1 m.

In der DIN EN ISO 17624 [46] werden neben der Formel für den Hallradius nach Gleichung 6.9 noch weitere Näherungen für den Hallradius bei anderen Raumbedingungen angegeben. Dies betrifft Räume mit vielen Streukörpern, Räume mit geringer Deckenhöhe oder aber lang gestreckte Räume.

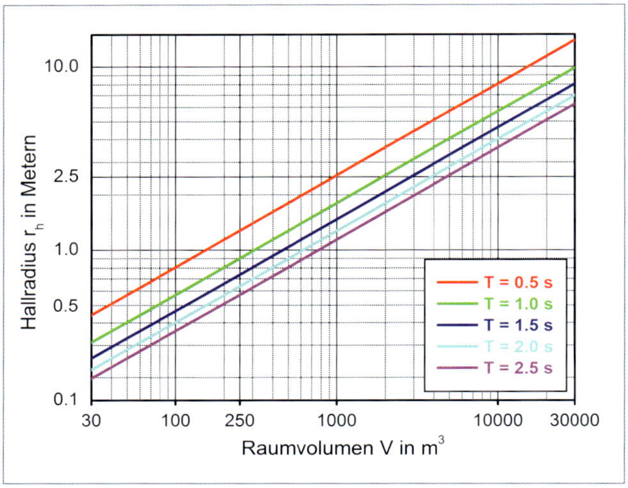

Abbildung 6.7 Hallradius in Abhängigkeit vom Volumen für verschiedene Werte der Nachhallzeit T

Weitere Nachhallformeln

Die theoretische Ableitung der Sabineschen Nachhallformel aus der Betrachtung des zeitlichen Verlaufs der Energiedichte in einem Raum [88, 96] führt zu Aussagen hinsichtlich der Gültigkeit der Gleichung. Es gilt allgemein:

$$T = \frac{24 \ln 10}{c} \frac{V}{A_{eq}} = \frac{55{,}26}{c} \frac{V}{A_{eq}} \tag{6.10}$$

mit der Schallgeschwindigkeit c. Streng genommen gilt der vielfach verwendete Faktor 0,163 bei einer Schallgeschwindigkeit von $c = 340$ m/s entsprechend einer Temperatur von 15 °C, siehe Gleichung 2.4. Bei der theoretischen Ableitung der Sabineschen Formel wird angenommen, dass die äquivalente Absorptionsfläche A_{eq} im Raum klein gegenüber der Summe aller Flächen im Raum ist und dass die Schallenergie im Lauf der Zeit, also bei der Schallausbreitung im Raum, kontinuierlich abnimmt. Eine allgemeinere Betrachtung mit einer nicht kontinuierlichen, sondern stufenweisen Abnahme bei jeder Reflexion im Raum sowie der Berücksichtigung der Dämpfung in der Luft führt zu folgender Formel für die Nachhallzeit:

$$T_{Eyr} = 0{,}163 \frac{V}{4 \times m\,V - S_{ges} \ln(1 - \bar{\alpha})} \tag{6.11}$$

Diese Gleichung wird als »Eyringsche Formel« bezeichnet und wurde im Jahr 1930 erstmalig publiziert [59]. $\bar{\alpha}$ beschreibt den Mittelwert des Absorptionsgrads über alle Flächen im Raum bei einer Frequenz. Wenn der flächengemittelte Absorptionsgrad $\bar{\alpha}$ sehr viel kleiner als 1 wird, d. h. $\bar{\alpha} \ll 1$, dann gilt näherungsweise $\ln(1 - \bar{\alpha}) \approx -\bar{\alpha}$. Die Eyringsche Formel geht damit in die Sabinesche Formel über. Häufig wird für die Gültigkeit der Sabineschen Nachhallformel angegeben, dass der mittlere Absorptionsgrad $\bar{\alpha} \leq 0{,}25$ sein soll [63].

Es existiert eine Reihe von weiteren Nachhallformeln, die jeweils Ergänzungen und Erweiterungen des Gültigkeitsbereichs der Sabineschen Nachhallformel darstellen. Erwähnung finden als Hinweis zur weiteren Vertiefung die Formeln von Millington [114], Sette [142], Fitzroy [65] oder auch Arau [6]. Für unregelmäßig geformte oder mit ungleichmäßiger Absorberverteilung ausgestattete Räume wird im Anhang D des Teils 6 der DIN EN 12354 [41] eine Erweiterung der Sabineschen Nachhallformel beschrieben, die zunächst zwischen den drei Raumrichtungen differenziert und anschließend zu einer Gesamt-Nachhallzeit führt. Hierbei wird ein Streukoeffizient eingeführt, der das Ergebnis der Berechnung beeinflusst. Es wird in der Norm allerdings auch darauf hingewiesen, dass »derzeit nur wenige Angaben zu diesem Koeffizienten zur Verfügung stehen«.

Mittlerer Absorptionsgrad

Eine im Bereich des Arbeitsschutzes verwendete Betrachtung der Raumakustik führt zu einer Vorgabe für den Mittelwert des flächen- und frequenzgemittelten Schallabsorptionsgrad $\bar{\alpha}$. Diese Materialkenngröße sollte nach den Technischen Regeln zur Lärm- und Vibrationsarbeitsschutzverordnung Teil 3: Lärmschutzmaßnahmen (kurz: TRLV Lärm 3) [150] mindestens einen Wert von 0,3 erreichen. Der Stand der Technik kann dann als eingehalten angesehen werden. In der TRLV Lärm 3 wird der arithmetische Mittelwert über die vier Oktaven von 500 Hz bis 4 000 Hz verwendet. Weiterhin wird von sechs Raumbegrenzungsflächen ausgegangen. Bei der Betrachtung der Raumakustik im Sinne der TRLV Lärm 3 sind zwei Mittelwertbildungen zu beachten. Zum einen wird ein Mittelwert über alle Flächen im Raum und zum anderen ein Mittelwert über einen bestimmten Frequenzbereich durchgeführt.

Inwieweit auch andere Flächen im Raum als Schallabsorber einbezogen werden können, wird nicht beschrieben. Es ist allerdings anzumerken, dass die Technischen Regeln zur Lärm- und Vibrations-Arbeitsschutzverordnung [89] nicht für extra-aurale Wirkungen von Lärm unterhalb eines äquivalenten Dauerschallpegels von 80 dB anzuwenden sind, siehe [149]. Somit ist lediglich ein kleiner Ausschnitt von besonders lauten Räumen im Alltag von diesen Vorgaben betroffen.

In diesem Abschnitt wird gezeigt, dass die Kennzeichnung eines Raums durch einen Materialkennwert wie den mittleren Schallabsorptionsgrad $\bar{\alpha}$ problematisch ist. Das Verhältnis von Raumvolumen V zur Gesamtoberfläche S_{ges} kann für die meisten Räume leicht berechnet werden, zumal wenn wie in der TRLV Lärm 3 angeführt nur von sechs Raumbegrenzungsflächen ausgegangen wird.

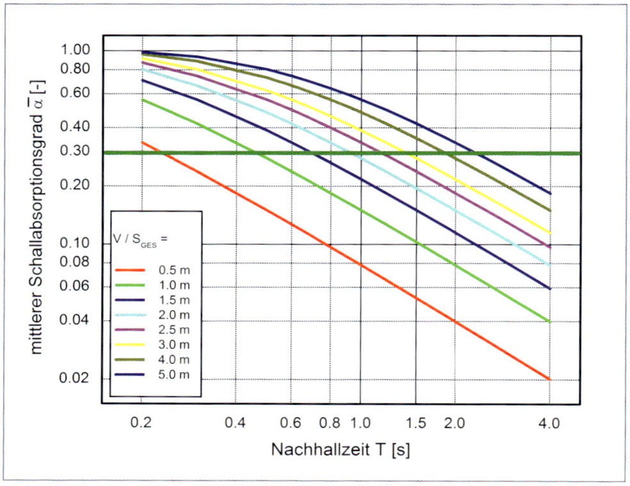

Abbildung 6.8 Mittlerer Absorptionsgrad $\bar{\alpha}$ in Abhängigkeit von der Nachhallzeit T für verschiedene Verhältnisse von Raumvolumen V zur Gesamtoberfläche des Raums S_{ges}

Unter der Annahme eines diffusen Schallfelds und der Gültigkeit der Eyringeschen Formel, siehe Gleichung 6.11, kann für verschiedene Verhältnisse von Raumvolumen zu Gesamtoberfläche S_{ges} im Raum die Nachhallzeit berechnet werden. In der Abbildung 6.8 ist der Zusammenhang zwischen dem mittleren Absorptionsgrad $\bar{\alpha}$ aller Raumbegrenzungsflächen und der Nachhallzeit T nach Eyring für verschiedene Verhältnisse von Raumvolumen V zur Gesamtoberfläche S_{ges} dargestellt. Ebenfalls markiert ist der Mindestwert von $\bar{\alpha} = 0{,}3$.

In den TRLV Lärm 3 wird zur Berechnung der Nachhallzeit aus dem mittleren Absorptionsgrad die Sabinesche Nachhallformel vorgeschlagen. Hier besteht ein Widerspruch, da einerseits ein Mindestwert von $\bar{\alpha} = 0,3$ beschrieben wird und andererseits hier die Sabinesche Formel streng genommen nicht mehr gilt. Die Vorgabe der TRLV Lärm 3 ist daher allein vor diesem Hintergrund als sehr überschlägig zu bewerten. Im Sinne der Lärmminderung und der Anwendungen, für die die TRLV-Regularien gelten, wird hinsichtlich des Arbeitsschutzes sicherlich mehr als ausreichend Absorption in die Räume eingebracht. Es stellt sich allerdings die Frage der Wirtschaftlichkeit einer solchen Überdimensionierung.

6.5 Schallpegel im Raum

Die Vorhersage des Schalldruckpegels in einem Raum ist ein häufig gewünschter Aspekt der raumakustischen Planung. Für Schallquellen mit einem klar definierten Emissions-Schallpegel kann diese Berechnung durchgeführt werden. Sobald jedoch von Menschen durch Kommunikation oder andere Tätigkeiten ausgelöste Geräusche zu berücksichtigen sind, ist eine exakte Vorhersage nicht mehr möglich, da bereits die Sprechlautstärke einer einzelnen Person starken Schwankungen unterliegt. Weiterhin reagiert der Mensch sehr empfindlich auf die akustischen Bedingungen in seiner Hörumwelt. Das Thema der verhaltensbezogenen Anpassung der Sprechlautstärke wird am Ende diese Abschnitts aufgegriffen.

Die von einem Menschen abgegebene Schallleistung hängt von vielen Faktoren und Einflüssen ab. Häufig wird zur Beschreibung der Schalldruckpegel in 1 m Abstand vom Mund des Sprechers verwendet. Dieser wird dann als A-bewerteter Schallpegel von Sprache oder kurz auch als Sprachpegel $L_{pA,1\,m}$ bezeichnet. In der Tabelle 6.5 sind verschiedene Werte des 1 m-Sprachpegels $L_{pA,1\,m}$ angeführt. Diese Tabelle ist ein Auszug der Tabelle 5.2.2 aus dem Buch von Lazarus und Kollegen [93]. Dort wird vertiefend ausgeführt, wie diese Beschreibung aus verschiedensten Untersuchungen abgeleitet wurde.

Unterschiede des Sprachpegels ergeben sich nicht nur durch die Sprechweise, sondern hängen auch vom Geschlecht, den Umgebungsgeräuschen und vielen weiteren Faktoren ab. Es ist beispielsweise zu beobachten, dass im privaten

Sprechweise	Sprachpegel	Quelle/Anmerkung
entspannt	$L_{pA,1\,m} = 54$ dB	DIN 18041, Tabelle D.1 EN ISO 9921, Tabelle A.1 VDI 2569 (1990), Tabelle 2
normal	$L_{pA,1\,m} = 60$ dB	DIN 18041, Tabelle D.1 EN ISO 9921, Tabelle A.1 VDI 2569 (1990), Tabelle 2
angehoben erhoben	$L_{pA,1\,m} = 66$ dB	DIN 18041, Tabelle D.1 EN ISO 9921, Tabelle A.1 VDI 2569 (1990), Tabelle 2
laut	$L_{pA,1\,m} = 72$ dB	DIN 18041, Tabelle D.1 EN ISO 9921, Tabelle A.1
sehr laut	$L_{pA,1\,m} = 78$ dB	EN ISO 9921, Tabelle A.1

Tabelle 6.5 Angaben zur Spachlautstärke $L_{pA,1\,m}$ verschiedenen Regelwerken

Bereich der Sprachpegel häufig um 6 dB niedriger ist als in öffentlichen Umgebungen. Der Sprachpegel von männlichen Sprechern liegt in der Regel um 2 bis 3 dB höher als von weiblichen. Mit der Sprechweise verschiebt sich mitunter auch der Schwerpunkt des Spektrums der Sprache. Bei lauter Sprache verschiebt sich das Spektrum zu höheren Frequenzen. Diese Liste von Einflussfaktoren auf den Sprachpegel und auch die Wechselwirkungen zwischen dem Sprachpegel und der Umgebung können hier nicht wiedergegeben werden. Hierzu ist auf das Buch von Lazarus [93] zu verweisen.

Um alle diese Einflussfaktoren bei Messungen und auch Prognosen zu minimieren, wird in der Regel von einer kugelförmig abstrahlenden Sprachschallquelle, siehe Abschnitt 2.1, ausgegangen. Weiterhin wurde in der DIN EN ISO 3382, Teil 3 [49] speziell für die Vergleichbarkeit von Großraumbüros ein normierter Sprachpegel eingeführt. Das zugehörige Spektrum ist in Abbildung 4.3 dargestellt. Verhaltensbezogene und auch für den Pegel relevante Faktoren lassen sich nicht prognostizieren. Eine Garantie, dass ein bestimmter Pegel in einem Raum, in dem sich Menschen aufhalten, eingehalten wird, ist daher nicht möglich.

Ist die Stärke einer oder auch mehrerer Schallquellen in einem Raum bekannt, so kann unter der Annahme eines diffusen Schallfeldes im Raum der Schallpegel im Diffusfeld des Raums $L_{p,diff}$ wie folgt berechnet werden:

$$L_{p,diff} = L_W - 10 \lg\left(\frac{A_{eq}}{4}\right) \text{ dB} \qquad 6.12$$

Hierbei bezeichnet L_W den Schallleistungspegel der Schallquelle(n) im Raum und A_{eq} die äquivalente Absorptionsfläche des Raums.

Die Schallausbreitung im Freifeld wird durch die Gleichung 2.3 beschrieben. Die Addition der Gleichungen 2.3 und 6.12 ergibt den Schalldruckpegel in Abhängigkeit vom Abstand r zur (Kugel-)Schallquelle in Räumen mit diffusem Schallfeld:

$$L_p(r) = L_W + 10 \lg\left(\frac{1}{4\,\pi\, r^2} + \frac{4}{A_{eq}}\right) \text{ dB} \qquad 6.13$$

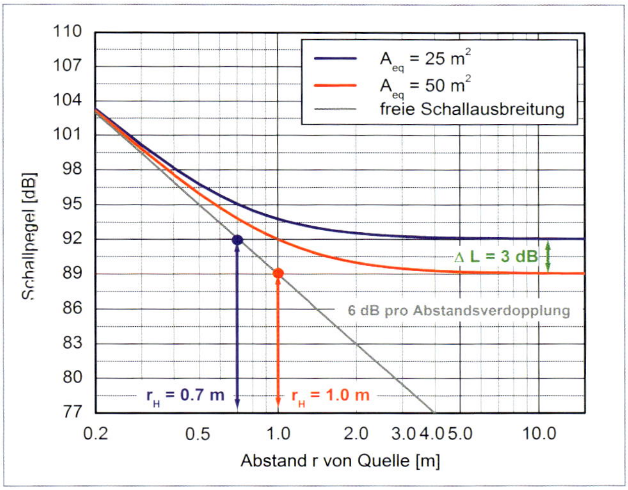

Abbildung 6.9 Pegel im Raum in Abhängigkeit vom Abstand zur Schallquelle für verschiedene Bedämpfungen des Raums; r_H ist der zugehörige Hallradius.

In Abbildung 6.9 ist der Schallpegel im Raum in Abhängigkeit vom Abstand r von der Quelle für zwei verschiedene Bedämpfungen des Raums, ausgedrückt durch die äquivalente Absorptionsfläche A_{eq} des Raums, dargestellt. Je stärker der Raum bedämpft ist, desto größer ist der Hallradius. Der Diffusfeld-Pegel ist umso niedriger, je stärker der Raum bedämpft ist. Die Minderung des

Schalldruckpegels ΔL bei einer Vergrößerung ΔA der äquivalenten Absorptionsfläche A_{eq} kann wie folgt berechnet werden:

$$\Delta L = \left(10 \log \frac{A_{eq} + \Delta A}{A_{eq}}\right) \text{dB} \qquad 6.14$$

Hierbei ist:

A_{eq}	äquivalente Schallabsorptionsfläche des unbehandelten Raums in m^2
ΔA	zusätzliche äquivalente Schallabsorptionsfläche in m^2
ΔL	die Minderung des Schalldruckpegels im Raum durch Einbringen der zusätzlichen Absorptionsfläche ΔA

Anhand der Gleichung 6.14 ist leicht zu erkennen, dass jeweils eine Verdopplung der äquivalenten Absorptionsfläche A_{eq} des Raums zu einer Abnahme des Diffusfeld-Pegels um 3 dB führt. Dies ist auch in Abbildung 6.9 skizziert.

Lombard-Effekt

Hinsichtlich des Schallpegels in Räumen bei Anwesenheit von miteinander kommunizierenden Menschen ist auf die Wechselwirkung zwischen der raumakustischen Qualität eines Raums und der subjektiven Sprechlautstärke hinzuweisen. Während in einem Konzertsaal oder Opernhaus die Regulierung der Lautstärke im Wesentlichen in den Händen des Dirigenten und der Musiker liegt, ist die Lautstärke in einem Restaurant, Klassenraum oder auch Büroraum eher das Ergebnis vieler und teilweise wenig kontrollierbarer Faktoren: Jeder Sprecher kontrolliert hier seine Sprechlautstärke in der Regel selbst. Dies erfolgt dadurch, dass der Sprecher sich selbst wahrnimmt, die eigene Sprache hört und aus dieser Rückmeldung über die Qualität des Gehörten dann die Sprechweise weitestgehend unbewusst anpasst. Étienne Lombard entdeckte, dass normal hörende Menschen, die über Kopfhörer mit Geräuschen beschallt wurden, die Sprechlautstärke von sich aus anheben. Personen, die einseitig schwerhörig waren, zeigten den Effekt auch dann, wenn lediglich das normal hörende Ohr beschallt wurde.

Als Lombard-Effekt wird die Beobachtung bezeichnet, dass ein Sprecher bei Störgeräuschen seine Sprechlautstärke und gelegentlich auch die Tonlage erhöht. Sofern viele Menschen gemeinsam in einem Raum kommunizieren, wie in einem Klassenraum, einem Mehrpersonenbüro, einem Callcenter oder anderen Räumen mit hohen Kommunikationsaktivitäten, kommt es dadurch zu einem gegenseitigen »Aufschaukeln« und einem deutlichen Anstieg der Gesamtlautstärke.

Eine ausführliche Übersicht zum Lombard-Effekt ist im Buch von Lazarus und Kollegen [93] zu finden. Dort wird angegeben, dass ab einem Störgeräusch von 40 – 50 dB der Sprechpegel um 0,3 – 0,6 dB pro 1 dB Anstieg des Geräuschpegels angehoben wird.

Der Lombard-Effekt wirkt sich umgekehrt bei Lärmminderungsmaßnahmen positiv aus. Eine angemessene Bedämpfung eines Raumes mindert den Störgeräuschpegel. Weiterhin wird die Sprachverständlichkeit verbessert. Insgesamt wird unbewusst leiser gesprochen. Die Gesamtlautstärke im Raum bei Anwesenheit auch vieler Personen ist geringer. Dies wird auch als inverser Lombard-Effekt oder »Caféhaus«-Effekt bezeichnet.

6.6 Schallabschirmung

Schallschirme dienen der Minderung des Direktschalls zwischen zwei Positionen und sind in einem Raum im Wesentlichen lokal, also auf kurze Distanzen, wirksam. Die Wirkung eines schallschirmenden Elements, wie einer Stellwand, eines Schranks oder eines anderen Möbels, wird durch die Abmessungen des Elements, aber auch durch die Position im Raum, bezogen auf die Schallquelle und den Hörort bzw. Empfangspunkt, bestimmt.

Die A-bewertete Einfügungs-Schalldruckpegeldifferenz D_{pA} eines Schirms ist nach DIN EN ISO 17624 [46] definiert als die Differenz zwischen den A-bewerteten Schalldruckpegeln in Oktav- oder Terzbandbreite ohne und mit Schirm an einem Messpunkt beim Betrieb einer oder auch mehrerer Schallquellen im Raum.

Die folgenden Effekte sind Ursache der Schallminderung eines Schirms:

- Unterbrechung des direkten Schallausbreitungsweges
- teilweise Entkopplung der Schallfelder auf beiden Seiten des Schirms
- Schallabsorption an der Schirmoberfläche.

Für die Unterbrechung oder auch Minderung der direkten Schallausbreitung ist ein Mindestmaß an Schalldämmung für den Aufbau des Schirmes notwendig. Häufig ist schon aus statischen Gründen eine entsprechend massive innere Schicht vorhanden. Schallschirme allein aus einem porösen Material können dagegen über zu geringe Werte der Direkt-Schalldämmung verfügen und sollten durch entsprechende Lagen eines massiven Materials verstärkt werden.

Bei der Kombination mehrerer Schirmelemente oder auch bei modular aufgebauten Schirmen ist die Abdichtung von Fugen wichtig, um die Wirksamkeit zu gewährleisten.

Das Freifeld-Abschirmmaß D_z des Schirms kann wie folgt berechnet werden:

$$D_z = 10 \log \left(3 + 40\frac{z}{\lambda}\right) \text{ dB} \qquad 6.15$$

Hierbei ist z die Weglängendifferenz in Meter zwischen dem längeren Ausbreitungsweg des Schalls um die geringst wirksame Beugungskante des Schirms und dem direkten Ausbreitungsweg und λ die Wellenlänge des Schalls in Meter der jeweils betrachteten Frequenz f. Bei dem Freifeld-Abschirmmaß D_z wird davon ausgegangen, dass keinerlei reflektierende Flächen in der Nähe des Schirms vorhanden sind. Bei reflektierenden Wänden in der Nähe des Schirms wird in der DIN EN ISO 17624 [46] das reduzierte Abschirmmaß $D_{z,r}$ angegeben, das nach

$$D_{z,r} = 10 \log \left(1 + 20\frac{z}{\lambda}\right) \text{ dB} \qquad 6.16$$

berechnet werden kann.

Das reduzierte Abschirmmaß $D_{z,r}$ ist umso größer,

- je größer die kleinste Abmessung des Schirms ist
- je dichter die Schallquelle an dem Schirm positioniert ist und
- je vollständiger die Schallquelle von dem Schirm umschlossen ist.

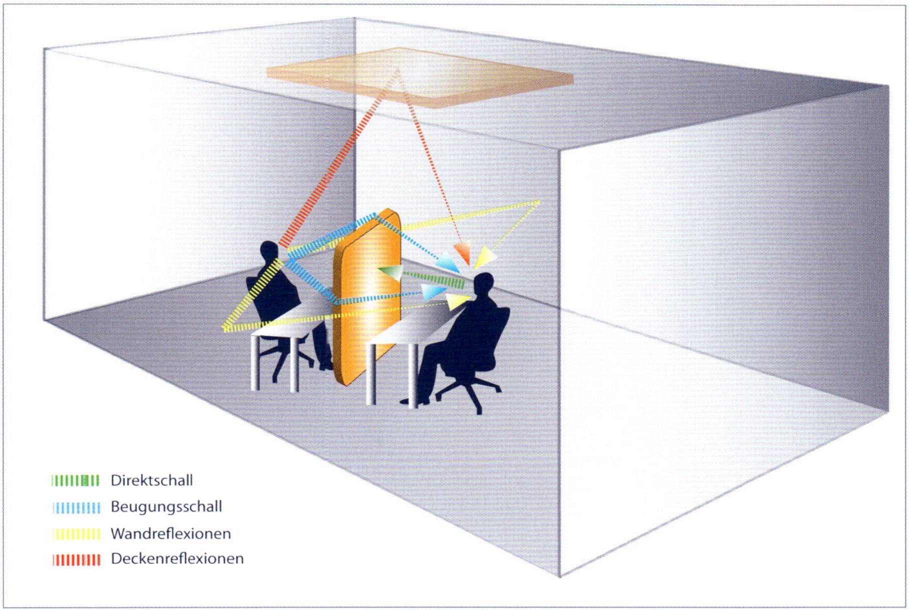

Abbildung 6.10 Verschiedene Schallausbreitungswege an einem Schallschirm im Raum

Sowohl Formgebung als auch die Schallabsorption der Schirmoberfläche sind für die Schirmwirkung lediglich von geringer Bedeutung. Für die Schirmwirkung ist allerdings relevant, ob sich der Schirm innerhalb des Hallradius einer Schallquelle befindet oder nicht. Die Wirkung eines Schallschirms bezieht sich auf die Minderung des Direktschalls einer Schallquelle. Die Schirmwirkung ist umso besser, je stärker der Direktschall im Vergleich zum Diffusschall im Raum ist. Dies bedeutet, dass sich der Schirm idealerweise dicht an der Quelle und in jedem Fall innerhalb des Hallradius befinden sollte. Für eine Kugelschallquelle in einem Raum mit diffusem Schallfeld ist der Hallradius durch Gleichung 6.9 gegeben.

In Abbildung 6.11 ist die Geometrie eines einfachen Schirms skizziert. Weiterhin ist das Freifeld-Abschirmmaß D_z sowie das reduzierte Abschirmmaß $D_{z,r}$ für die Oktavmittenfrequenzen von 125 Hz bis 4 kHz wie auch der Mittelwert der beiden Abschirmmaße im Bereich zwischen 250 Hz bis 1 kHz für diesen Aufbau in der Grafik dargestellt.

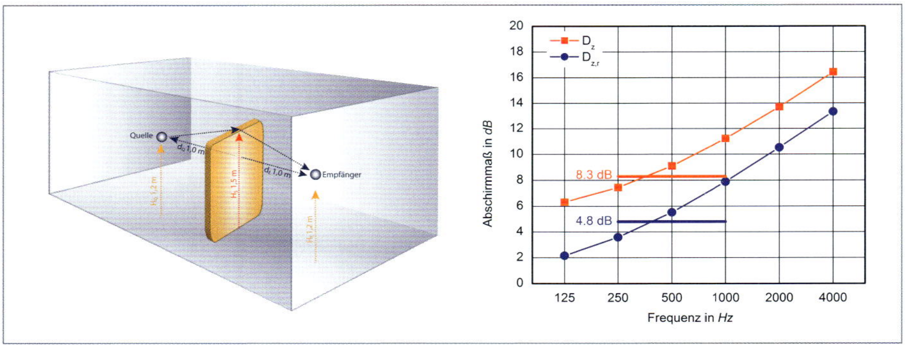

Abbildung 6.11 Skizze zum Aufbau sowie Rechenbeispiel für D_Z und $D_{Z,r}$ für einen Schirm mit $h_S = 1{,}5\,m$ bei einem Abstand der Quelle und des Empfängers vom Schirm von $d_Q = d_E = 1{,}0\,m$ und einer Quell- und Empfängerhöhe von $h_Q = h_E = 1{,}2\,m$

Die Werte des Freifeld-Abschirmmaßes D_Z als auch des reduzierten Abschirmmaßes $D_{Z,r}$ werden in einem Raum aufgrund der hier grundsätzlich vorhandenen Reflexionen in der Regel nicht erreicht. Die Wirkung des Schallschirms ist immer in Kombination mit der Schallausbreitung im Raum zu sehen. Für die Anwendung in einem Raum ist deshalb letztlich das Zusammenspiel aus Raumbedämpfung und Abschirmung die entscheidende Größe. Diese Gesamtwirkung eines Schallschirms im realen Einsatzfall wird durch die A-bewertete Einfügungs-Schalldruckpegeldifferenz D_{pA} beschrieben.

Verhältnis von Schirmhöhe h zu Raumhöhe H	Verhältnis Abstand Schallquelle zum Schirm s zu Raumhöhe H		
< 0,3	7 dB	4 dB	–
0,3 – 0,5	10 dB	7 dB	4 dB
> 0,5	–	9 dB	6 dB

Tabelle 6.6 Erfahrungswerte der Einfügungs-Schalldruckpegeldifferenz $D_{p,A}$ von Schallschirmen in flachen Arbeitsräumen nach [46]

Typische Werte für die Einfügungs-Schalldruckpegeldifferenz sind in der DIN EN ISO 17624 [46] aufgeführt und in Tabelle 6.6 wiedergegeben. Für andere Abstände und Raumkonstellationen kann das Abschirmmaß nach Gleichung 6.16 überschlägig abgeschätzt werden. Die Erfahrungswerte der Tabelle 6.6 sind anhand von 65 Messungen an 35 Schallschirmen empirisch ermittelt worden [85].

Durch Kurze/Nürnberger [86] wird für Schallschirme die folgende Formel für die Einfügungs-Schalldruckpegeldifferenz D_p angegeben:

$$D_p = D_E + 10 \log \left(\frac{1 + g}{10^{-R/10} + 10^{-D_{z,r}/10} + g\, 10^{-(\Delta L_A + \Delta L_K)}} \right) \text{dB} \qquad 6.17$$

Eine weitere Vertiefung und Diskussion dieser Formel soll dem Leser hier erspart bleiben, da einige der angeführten Größen, wie das Entkopplungmaß ΔL_K, bestenfalls abgeschätzt werden können. Bei der Kombination mehrerer Schirme oder aber auch verschiedener Schirmhöhen in einem Element ist auch mit dieser Formel keine verlässliche Vorhersage zu treffen. Ebenfalls ist anzumerken, dass lediglich die Pegeländerung durch den Einsatz eines Schallschirms betrachtet wird. Kenngrößen wie der Sprachverständlichkeitsindex STI werden dagegen nicht betrachtet.

Weiterführende Untersuchungen zur Wirkung von Schallschirmen beziehen sich in der Regel auf spezielle Anwendungsfälle. Exemplarische Messungen zum Zusammenhang von Pegelminderung, Sprachverständlichkeit und Schirmgröße bei verschiedenen Nachhallzeiten wurden für einen Hersteller von Büromöbeln durchgeführt [77]. In Abbildung 6.12 ist ein entsprechender Aufbau mit einem u-förmigen Schirm dargestellt. Einige der zugehörigen Messwerte sind in Tabelle 6.7 zusammengefasst.

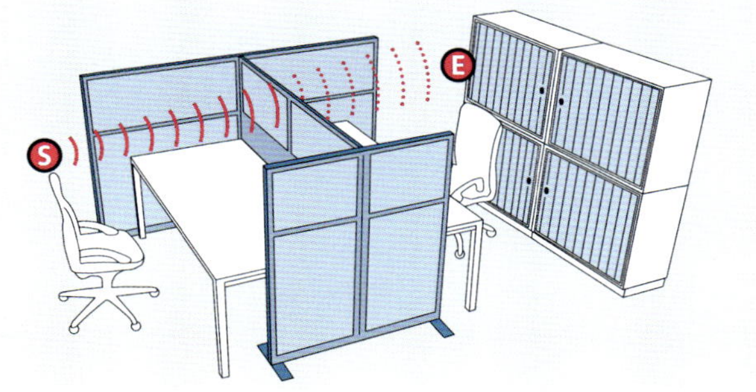

Abbildung 6.12 Skizze zur Messung der Schirmung für verschiedene Konstellationen [Quelle: Hund Büromöbel [77]]

Bei kurzer Nachhallzeit ist der Hallradius deutlich größer und entsprechend der Schirm effektiver. Gegenüber der Situation ohne Schallschirmung um den Arbeitsplatz herum werden A-bewertete Pegelminderungen zwischen 4,4 dB bei einer mittleren Nachhallzeit von T = 0,4 s und 5,4 dB bei T = 1,4 s und Abnahmen des STI-Werts zwischen 0,12 und 0,04 erzielt. Es bleibt letztlich weiteren Forschungen vorbehalten, den Zusammenhang von Sprachverständlichkeit, Pegelminderung und Abschirmung zu untersuchen.

Aufbau	mittlere Nachhallzeit T = 0,4 s Pegel	STI	T = 1,4 s Pegel	STI
ohne Schirm	83,4 dB	0,90	83,6 dB	0,80
Schirm wie in Abb. 6.12	78,0 dB	0,86	79,2 dB	0,68

Tabelle 6.7 Messwerte von STI und Pegel bei zwei exemplarischen Aufbauten für verschiedene Nachhallzeiten, Details siehe [77]

Letztlich wird in der der DIN EN ISO 17624 [46] zur Wirksamkeit von Schallschirmen unter realen Einsatzbedingungen auf die DIN EN ISO 11690, Teil 1 [52], verwiesen, wo unter Ziffer 7 die Behandlung von Lärmproblemen in Arbeitsstätten allgemein beschrieben wird. Zur Vorausberechnung der Schallausbreitung in Arbeitsräumen ist nach diesen Hinweisen die DIN EN ISO 11690, Teil 3 [53], anzuwenden, die allerdings auch keine konkreten Methoden und Vorgehensweisen definiert, sondern lediglich Hinweise zur Wahl des Vorgehens beschreibt. Neben den bereits angeführten Diffusfeld-Verfahren werden auch geometrische Verfahren thematisiert. Zu den geometrischen Verfahren zählen die Strahlverfolgungsansätze wie auch sogenannte Spiegelquellenverfahren. Diese werden im folgenden Abschnitt zu den rechnergestützten Verfahren vorgestellt.

6.7 Rechnergestützte Verfahren

Neben den klassischen analytischen Methoden zur Berechnung der Nachhallzeit oder auch weiterer raumakustischer Kenngrößen existieren seit geraumer Zeit verschiedene computergestützte Verfahren zur Modellierung der Schallausbreitung in Räumen. Diese raumakustischen Simulationsverfahren basieren auf verschiedenen numerischen Methoden, die im Rahmen dieses Buches nicht vertiefend dargestellt werden können. Hierzu siehe die entsprechende Fachliteratur [87, 88, 155, 157].

Eine Reihe von nicht-lokalen raumakustischen Kenngrößen, wie der STI-Wert, können in der Planung nur mit Hilfe entsprechender Rechenprogramme ermittelt werden. Allen raumakustischen Simulationsverfahren ist gemeinsam, dass zunächst ein dreidimensionales Raummodell benötigt wird.

Im Folgenden wird exemplarisch der Ablauf einer raumakustischen Simulationsrechnung am Beispiel eines Mehrpersonenbüros dargestellt.

Sofern aus der Architekturplanung dreidimensionale Raummodelle vorhanden sind, können diese in der Regel nicht übernommen werden, da zur raumakustischen Simulation deutlich vereinfachte Geometrien Verwendung finden. Eine automatisierte Geometrie-Vereinfachung architektonischer 3D-Modelle existiert bislang nicht. Daher ist der erste Schritt einer raumakustischen Simulation zunächst die Erstellung eines nach raumakustischen Gesichtspunkten vereinfachten Modells.

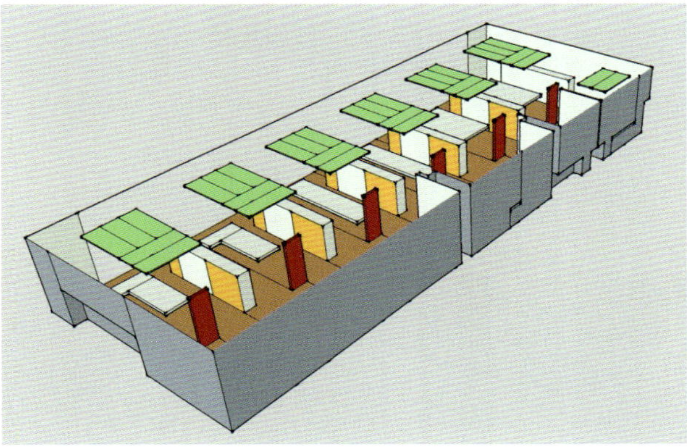

Abbildung 6.13 Nach akustischen Gesichtspunkten vereinfachtes Raummodell für ein Mehrpersonenbüro

Zur geometrischen Vereinfachung können kleinteilige Strukturen wie Tischbeine, Fensterrahmen oder ungepolsterte Stühle ignoriert werden. Aus akustischer Sicht sind Strukturen mit einer Abmessung von weniger als ca. 30 cm, ungefähr entsprechend der Wellenlänge bei 1 000 Hz in einer Richtung, vernachlässigbar. Abbildung 6.13 zeigt ein derartiges vereinfachtes 3D-Raummodell. Aus Gründen der Übersichtlichkeit ist die Deckenfläche ausgeblendet. Dargestellt sind allerdings die an der Decke abgehängten Absorberflächen (in grün). Die Farben der Darstellung haben keine weitere Bedeutung. Es ist anzumerken, dass es kein vereinheitlichtes oder gar normiertes Verfahren zur Erstellung derartiger Modelle gibt. Letztlich ist es der Kreativität und Erfahrung des planenden Raumakustikers überlassen, das Raummodell nach akustischen Gesichtspunkten zu gestalten.

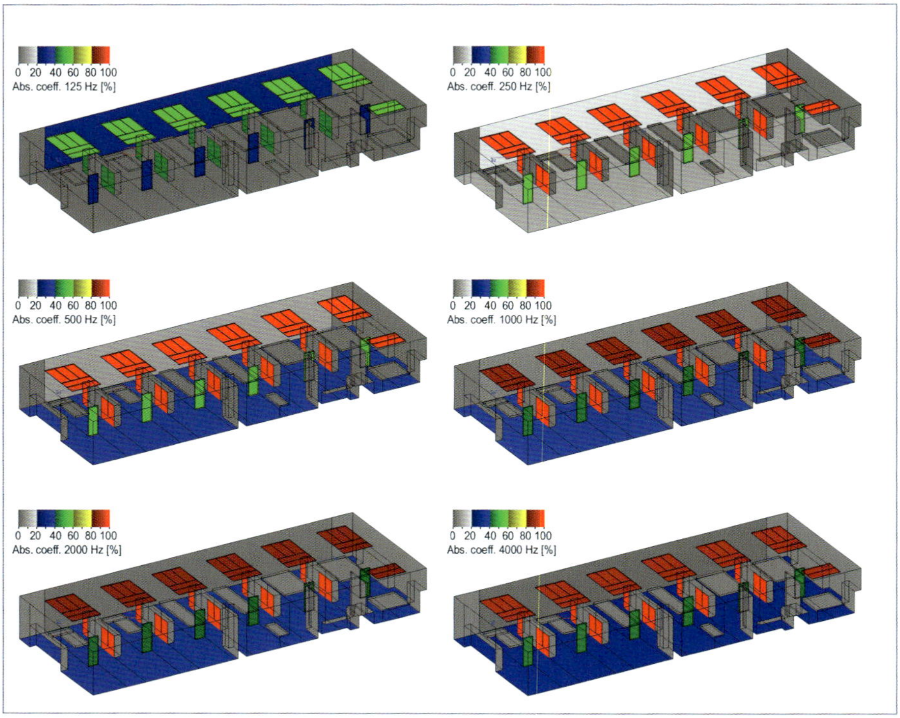

Abbildung 6.14 Akustisches Raummodell mit Darstellung des Absorptionsgrads für die sechs Oktaven; die Farben geben den Absorptionsgrad an.

Nachdem die vereinfachte Geometrie erstellt ist, sind den Flächen im Modell Werte für den frequenzabhängigen Absorptionsgrad α_S zuzuweisen. Dies erfolgt in der Regel in Oktavbandbreite zwischen 125 Hz und 4 kHz. Einige kommerzielle Programme betrachten einen größeren Frequenzbereich, wobei sich dann die Frage stellt, wie die notwendigen Absorptionswerte bestimmt werden sollen. In Abbildung 6.14 ist das Modell aus Abbildung 6.13 nach der Zuweisung der Absorptionswerte zu sehen. Entsprechend der Skala ist der jeweilige Absorptionswert der Flächen für die verschiedenen Oktaven farblich dargestellt.

Das derart vorbereitete Akustikmodell ermöglicht die Berechnung der Schallausbreitung im Raum. Hierzu kommen verschiedene Algorithmen zum Einsatz, die von den jeweiligen Herstellern der kommerziellen Simulationsprogramme nicht in allen Details offen gelegt werden. Neben der Spiegelquellenmethode werden Strahlverfolgungsalgorithmen und teilweise auch Finite-Elemente-Methoden verwendet.

Die Flächen des Modells werden durch den frequenzabhängigen Absorptionsgrad charakterisiert. Neben dem Absorptionsgrad ist bei den meisten der Programme auch ein frequenzabhängiger Streugrad für jede Fläche anzugeben. Hierzu liegen in der Regel keine Messwerte für die verwendeten Materialien vor, siehe auch Abschnitt 3.5.3 zur Messung des Streugrads. Es gibt allerdings Erfahrungswerte bzw. Empfehlungen, die sich in der Praxis in dem Sinne bewährt haben, dass die damit erzielten Rechenergebnisse aus dem 3D-Modell in guter Übereinstimmung mit entsprechenden Messungen sind.

Die Rechenmodelle stellen die Ergebnisse entweder für einzelne Empfangspunkte oder aber flächenhaft im Raum dar. In der Abbildung 6.15 ist exemplarisch die räumliche Verteilung des Schallpegels für die 1 kHz-Oktave dargestellt. Rastergröße und -höhe sind wie die Lage der Quelle im Raum oder auch vieler Quellen frei definierbar. Für die Quellen können dreidimensionale Richtcharakteristiken gewählt werden. Zahlreiche Lautsprecherhersteller stellen entsprechende Datensätze zur Verfügung, die bei der Planung von elektroakustischen Anlagen benötigt werden. Für raumakustische Berechnungen genügt es in der Regel, eine Kugelschallquelle zu verwenden.

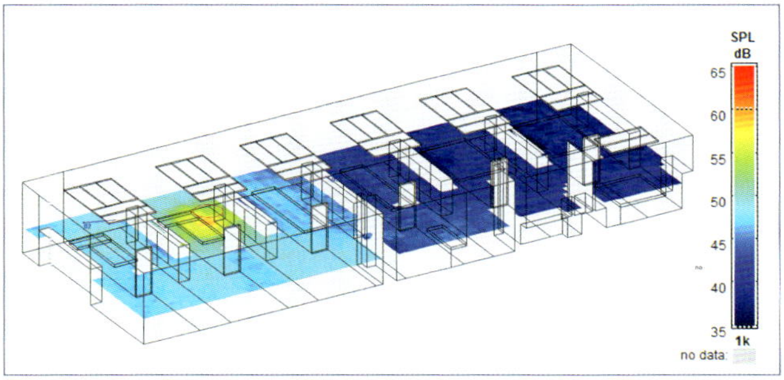

Abbildung 6.15 Berechnungsergebnis für den Schalldruckpegel im Raum bei 1 000 Hz

Neben dem Schalldruckpegel im Raum lassen sich auch weitere nicht-lokale Kenngrößen wie der STI-Wert berechnen und darstellen. Abbildung 6.16 zeigt für den exemplarisch gewählten Raum die räumliche Verteilung der Sprachverständlichkeit, ausgedrückt durch den STI. Zur Berechnung des STI ist eine Vorgabe zu dem im Raum herrschenden Geräuschpegel zu treffen.

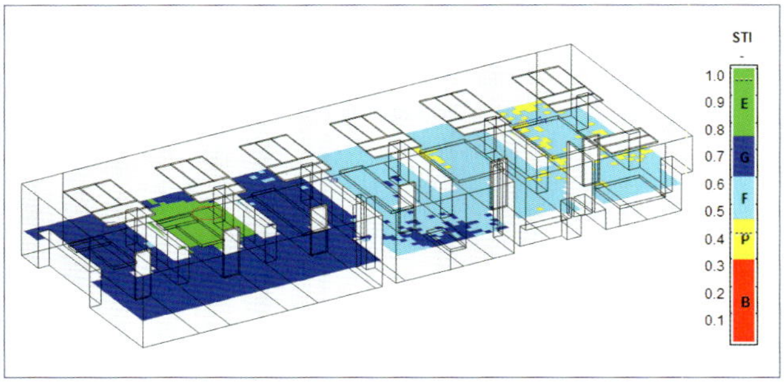

Abbildung 6.16 Berechnungsergebnis für den STI-Wert im Raum

Mit Hilfe eines raumakustischen Simulationsmodells können schnell verschiedene Materialvarianten, aber auch Änderungen der Geometrie, untersucht werden. Es entstehen allerdings schnell recht umfangreiche Datensätze, deren weitere Verwendung und Interpretation in der Regel entsprechenden Spezialisten vorbehalten bleiben.

Auralisation

Eine für akustische Laien anschauliche Darstellungsform besteht in der Hörbarmachung oder auch Auralisation der entsprechenden Rechenergebnisse. Die raumakustische Simulation mit Hilfe von Software ermöglicht neben der detaillierten Berechnung der Schallausbreitung in Räumen auch die Hörbarmachung bzw. Auralisation der akustischen Bedingungen in den Räumen. Hierzu wird für einzelne Empfangspunkte die Impulsantwort des Raums ausgehend von einer Quellposition berechnet. Wie in Abschnitt 4.2 dargestellt, umfasst die Impulsantwort neben dem Direktschall sämtliche Reflexionen.

Um einen möglichst realistischen Höreindruck zu erzeugen, werden binaurale Raumimpulsantworten (kurz BRIR = »binaural room impulse response«) berechnet. Weiterhin ermöglichen es einige der am Markt erhältlichen Programmpakete, auch die Übertragungseigenschaften sowohl des Wiedergabegeräts, wie Kopfhörer, Stereoanlage oder auch Surround-System, und auch des menschlichen Kopfes und Ohres zu berücksichtigen. Die Übertragungseigenschaften von Kopf und Ohr werden durch die HRTF (=»head related transfer function«) beschrieben, die für standardisierte Kunstköpfe zur Verfügung stehen, aber auch individualisiert angepasst werden können.

Abbildung 6.17 zeigt die Nachhallkurve in einem größeren Raum. Anhand der zugehörigen Hörbeispiele wird der Unterschied zwischen der kurzen, mittleren und langen Nachhallzeit deutlich. Die kurze Nachhallzeit (grüne Kurve) entspricht hierbei der vorgeschlagenen Raumakustikklasse A im Mehrpersonenbüro bzw. der Klasse A im Einzelbüro nach der aktuellen Diskussion zur Neufassung der VDI 2569 [153]. Die lange Nachhallzeit (rote Kurze) gibt eine Situation wieder, die in der Regel zu Beschwerden über die raumakustische Situation im Raum führt. Die mittlere Nachhallzeit (blaue Kurve) liegt mit Werten von knapp unter 1 s gerade unter dem Wert, der häufig zu Beschwerden führt. 8

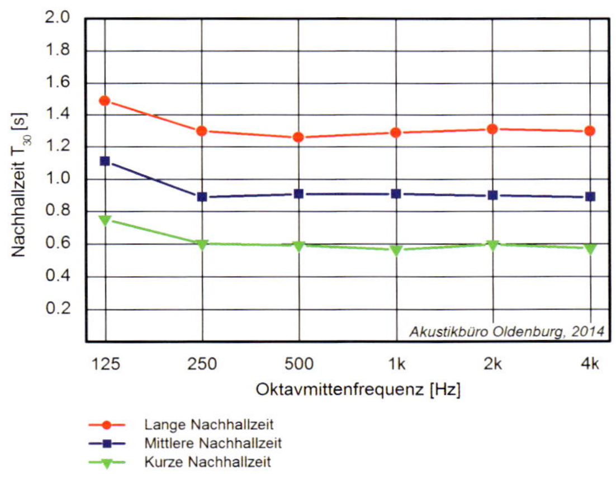

Abbildung 6.17 Verschiedene Nachhallkurven und Auralisation

In Abbildung 6.18 sind die Nachhallkurven zu drei weiteren Hörbeispielen grafisch dargestellt. Es handelt sich um Auralisationen, die in einem kleinen Raum für verschiedene Frequenzverläufe der Nachhallzeit, also Nachhallkurven, erstellt wurden. Die Nachhallkurve mit den höchsten Werten (rote Kurve) entspricht der Grundausstattung des Raums mit einer größeren Glasfläche sowie Möbeln als Tiefenabsorber. Durch das Einbringen eines textilen Bodenbelags wird die Nachhallzeit ab 500 Hz deutlich abgesenkt (grüne Kurve). Ein solches Maximum im mittleren Frequenzbereich ist typisch für viele modern 9 eingerichtete Büroräume mit einem hohen Verglasungsanteil in den Wänden (Absorption tiefer Frequenzen) und ansonsten hochfrequent wirksamen Absorbern wie Standard-Teppichböden. Durch eine abgehängte Decke oder auch eine Ertüchtigung der Möblierung durch akustisch wirksame Fronten kann die Nachhallkurve geglättet werden. Das Beispiel mit Nachhallwerten um 0,4 s ist als Übertreibung zu sehen, um den Effekt deutlich hörbar zu machen.

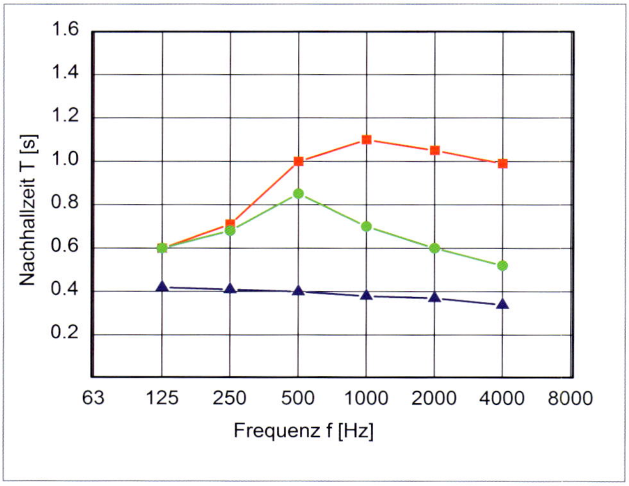

Abbildung 6.18 Verschiedene Nachhallkurven, Erläuterung im Text

10 Weitere Hörbeispiele demonstrieren den Einfluss unterschiedlich hoher Abschirmungen zwischen zwei Arbeitsplätzen bei verschiedenen Abständen zwischen Sender und Empfänger.

Sämtliche der in diesem Abschnitt vorgestellten Hörbeispiele beziehen sich auf eine unbewegte Sprecher- und Hörerposition. Aktuell erlauben es einige der Programme auch bewegte Szenarien, in der Regel mit bewegten Hörpositionen, zu auralisieren. Der rechentechnische Aufwand solcher Modellierungen ist durchaus mit dem von in der Architektur vermehrt durchgeführten Visualisierungen und Renderings zu vergleichen. Es bleibt abzuwarten, wie sich hier die virtuellen Welten des Hörens und Sehens annähern werden.

6.8 Raumakustik und HOAI

In der aktuellen Honorarordnung für Architekten und Ingenieure [76] (kurz: HOAI 2013) werden in der Anlage 1 zu den Beratungsleistungen im Bereich der Bauphysik unter Ziffer 1.2 die Bereiche Wärmeschutz und Energiebilanzierung, Bauakustik (Schallschutz) und Raumakustik aufgeführt. Die Ziffern 1.2.2 bis 1.2.5 definieren dann genauer, welche Leistungen, Honorarzonen und auch Objekte zur Raumakustik beachtet werden können.

Nach Ziffer 1.2.2 der HOAI 2013 können die Grundleistungen der Bauphysik, also auch der raumakustischen Planung und Überwachung, die folgenden sieben Leistungsphasen umfassen:

1. Grundlagenermittlung
2. Mitwirken bei der Vorplanung
3. Mitwirken bei der Entwurfsplanung
4. Mitwirken bei der Genehmigungsplanung
5. Mitwirken bei der Ausführungsplanung
6. Mitwirken bei der Vorbereitung der Vergabe
7. Mitwirken bei der Vergabe.

Weiterhin werden die Leistungsphase 8 zur Objektüberwachung und Dokumentation wie auch die Leistungsphase 9 zur Objektbetreuung angeführt, für die allerdings keine Honorarvorschläge gegeben werden.

Die Leistungsphasen der HOAI 2013 bedeuten eine Änderung gegenüber der vorherigen Fassung der HOAI aus dem Jahr 2009. Nach Ziffer 1.3.5 der HOAI 2009 konnte die raumakustische Planung und Überwachung lediglich fünf Leistungsphasen umfassen:

1. Erarbeiten des raumakustischen Planungskonzepts, Festlegen der raumakustischen Anforderungen
2. Erarbeiten des raumakustischen Entwurfs
3. Mitwirken bei der Ausführungsplanung
4. Mitwirken bei der Vorbereitung der Vergabe und bei der Vergabe
5. Mitwirken bei der Überwachung raumakustisch wichtiger Ausführungsarbeiten.

Die Überwachung raumakustisch wichtiger Ausführungsarbeiten ist offenbar in der HOAI 2013 nicht mehr vorgesehen. Dafür werden die vorausgehenden verschiedenen Phasen feiner untergliedert.

Auch die unter Ziffer 1.3.4 der HOAI 2009 angeführten Aspekte, dass neben der raumakustischen Planung und Überwachung auch akustische Messungen, Modelluntersuchungen und auch die Beratung bei der Planung elektroakustischer Anlagen zu den Leistungen zur Raumakustik gehören können, sind mit der Neufassung der HOAI 2013 entfallen.

Die HOAI 2013 führt ebenfalls nicht mehr an, dass Leistungen für die Raumakustik erbracht werden können, um »Räume mit besonderen Anforderungen an die Raumakustik durch Mitwirkung bei Formgebung, Materialauswahl und Ausstattung ihrem Verwendungszweck akustisch anzupassen« [76]. Die HOAI 2013 führt unter Ziffer 1.2.1, Absatz (4), lediglich aus, dass »die Raumakustik die Beratung zu Räumen mit besonderen raumakustischen Anforderungen umfassen kann«. Was hierunter zu verstehen ist, erschließt sich teilweise aus den Zuordnungen verschiedener Raumtypen zu den insgesamt fünf Honorarzonen, die in der Tabelle 6.8 wiedergegeben werden.

Neben einem Vorschlag zur Ermittlung des Honorars werden fünf Honorarzonen beschrieben. Es werden dazu fünf Bewertungsmerkmale zur Zuordnung (siehe Ziffer 1.2.5 (6), HOAI 2013) aufgeführt. Neben einer allgemeinen Anforderung an die Nachhallzeit und deren Einhaltung wird auch das Einhalten eines bestimmten Frequenzganges der Nachhallzeit angeführt. Weiterhin folgen dann als Merkmale die Anforderungen an die räumliche und zeitliche Schallverteilung, die akustische Nutzungsart des Raums sowie eine Veränderbarkeit der akustischen Eigenschaften des Raums.

Es bleibt dem Anwender der HOAI überlassen, die Zuordnung der verschiedenen Raumtypen zu den Honorarzonen zu treffen. In der Tabelle 6.8 sind die fünf Honorarzonen mit einer kurzen Beschreibung zu den Anforderungen sowie der Zuordnung zu der Objektliste nach Ziffer 1.2.5, Absatz (7), der HOAI dargestellt.

Die Art und Weise der raumakustischen Planung und Überwachung bleibt naturgemäß dem Planer überlassen.

	Objekte nach Ziffer 1.2.5 (7) HOAI
Honorarzone I (sehr geringe Planungsanforderungen)	Pausenhallen, Spielhallen, Liege- und Wandelhallen
Honorarzone II (geringe Planungsanforderungen)	Unterrichts-, Vortrags- und Sitzungsräume bis 500 m^3, nicht teilbare Sporthallen bis 1 000 m^3, Filmtheater und Kirchen bis 1 000m^3, Großraumbüros
Honorarzone III (durchschnittliche Planungsanforderungen)	Unterrichts-, Vortrags- und Sitzungsräume über 500 bis 1500 m^3, Filmtheater und Kirchen über 1 000 bis 3 000 m^3, teilbare Turn- und Sporthallen bis 3 000 m^3
Honorarzone IV (überdurchschnittliche Planungsanforderungen)	Unterrichts-, Vortrags- und Sitzungsräume über 1500 m^3, Mehrzweckhallen bis 3 000 m^3, Filmtheater und Kirchen über 3 000 m^3
Honorarzone V (sehr hohe Planungsanforderungen)	Konzertsäle, Theater, Opernhäuser, Mehrzweckhallen über 3 000 m^3, Tonaufnahmeräume, Innenräume mit veränderlichen akustischen Eigenschaften, akustische Messräume

Tabelle 6.8 Honorarzonen nach Ziffer 1.2.5 (7) HOAI 2013

Es sei angemerkt, dass ein Alltagsraum wie eine Schulmensa, die auch zu Theateraufführungen oder gar Konzerten genutzt werden soll, durchaus einen beträchtlichen Planungsaufwand erfordern kann. Ferner sind auch Räume wie Großraumbüros im Sinne der einschlägigen Vorgaben durchaus mit höherem Planungsaufwand als von der HOAI vorgesehen verbunden. Andere wichtige Aspekte wie Schallabschirmung oder Wechselwirkungen mit anderen Planungen, z. B. der raumlufttechnischen Anlagen, sind in der HOAI bestenfalls angedeutet.

Inwieweit die Einteilung der HOAI 2013 die heutige Planungs- und Baupraxis angemessen beschreibt, kann an dieser Stelle nicht vertieft werden. Häufig ist zu beobachten, dass die Raumakustik im Planungsablauf bei der Errichtung von Gebäuden gar nicht berücksichtigt wird.

7 Beispiele aus der Praxis

In diesem Kapitel werden einige Planungen von Räumen beispielhaft erläutert. Es werden verschiedene Räume in unterschiedlichen Gebäudetypen dargestellt. Es handelt sich dabei sowohl um Neuplanungen als auch um bestehende Räume mit akustisch ungünstigen Bedingungen, die auf Grundlage einer Messung optimiert wurden.

In einigen der dargestellten Räume, die raumakustisch unzureichende Bedingungen zeigten, konnten sowohl Messungen im bestehenden Zustand vor der Optimierung als auch nach der Optimierung durchgeführt werden. Anhand dieser Beispiele wird gezeigt, wie genau entsprechende Planungen auf Grundlage einer Messung sind.

Das planerische Vorgehen sowohl für Neubauten als auch für Optimierungen wird am Beispiel von Klassenräumen, Büros, einer Kantine, einer Gaststätte sowie einer Pausenhalle beschrieben.

Diese Beispiele dienen dazu, einen Einblick in die Vorgehensweise bei der raumakustischen Planung zu geben. Die häufig gestellte Frage, wie denn ein idealer Raum oder sogar der beste Raum ausgestattet werden muss, kann allein aus raumakustischer Sicht nicht beantwortet werden. Auch in diesem Sinne sind die folgenden Beispiele als exemplarische Ergebnisse einer mit vielen anderen Aspekten abgestimmten Planung zu sehen. Die Beispiele wurde sowohl hinsichtlich der Räume als auch der gewählten Materialien anonymisiert.

Sämtliche Beispiele entstammen realen Beratungsprojekten im Akustikbüro des Autors. Bei den Beispielen wird im Rahmen dieses Buchs auf eine produkt- und herstellerneutrale Darstellung geachtet. In der Beratungspraxis erfolgen die Planungen bzw. Berechnungen anhand von tatsächlichen Produktdaten. Die Auswahl der Produkte erfolgt in der Regel im Vorfeld der Planung mit den beteiligten Architekten bzw. dem Bauherrn.

7.1 Klassenräume – Neuplanung und Optimierung

Bei der raumakustischen Planung von Klassenräumen stellt sich heutzutage die Frage, welches Anforderungsniveau angestrebt werden soll. Nachfolgend werden die Ergebnisse für eine Neuplanung eines Klassenraums mit den Anforderungen der Nutzungsart »Unterricht« der aktuellen DIN 18041 vorgestellt und diskutiert. Weiterhin wird eine zweite Planung für einen Klassenraum mit den Anforderungen für inklusiven Unterricht beschrieben. Bei beiden Vorhaben wird davon ausgegangen, dass die Decke weitestgehend nicht mit schallabsorbierenden Aufbauten belegt werden kann, da aus Richtung der thermischen Bauphysik die Anforderung besteht, die Deckenflächen aus Beton als Wärmespeicher zu nutzen. Als energetische Anforderung wird von dem »Passivhaus-Standard« ausgegangen.

Klassenräume – Neuplanung Beispiel 1

Als ersten Beispiel wird ein Klassenraum mit regulären Anforderungen nach der Nutzungsart »Unterricht« der DIN 18041 betrachtet. Der Raum verfügt bei Abmessungen von 6,4 m × 10,0 m × 3,2 m über ein Volumen von 204 m^3. Hiernach folgt nach Gleichung 5.3 eine Soll-Nachhallzeit $T_{\text{SOLL, Unterricht}}$ von 0,55 s (gerundet auf ein Vielfaches von 0,05). Der anzustrebende Bereich für die Frequenzabhängigkeit der Nachhallzeit nach Abbildung 5.2 ist in der Grafik in Abbildung 7.1 blau schraffiert eingetragen.

In Abbildung 7.1 ist das Ergebnis der Planung zusammenfassend beschrieben. In der oberen Tabelle sind die Annahmen bzw. Vorgaben zu den Materialien sowie den zugehörigen Flächengrößen dargestellt. In der zweiten Tabelle werden Empfehlungen für Schallabsorber in dem Raum mit kurzen Hinweisen zu deren Positionierung ausgesprochen. Diese Zusammenstellung von schallabsorbierenden Materialien ist das Ergebnis einer Abstimmung mit der Bauherrschaft sowie den planenden Architekten.

Die Berechnung erfolgt wie in den Tabellen 6.2 und 6.3 ausführlich dargelegt. Das Ergebnis der Berechnung ist grafisch im Vergleich mit dem Zielbereich der Nachhallzeit dargestellt. Zu erkennen ist, dass es bei 125 Hz zu einer leichten Überschreitung des Zielbereichs der Nachhallzeit kommt.

Überschlägige Abschätzung zur Nachhallzeit	Akustikbüro Oldenburg
Objekt: Schule Neuplanung, Passivhaus - Standard	Dr. Christian Nocke Katharinenstr. 10 26121 Oldenburg www.akustikbuero-oldenburg.de

Raum: Klassenraum

Raumvolumen: 204 m^3

empfohlene Nachhallzeit: $T_{soll,Unterricht}$ = 0,55 s ± 20%, empfohlener Bereich bzw. Frequenzabhängigkeit siehe Grafik

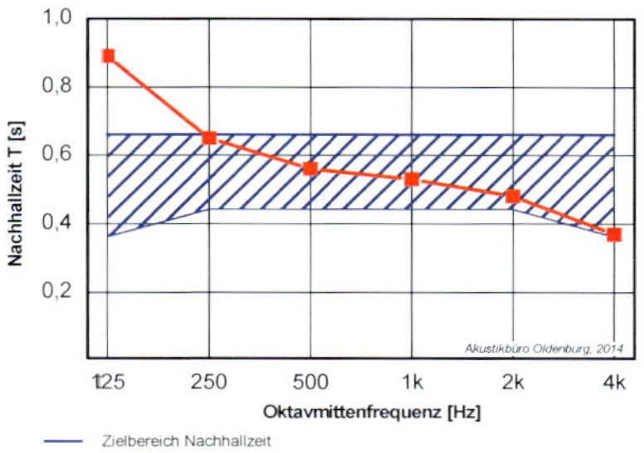

Annahmen zu Materialien im Raum nach Planungsstand:

Material	Menge
Bodenbelag (Linoleum)	ca.63 m²
Wand (hart)	ca.49 m²
Decke (hart) – Beton - Kernaktiviert	ca.63 m²
Fenster (Isolierverglasung, Kasten- und Verbundfenster)	ca.23 m²
Tür, Holz, lackiert	ca.10 m²

Weiterhin wurde die Luftabsorption, sowie die Anwesenheit von Schülern (80 % Belegung) berücksichtigt.

Empfehlung zu Schallabsorbern:

Klassenraum, empfohlene Nachhallzeit $T_{SOLL,Unterricht}$ = 0,55 s	
Materialien	12 m²(Wände) *Glaswollplatte,* Dicke 40 mm, direkt montiert zzgl. 24 m² (Wand – Tafel- und Rückseite) *magnesitgebundene Holzwollplatte,* Dicke 25 mm, Wandabstand 100 mm, Mineralwolle 100 mm (Typ DP-5 (50 kg/m^3)) zzgl. 5 Stück (Anzahl) (Decke) *Deckensegel Glaswollplatte (2.400x1.200mm),* 200 mm Abhängung

Hinweise / Kommentar:

1) Die Empfehlung führt dazu, dass die mittlere Nachhallzeit zwischen 125 Hz und 4000 Hz im empfohlenen Bereich liegt. Gleichwohl ergibt sich ein verbleibender leichter Anstieg der Nachhallzeit zu tiefen Frequenzen, was aus raumakustischer Sicht jedoch akzeptabel ist.

Datum: 01.Januar 2014 Bearbeiter: M. Sc. Ina Eilers

Abbildung 7.1 Zusammenfassung der Planung für einen kleinen Klassenraum in einer Schule ohne Inklusion und Passivhausstandard

Die Decke konnte nach den Forderungen der thermischen Bauphysik komplett als Betonfläche mit fünf untergehängten Absorber-Elementen (»Akustiksegel«) ausgeführt werden. Entsprechend sind größere Wandflächen schallabsorbierend vorzusehen.

In einer ausführlicheren Dokumentation wäre es möglich und sinnvoll, dass die verwendeten Absorptionsgrade der jeweiligen Materialien aufgeführt werden. Anhand der Angaben in dem in Abbildung 7.1 dargestellten Dokument kann die durchgeführte Berechnung jedoch grob nachvollzogen werden. Die Darstellung der Berechnungsgrundlagen wie auch des Ergebnisses in Abbildung 7.1 ist aus diesem Grund mit »Überschlägige Abschätzung zur Nachhallzeit« überschrieben.

Klassenräume – Neuplanung Beispiel 2

Im zweiten Beispiel wird ein Klassenraum betrachtet, der den Hinweis der aktuellen DIN 18041 aufgreift, dass für Personen mit einem Bedürfnis nach erhöhter Sprachverständlichkeit die Nachhallzeit um bis zu 20 % in den Oktavbändern zwischen 250 Hz und 2 000 Hz abgesenkt wird. Im Folgenden wird von einer Absenkung um 20 % ausgegangen, die als $T_{SOLL,Inklusion}$ bezeichnet wurde (Abschnitt 5.2.1).

Bei Abmessungen von 8,4 m × 7,3 m × 3,0 m ergibt sich ein Raumvolumen von $V = 183\,m^3$. Auf ein Vielfaches von 0,05 gerundet ergibt sich die Soll-Nachhallzeit nach Gleichung 5.6 zu $T_{SOLL,Inklusion} = 0{,}45\,s$. Der im Sprachbereich von 250 Hz und 2 000 Hz abgesenkte Zielbereich der Nachhallzeit ist in der Grafik in Abbildung 7.2 dargestellt.

Analog zu dem unter Ziffer 6.3 beschriebenen Rechengang ergibt sich bei Verwendung der beschriebenen Materialien und zugehörigen Flächengrößen die zu erwartende Nachhallkurve aus der Grafik. In diesem Beispiel sind zwei Planungsvarianten mit verschiedenen Schallabsorberaufbauten dargestellt. Beide Varianten sind aus raumakustischer Sicht gleichwertig, auch wenn es rein rechnerisch zu geringen Differenzen zwischen den beiden Nachhallkurven kommt. Aus Sicht der thermischen Bauphysik wurde zunächst der Wunsch geäußert, dass ungefähr die Hälfte der Deckenfläche, hier also gut $30\,m^2$, als Wärme-Speichermasse aus Beton herzustellen sei. Im Rahmen der intensiven Abstimmung mit den Architekten konnte dieser nicht-schallabsorbierende Deckenanteil auf gut 20 % reduziert werden.

Überschlägige Abschätzung zur Nachhallzeit	Akustikbüro Oldenburg
Objekt: Schule Neuplanung Passivhaus-Standard	Dr. Christian Nocke Katharinenstr. 10 26121 Oldenburg www.akustikbuero-oldenburg.de

Raum: Klassenraum

Raumvolumen: 183 m³

empfohlene Nachhallzeit: $T_{soll\_Inklusion}$ = 0,45 s ± 20%, empfohlener Bereich bzw. Frequenzabhängigkeit siehe Grafik

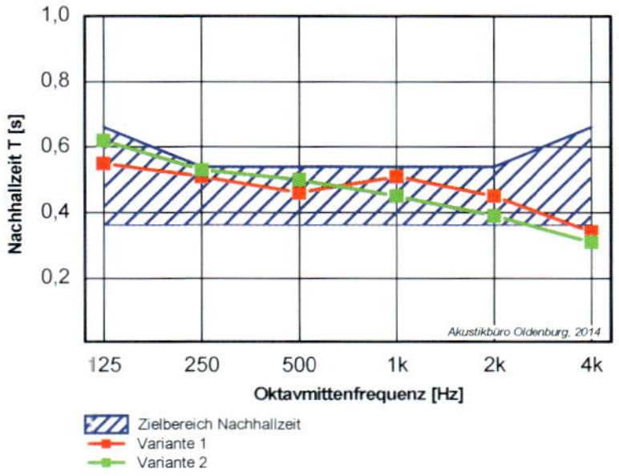

Annahmen zu Materialien im Raum nach Planungsstand:

Material	**Menge**
Bodenbelag (Linoleum)	ca.61 m²
Wand (hart)	ca.58 m²
Decke (hart) – Beton - Kernaktiviert	ca.61 m²
Fenster (Isolierverglasung, Kasten- und Verbundfenster)	ca.22 m²
Tür, Holz, lackiert	ca.4 m²

Weiterhin wurde die Luftabsorption, sowie die Anwesenheit von Schülern (80 % Belegung) berücksichtigt.

Empfehlung zu Schallabsorbern:

Klassenraum, empfohlene Nachhallzeit $T_{soll\_Inklusion}$ = 0,45 s	
Variante 1	50 m² (Decke) *magnesitgebundene Holzwollplatte,* Dicke 35 mm, Abhängung 265 mm, 40 mm Mineralwolle zzgl. 15 m² (Wände) *magnesitgebundene Holzwollplatte,* Dicke 25 mm, Abstand 30 mm, 30 mm Mineralwolle
Variante 2	48 m² (Decke) *Mineralwoll-Perlite- Platten,* Dicke 19 mm, Abhängung 300 mm zzgl. 13 m² (Wände) *Steinwollplatten,* Dicke 80 mm, direkt montiert

Hinweise / Kommentar:

1) Die Varianten 1 und 2 führen dazu, dass die mittlere Nachhallzeit zwischen 125 Hz und 4000 Hz im empfohlenen Bereich liegt. Gleichwohl ergibt sich bei allen Varianten ein verbleibender leichter Anstieg der Nachhallzeit zu tiefen Frequenzen, was aus raumakustischer Sicht jedoch akzeptabel ist.

Datum: 01. Januar 2014 Bearbeiter: M. Sc. Ina Eilers

Abbildung 7.2 Zusammenfassung der Planung für einen Klassenraum in einer Schule mit Inklusion und Passivhausstandard

Klassenräume – Optimierung

Im Rahmens eines Forschungsprojekts wurden Klassenräumen einer Grundschule akustisch optimiert. Vor und nach der Änderung der Räume wurden die Schülerinnen und Schüler zur subjektiven Wahrnehmung der Raumakustik befragt. Die ausführliche Dokumentation dieser Untersuchungen ist im Tagungsband zum 9. Oldenburger Symposium zur Psychologischen Akustik zu finden [137]. Im Folgenden wird das Vorgehen zur raumakustischen Optimierung der Klassenräume beschrieben.

Der hier vorgestellte Raum verfügt bei einer Grundfläche von 65 m² und einer Raumhöhe von 3,5 m über ein Volumen von $V = 230\,m^3$. Aufgrund von Hinweisen auf eine raumakustisch ungünstige Situation wurde die frequenzabhängige Nachhallzeit gemessen. Das Ergebnis ist in der Abbildung 7.3 dargestellt. Weiterhin ist der Zielbereich um die Soll-Nachhallzeit $T_{SOLL,\,Unterricht} = 0{,}60\,s$ im Vergleich mit dem Messergebnis vor und nach der Optimierung sowie dem Ergebnis der raumakustischen Planung eingetragen.

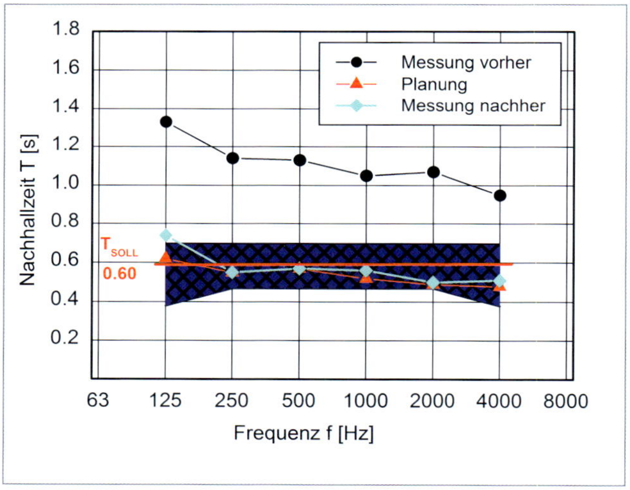

Abbildung 7.3 Zielbereich der Nachhallzeit für den Wert $T_{SOLL} = 0{,}60\,s$ im Vergleich mit der Messung vor und nach der Optimierung sowie dem Ergebnis der Planung

Der Mittelwert der Nachhallzeit im Sprachbereich (250 Hz bis 2 000 Hz) lag vor der Optimierung bei einem Wert von 1,10 s und nachher bei 0,55 s. Um diese Absenkung der Nachhallzeit zu erreichen, wurden in den Raum eine vollflächige schallabsorbierende Decke mit einer Abhängehöhe von 300 mm und dazu eine Fläche von 14 m^2 mit 80 mm starken Steinwoll-Platten in den oberen Wandbereichen eingebracht. Im Vergleich zwischen den Werten der Planung und den nach der Optimierung gemessenen Nachhallwerten in den Oktaven zeigt sich lediglich bei 125 Hz eine nennenswerte Abweichung.

In Abbildung 7.4 ist die Situation des Raums ohne Akustikmaßnahmen an der Decke und den Wänden gezeigt. Die schallabsorbierende Bekleidung an der Decke und in den oberen Wandbereichen ist in Abbildung 7.5 zu erkennen.

Abbildung 7.4 Klassenraum vor der Optimierung ohne Schallabsorber an Decke und Wänden

Abbildung 7.5 Klassenraum nach der Optimierung mit vollflächiger Akustikdecke sowie Teilbelegung in den oberen Wandbereichen

7.2 Büros – Neuplanung und Optimierung

Einzelbüro – Optimierung

In diesem Abschnitt wird die Optimierung eines Einzelbüros anhand einer Messung erläutert. Zunächst mag es erstaunen, dass in einem Einzelbüro die raumakustischen Bedingungen als so störend und belästigend empfunden werden, dass ein Akustiker zu einer Messung und Beratung hinzugezogen wird. Anhand des Messergebnisses in dem 26 m^2 großen und 2,75 m hohen Raum wurde allerdings schnell klar, dass die subjektiven Beschwerden mehr als berechtigt waren.

In Abbildung 7.6 ist ein Foto des Raums zu sehen. Neben einem Teppichboden sind keinerlei schallabsorbierende Materialien vorhanden. Eine glatte Gipskartondecke sowie geputzte Wände, akustisch weitgehend unwirksame Rollos und eine akustisch ebenfalls nicht wirksame Möblierung führen zu der in Abbildung 7.7 gezeigten Nachhallkurve.

Abbildung 7.6 Foto des Einzelbüros vor der Optimierung

Der Mittelwert der Nachhallzeit liegt im für Sprache wichtigen Frequenzbereich zwischen 250 Hz und 2 000 Hz bei einem Wert von T = 0,91 s. Die subjektiv unangenehme Wahrnehmung in dem Raum wird durch den sehr ungleichmäßigen Verlauf der Nachhallkurve ausgelöst. Das Maximum von T = 1,61 s wird bei 160 Hz erreicht, während oberhalb einer Frequenz von 2 000 Hz sogar der Wert der oberen Grenze des Zielbereichs von 0,60 s eingehalten wird.

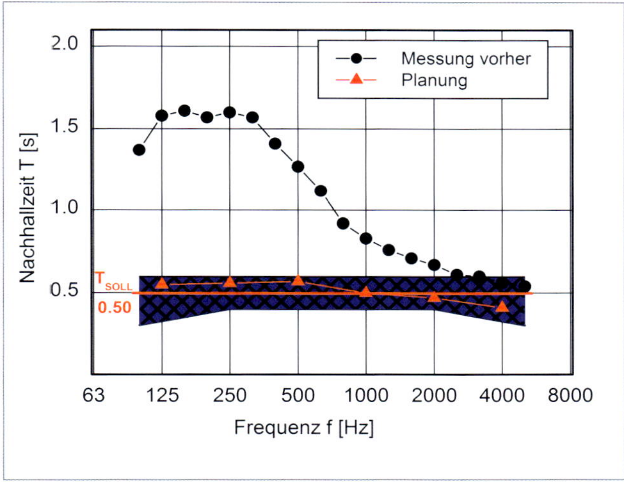

Abbildung 7.7 Zielbereich der Nachhallzeit für den Wert T_{SOLL} = 0,60 s im Vergleich mit der Messung vor und nach der Optimierung sowie dem Ergebnis der Planung

Der Soll-Wert der Nachhallzeit wurde in Anlehnung an die DIN 18041 festgelegt, da neben der Nutzung als Einzelbüro auch regelmäßig Besprechungen mit mehreren Personen in dem Raum durchgeführt werden. Als reines Einzelbüro wäre der maximale Wert der Nachhallzeit von $T_{max} \leq 0{,}60$ s anzusetzen, um den Raum der Klasse A zuordnen zu können, siehe Abschnitt 5.2.2.

Zur Optimierung des Raums wurden speziell im tieffrequenten Bereich wirksame Schallabsorber benötigt. Insgesamt wurde mit einer Fläche von 25 m^2 zusätzliche Schallabsorber gerechnet. Davon waren 5 m^2 als im mittleren Frequenzbereich wirksame Rollos im Austausch gegen die vorhandenen Rollos sowie 20 m^2 als Resonanz-Absorber für tiefe Frequenzen vorgesehen. Das Ergebnis der Planung ist in Abbildung 7.6 dargestellt und zeigt ein vollständiges Erreichen des Zielbereichs der Nachhallzeit.

Eine Messung konnte nach Durchführung der vorgeschlagenen Maßnahme nicht durchgeführt werden. Dies ist aus Sicht eines Akustikers leider häufig der Fall, aber darin begründet, dass bei dem Erreichen einer subjektiv guten Akustik kein Bedarf nach einem objektiven Nachweis mehr besteht.

Großraumbüro – Neuplanung

Mit diesem Beispiel soll die Planung eines Großraumbüros entsprechend der im Abschnitt 5.2.2 vorgeschlagenen Klassifizierung aus der Diskussion zur Neufassung der VDI 2569 [153] dargestellt werden. Der Raum verfügt über eine Grundfläche von ca. 320 m² und eine Höhe von 3,4 m. Das Volumen beträgt damit ca. 1 088 m³. Im Folgenden wird dargestellt, welche Maßnahmen vorzusehen sind, um den Raum gemäß der Klasse B oder auch der Klasse A einzurichten.

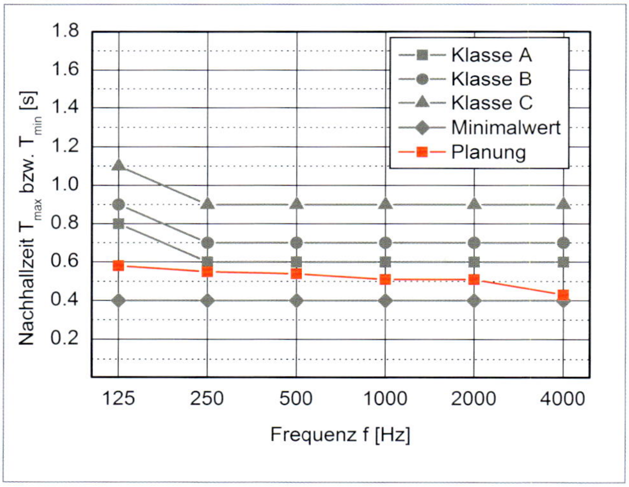

Abbildung 7.8 Zielbereich der Nachhallzeit für den Wert T_{max} gemäß dem Ergebnis der Planung

Wie bei allen anderen raumakustischen Planungen ist auch im Großraumbüro zunächst die Nachhallzeit einzustellen. In Abbildung 7.8 ist die im Raum zu erwartende Nachhallzeit im Vergleich mit den Raumakustikklassen A, B und C nach Abschnitt 5.2.2 dargestellt. Als Schallabsorber wurde eine schallabsorbierende Decke aus gelochtem Gipskarton sowie ein perforierter Hohlraumboden jeweils auf der gesamten Fläche verwendet. Die Bedämpfung des Raums stellt somit in diesem Beispiel kein Problem dar. Allein durch die Schallabsorber an Decke und Boden ist ausreichend Absorption im Raum vorhanden, um die Raumakustikklasse A nach Abschnitt 5.2.2 zu erreichen. Die Hinweise zur Positionierung der Schallabsorber sind zu beachten. Insbesondere ist bei parellel ausgerichteten und gut reflektierenden Wänden die Möglichkeiten von Flatterechos zu beachten.

Um eine umfassende Klassifizierung im Sinne des Abschnitts 5.2.2 in der Planung zu erreichen, ist ein Prognose der Schallausbreitung im Großraumbüro anhand eines dreidimensionalen Raummodells notwendig. Wie unter Ziffer 6.7 beschrieben wird ein vereinfachtes Geometriemodell des Raums erstellt. Eine direkte Übernahme von eventuell vorhandenen dreidimensionalen Architekturmodellen ist in der Regel aufgrund des deutlich höheren Detaillierungsgrads nicht sinnvoll. In diesem Akustikmodell können dann verschiedene schallschirmende und gegebenenfalls auch schallabsorbierende Elemente in den Raum eingebracht werden. Eine Untersuchung verschiedener Ausstattungsvarianten ist, sobald das Modell besteht, leicht möglich.

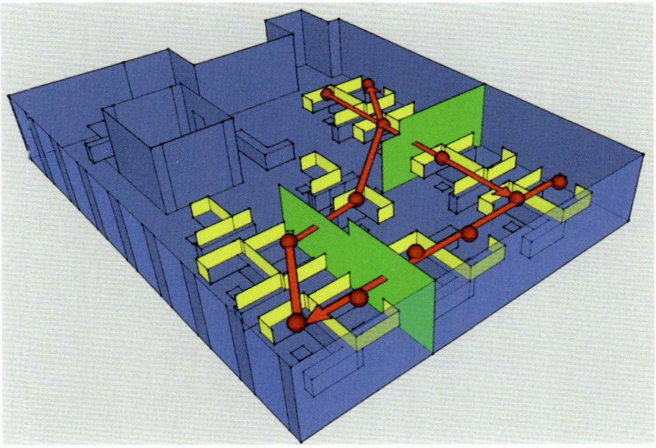

Abbildung 7.9 Dreidimensionale Darstellung des Großraumbüros mit Schirmen und Darstellung der Messwege, Erläuterung siehe Text

Abbildung 7.9 zeigt verschiedene Abschirmungen wie auch die zur Ermittlung der Stufen der Schallausbreitung verwendeten Messwege. Die Messwege sind als rote Pfeile dargestellt, die zwischen den mit roten Kugeln gekennzeichneten Arbeitsplätzen verlaufen. Insgesamt sind drei Messwege verwendet worden, um die Stufe der Schallausbreitung zu bestimmen. Auf diesen Messwegen wurde jeweils die Abklingrate $D_{2,S}$ und der Pegel $L_{p,A,S,4m}$ nach DIN EN ISO 3382, Teil 3, rechnerisch ermittelt.

Die sehr umfangreichen Ergebnisse der Planung mit dem dreidimensionalen Raummodell können an dieser Stelle nicht dargestellt werden. Es kann zusammenfassend festgestellt werden, dass für eine Klassifizierung in die Klasse A nach Abschnitt 5.2.2 sowohl die in Abbildung 7.9 gelb dargestellten Tischaufsätze wie auch die grün dargestellten Abschirmungen notwendig sind. Die grün dargestellten Elemente sind teilweise raumhoch und in anderen Bereichen 2,7 m hoch. Die Klasse B wir hingegen allein durch die 0,7 m hohen schallschirmenden Tischaufsätze erreicht. Ohne die raumteilenden Elemente und Tischaufsätze ist dieser Raum nicht klassifiziert.

7.3 Kantine – Optimierung

Ein ehemaliges Nebengebäude einer Produktionsstätte wurde zu einer Kantine umgenutzt. Hierbei wurde neben einigen Fenstern auch ein neues Dach eingebaut. Der umgebaute Raum verfügt mit einem Fliesenbelag, den verputzten Wänden, der Verglasung sowie einer glatten und unperforierten Sandwich-Metalldecke über nahezu keine schallabsorbierenden Einbauten. Nach Inbetriebnahme kam es zu Beschwerden über eine zu hohe Lautstärke im Kantinenbetrieb und eine unzureichende Verständlichkeit von Sprache bei Betriebsversammlungen, die gelegentlich in dem Raum abgehalten werden. In der Abbildung 7.10 ist ein Bild der Kantine vor der raumakustischen Maßnahme zu sehen.

Bei einer Grundfläche von 278 m^2 und einer durchschnittlichen Raumhöhe von 4,5 m ergibt sich ein Raumvolumen von 1 250 m^3. Durch eine Messung der Nachhallzeit wurde die raumakustische Situation in dem Raum erfasst. Das Ergebnis der Messung ist in Abbildung 7.11 dargestellt. Mit Werten zwischen 1,67 s bei 8 000 Hz und 2,87 s bei 500 Hz ist die Nachhallzeit deutlich zu lang. Der Mittelwert der Nachhallzeit lag im für Sprache wichtigen Frequenzbereich zwischen 250 Hz und 2 000 Hz bei gut 2,7 s.

Abbildung 7.10 Kantine vor der Optimierung mit schallharter Decke aus Metall

Im Hinblick auf die gelegentliche Nutzung für Sprachvorträge bei den Betriebsversammlungen wurde eine Nachhallzeit von $T_{SOLL,\ Sprache} = 1{,}00\,s$ empfohlen. Der sich daraus ergebende Toleranzbereich ist ebenfalls in Abbildung 7.11 als schraffierte Fläche zu erkennen.

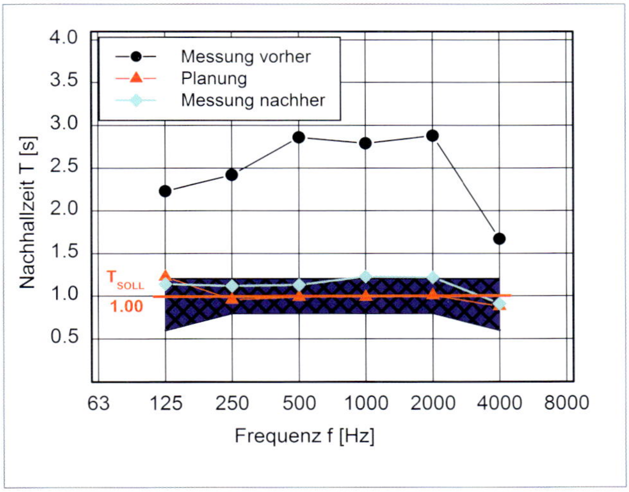

Abbildung 7.11 Zielbereich der Nachhallzeit für den Wert $T_{SOLL} = 1{,}00\,s$ im Vergleich mit der Messung vor und nach der Optimierung sowie dem Ergebnis der Planung

Im Rahmen der raumakustischen Planung wurde erörtert, welche Möglichkeiten zur Einbringung von absorbierenden Flächen bestehen. Aufgrund der Fenster sowie weiterer Einbauten waren Wandflächen nur kleinteilig durch schallabsorbierende Aufbauten zu belegen. Dies wurde aufgrund des damit verbundenen Aufwands verworfen. Anhand der sehr langen Nachhallwerte war frühzeitig absehbar, dass eine äquivalente Absorptionsfläche von mindestens $150\,m^2$ in den Raum einzubringen war.

Als Ergebnis der Abstimmung wurde eine $230\,m^2$ große Absorberfläche an der Decke montiert. Es wurde ein geschichteter Aufbau bestehend aus Mineralwolle und einer feinkörnigen Putzbeschichtung gewählt. Der mittle Absorptionsgrad bzw. NRC-Wert dieses Aufbaus liegt bei 0,60. Die gesamte Aufbaustärke liegt bei 70 mm. In Abbildung 7.12 ist eine Aufnahme der Decke nach der Optimierungsmaßnahme wiedergegeben. Der optische Gesamteindruck konnte durch das verwendete Material weitgehend erhalten werden.

Abbildung 7.12 Kantine nach der Optimierung mit schallabsorbierender Decke mit Akustikputz-System

Im Vergleich zwischen dem Ergebnis der raumakustischen Planung und der Messung im fertiggestellten Raum ist eine Abweichung zu erkennen. Der vorausberechnete Wert wird in einzelnen Oktaven um bis zu 0,2 s überschritten. Die Ursache für diese Überschreitung wurde nicht weiter analysiert, hängt aber erfahrungsgemäß damit zusammen, dass die Schallabsorption nur in einer Raumrichtung (Decke – Boden) in den Raum eingebracht wurde. Auch wenn aufgrund der Strukturierung der Wandflächen durch Fenster und andere Einbauten kein Flatterecho in dem Raum wahrnehmbar war, steht diese Art der Positionierung streng genommen nicht im Einklang mit den Annahmen der zur Berechnung verwendeten Sabineschen Nachhallformel.

7.4 Restaurant – Optimierung

In vielen Restaurants und Gaststätten kommt es zu Beschwerden über unzureichende raumakustische Bedingungen. Häufig ist ein Mangel an schallabsorbierenden Flächen hier der Auslöser für eine schlechte Akustik. Der resultierende lange Nachhall verringert die Sprachverständlichkeit, was durch ein Anheben der Sprechlautstärke unbewusst kompensiert wird und zu einem unangenehm hohen Lautstärkepegel führt.

In diesem Beispiel wird der Gastraum eines klassischen Speiselokals vorgestellt, in dem sich die Gäste regelmäßig über eine »schlechte Akustik« und zu hohe Lautstärken beschwerten. Zur objektiven Erfassung der Situation wurde eine Messung der Nachhallzeit durchgeführt.

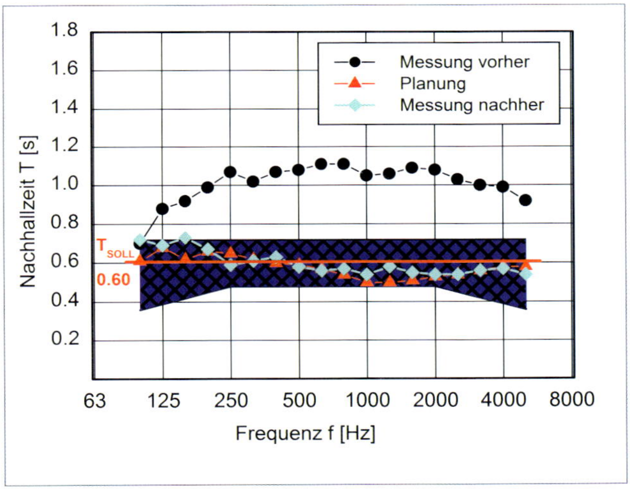

Abbildung 7.13 Gemessene Nachhallzeit im Gastraum vor und nach der Optimierung im Vergleich mit dem Zielbereich und der Prognose der Nachhallzeit

Bei einer Grundfläche von 90 m^2 und einer durchschnittlichen Raumhöhe von 3,15 m ergibt sich ein Raumvolumen von 284 m^3. Auch hier ist die Frage nach der optimalen Nachhallzeit nach verschiedenen Gesichtspunkten abzuwägen. In der Tabelle 6 der aktuellen DIN 18041, siehe Tabelle 5.2, ergibt sich nach der dritten Zeile (Speisegaststätten, Speiseräume) ein Nachhallwert von ungefähr 0,8 s. Schon dieser Wert wird von der gemessenen Nachhallkurve klar überschritten. Im Sinne der Lärmminderung wie auch der stark kommunikativen Nutzung wurde ein Soll-Wert von $T_{SOLL} = 0,6$ s gewählt. Der zugehörige

Zielbereich ist in Abbildung 7.13 im Vergleich mit der gemessenen Nachhallkurve dargestellt.

Die maximale Nachhallzeit ist bei 800 Hz mit einem Wert von 1,1 s zu verzeichnen. Zwischen 250 Hz und 2 000 Hz, also im gesamten für Sprache wichtigen Bereich, liegt die Nachhallzeit oberhalb von 1,0 s. Werte der Nachhallzeit von mehr als 1,0 s führen regelmäßig auch in solchen Räumen des Alltags zu Beschwerden.

Auf Grundlage des Messergebnisses konnte anhand einer Berechnung ermittelt werden, welchen Effekt eine vollständige Belegung der Decke mit einem Schallabsorber hat. Als schallabsorbierender Aufbau wurde eine mikroperforierte Folien-Spanndecke gewählt. 30 m^2 wurden mit einem Abstand von 100 mm und 50 m^2 mit einem Abstand von 30 mm zur vorhandenen Decke montiert. Der entstehende Hohlraum wurde auf ungefähr 50 % der Fläche mit 20 mm starker Mineralwolle befüllt. Die Prognoserechnung für die zu erwartende Nachhallzeit wurde durch eine durchgeführte Messung nach Abschluss der Maßnahme bestätigt, siehe Abbildung 7.13.

Abbildung 7.14 Gastraum mit schallabsorbierender Folien-Spanndecke

In Abbildung 7.14 ist ein Foto des Gastraums mit der mikroperforierten Folien-Spanndecke nach der Optimierung zu sehen. Aufgrund des Lochdurchmessers der Mikroperforation von weniger als 0,2 mm wurde der optische Eindruck im Vergleich mit der vorher vorhandenen und nun abgedeckten glatten Gipskartondecke nicht verändert. Subjektiv beschreiben sowohl die Gäste als auch der Betreiber eine deutliche Verbesserung der Akustik.

7.5 Pausenhalle – Optimierung

Ein weiteres Beispiel ist eine moderne Pausenhalle, deren Begrenzungsflächen weitgehend aus Beton an den Wänden, einem Glasdach sowie einem harten Bodenbelag bestehen. Neben der Nutzung als Pausenhalle finden gelegentlich auch Schulversammlungen und kleine Feiern in dem Raum statt. Insgesamt verfügt der Raum über ein Volumen von ungefähr 870 m^3. Die Abbildung 7.15 gibt einen Eindruck von dem Raum.

Als subjektive Beschwerden wurden eine übermäßige Lautstärke sowie auch eine unzureichende Sprachverständigung bei Versammlungen und Treffen geschildert. Eine Planung zur Raumakustik wurde bei dem Bauvorhaben nicht durchgeführt. Die in dem Foto erkennbaren farbigen Elemente an der Wand sollten nach Ansicht der Planer ausreichend zur Regulierung der Akustik sein.

Abbildung 7.15 Pausenhalle mit Wänden aus Beton, Glasdach und hartem Bodenbelag

Die Messung der Nachhallzeit ergab die in Abbildung 7.16 dargestellte Nachhallkurve. Die maximale Nachhallzeit ist bei 200 Hz mit einem Wert von 3,4 s zu verzeichnen. Auch oberhalb von 1 000 Hz sinkt die Nachhallzeit nur geringfügig ab. Der Mittelwert der Nachhallzeit im für Sprache wichtigen Frequenzbereich zwischen 200 Hz und 2 000 Hz liegt bei 2,8 s.

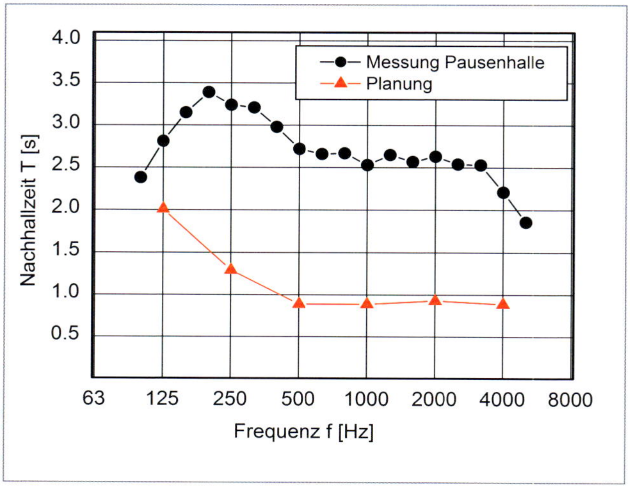

Abbildung 7.16 Gemessene Nachhallzeit in der Pausenhalle

Die Frage nach der optimalen Nachhallzeit ist in einem solchen Raum nach verschiedenen Gesichtspunkten abzuwägen. Zum einen kann nach der letzten Zeile der Tabelle 6 der aktuellen DIN 18041, siehe Tabelle 5.2, ein Nachhallwert von rund 2 s als Empfehlung für die Nachhallzeit abgeleitet werden. Zu der bestehenden Situation wäre dies allerdings eine nur geringe Änderung, die die geäußerten Beschwerden nicht verringern würde.

Die Empfehlung des Leitfadens des Umweltbundesamts [118] für Flure, siehe Abbildung 5.12, führt zu einem Wert von 1,7 s. Auch dieser Wert ist nach Erfahrung des Autors noch nicht geeignet, um die Beschwerden in dieser Situation verstummen zu lassen. Nach den im Bremer Leitfaden [129] zusammengefassten Erfahrungen wird daher ein Wert der Nachhallzeit von 1,0 s empfohlen. Um dieses Ziel zu erreichen, sind ungefähr 100 m^2 eines hochwirksamen Absorbers notwendig.

In Abbildung 7.16 ist das Ergebnis einer Berechnung dargestellt. Hierzu wurde ein 80 mm starker Aufbau aus Steinwolle verwendet. Andere Materialien und Aufbauten mit maximaler Aufbaustärke von 100 mm führen zu ähnlichen Nachhallkurven. Ein Anstieg bei tiefen Frequenzen wäre nur mit größeren Aufbaustärken oder mit speziell auf tiefe Frequenzen abgestimmten Resonanzabsorbern zu vermeiden. Entsprechende Resonanzabsorber wurden aus Kosten- und Platzgründen frühzeitig in der Abstimmung verworfen. Im weiteren Planungsverlauf stellte sich die Anbringung dieser benötigten Absorberfläche selbst mit geringer Aufbaustärke als problematisch dar, wobei im Wesentlichen gestalterische und finanzielle Aspekte den Ausschlag für die Entscheidung gegen eine »gute Akustik« in der Pausenhalle gaben.

8 Anhang

8.1 Materialdaten

In diesem Anhang sind eine Reihe von Werten für die Schallabsorption zusammengetragen. Es handelt sich hierbei um Werte aus Normen, wie der DIN 18041 [35], Lehrbüchern [16, 21, 62, 63], Sammlungen von Werten [29], Herstellerangaben und auch eigenen Untersuchungen. Zu verweisen ist ebenfalls auf die Schallabsorptionstabelle der Physikalisch-Technischen Bundesanstalt [1].

Für flächige Absorber ist neben dem frequenzabhängigen Absorptionsgrad α_S, der jeweils für die sechs Oktaven von 125 Hz bis 4 000 Hz angegeben wird, für alle der angeführten Materialien auch der NRC-Wert, siehe Abschnitt 3.6.3, wie auch der bewertete Schallabsorptionsgrad α_w nach DIN EN ISO 11654 [45], siehe Abschnitt 3.6.2, angegeben. Der NRC-Wert ist der auf ein Vielfaches von 0,05 gerundete arithmetische Mittelwert der vier Terzwerte für 250 Hz, 500 Hz, 1 000 Hz und 2 000 Hz. Sofern die frequenzabhängigen Werte in allen Oktaven als Vielfaches von 0,05 angegeben sind, handelt es sich um Werte des praktischen Schallabsorptionsgrads α_p nach DIN EN ISO 11654 [45].

Für nicht-flächige Absorber wird nach den Vorgaben der DIN EN ISO 354 [50] die äquivalente Absorptionsfläche A_{obj} bzw. A angeben. Diese bezieht sich jeweils auf ein Element oder Objekt. Eine Einzahlbewertung der äquivalenten Absorptionsfläche, wie die Kenngrößen NRC oder α_w, existiert momentan für nicht-flächige Absorber nicht.

Im Folgenden sind die Absorptionswerte in acht Tabellen zusammengefasst. Hierbei wurde versucht, die Materialien und Aufbauten nach Anwendungsbereichen zu sortieren, wobei die Zuordnung nicht immer eindeutig ist. In der folgenden Tabelle ist eine Übersicht der Absorptionstabellen dargestellt.

Übersicht der Absorptionstabellen

Tabelle	Materialien
8.1	Schallabsorptionsgrad nach Anhang B, DIN 18041
8.2	Schallabsorptionsfläche nach Anhang B, DIN 18041
8.3	Schallabsorptionsgrad für flächenhafte Bodenbeläge und Bodenaufbauten
8.4	Schallabsorptionsgrad für flächenhafte Schallabsorber für die großflächige Belegung von Decken – Rasterdecken – Glaswolle / Steinwolle / Mineralwolle – Rasterdecke – gelochter Gipskarton – Deckenputzsysteme – Folienspanndecke
8.5	Schallabsorptionsgrad für modulare Schallabsorber für die Belegung von Decken und Wänden – Schaumstoffe – Holzwolle-Leichtbauplatten – Mineralwolle – Mineralfaser – Glasfaser / Glaswolle – Melaminharzschaum
8.6	Schallabsorptionsgrad für weitere Materialien an Decken und Wänden – Geschlossene Gipskartondecke – Perforierte Gipskarton-Platten – Metallverkleidungen – Putz und Ziegelsteine – Holzplatten – Durchsichtige Kunststoffe – Verglasungen / Fenster
8.7	Schallabsorptionsgrad für Vorhänge, Baffles und weitere Materialien – Vorhänge – Baffle-Absorber – Theaterbestuhlung, flächenhaft – Weitere Angaben
8.8	Schallabsorptionsfläche für Möbel, Einrichtungsgegenstände und Personen – Schränke – Stellwände – Personen, Sitzmöbel

In den Tabellen 8.1 bis 8.8 werden jeweils die folgenden Symbole und Abkürzungen verwendet:

Abkürzungen:	
α_s	Schallabsorptionsgrad nach DIN EN ISO 354 [50], ASTM 423 [8]
α_w	bewerteter Schallabsorptionsgrad nach DIN EN ISO 11654 [45]
A	äquivalente Absorptionfläche[5] von Gegenständen, Personen, Objekte, Frei-Elemente etc. in m^2
A_{obj}	äquivalente Absorptionsfläche Einzelobjekt nach DIN EN ISO 354 [50] in m^2
GK	Gipskarton
GW	Glaswolle
HR	Hohlraum
KH	gesamte Konstruktionshöhe eines Aufbaus (z. B. abgehängte Decke oder Absorbermodul)
LA	Lochflächenanteil
MW	Mineralwolle
NRC	Noise reduction coefficient nach ASTM 432 [8]
OH	Ordnerhöhe, 1 OH = ca. 34 cm
PM	poröses Material als Auf- oder Einlage
ρ	Rohdichte in kg/m^3
SW	Steinwolle
WA	Wandabstand oder Abstand zur Begrenzungsfläche
Ξ	längenspezifischer Strömungswiderstand

5 Aus Zitiergründen in DIN 18041, Abkürzung der äquivalenten Absorptionsfläche mit Bezeichnung A.

Absorptionsgrade aus DIN 18041

Grafik Absorptionsgrad	Beschreibung und Absorptionswerte

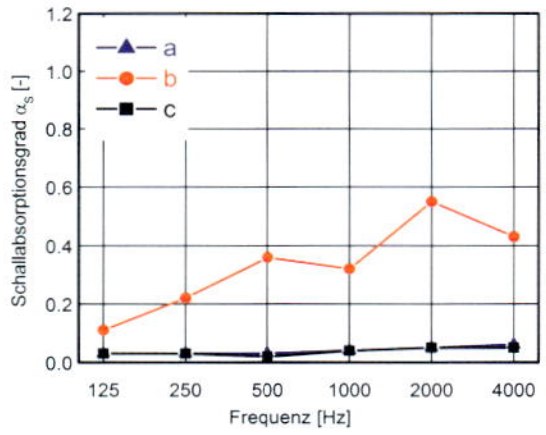

a Mauerziegelwand, unverputzt, Fugen ausgestrichen
b Mauerwerk aus Hohllochziegeln, Löcher sichtbar, 60 mm vor Massivwand, HR leer
c Kalkzementputz

	Oktav-Mittenfrequenz [Hz]						Einzahlangabe	
	125	250	500	1k	2k	4k	NRC	α_w
a	0,03	0,03	0,03	0,04	0,05	0,06	0,05	0,05
b	0,11	0,22	0,36	0,32	0,55	0,43	0,35	0,35
c	0,03	0,03	0,02	0,04	0,05	0,05	0,05	0,05

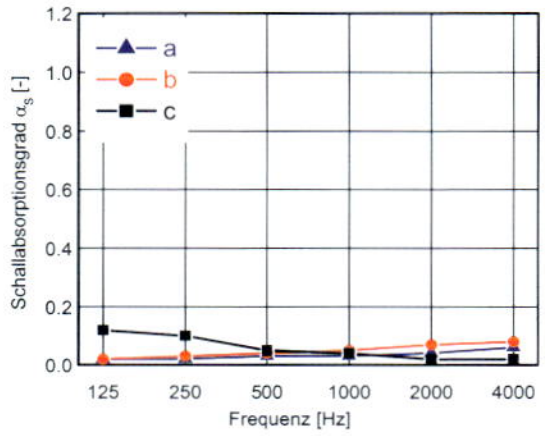

a Glattputz
b Tapete auf Kalkzementputz
c Spiegel vor der Wand

	Oktav-Mittenfrequenz [Hz]						Einzahlangabe	
	125	250	500	1k	2k	4k	NRC	α_w
a	0,02	0,02	0,03	0,03	0,04	0,06	0,05	0,05
b	0,02	0,03	0,04	0,05	0,07	0,08	0,05	0,05
c	0,12	0,10	0,05	0,04	0,02	0,02	0,05	0,05

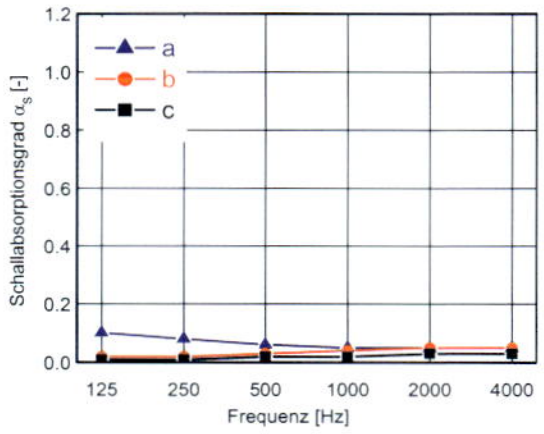

a Tür, Holz, lackiert
b Stuckgips, unverputzter Beton
c Marmor, Fliesen, Klinker

	Oktav-Mittenfrequenz [Hz]						Einzahlangabe	
	125	250	500	1k	2k	4k	NRC	α_w
a	0,10	0,08	0,06	0,05	0,05	0,05	0,05	0,05
b	0,02	0,02	0,03	0,04	0,05	0,05	0,05	0,05
c	0,01	0,01	0,02	0,02	0,03	0,03	0,00	0,05

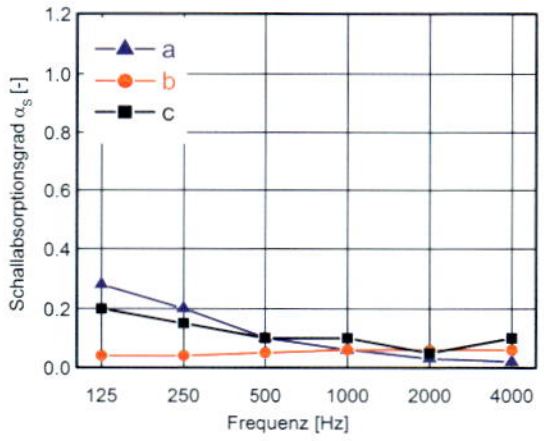

a Fenster (Isolierverglasung, Kasten- und Verbundfenster)
b Parkettfußboden, aufgeklebt
c Parkettfußboden, auf Blindboden

	Oktav-Mittenfrequenz [Hz]						Einzahlangabe	
	125	250	500	1k	2k	4k	NRC	α_w
a	0,28	0,20	0,10	0,06	0,03	0,02	0,10	0,05(L)
b	0,04	0,04	0,05	0,06	0,06	0,06	0,05	0,05
c	0,20	0,15	0,10	0,10	0,05	0,10	0,10	0,10(L)

Tabelle 8.1 Schallabsorptionsgrad nach Anhang B, DIN 18041 [35] und zugehörige Einzahlangaben nach DIN EN ISO 11654 [45] und ASTM 423 [8].

Absorptionsgrade aus DIN 18041

Grafik Absorptionsgrad — Beschreibung und Absorptionswerte

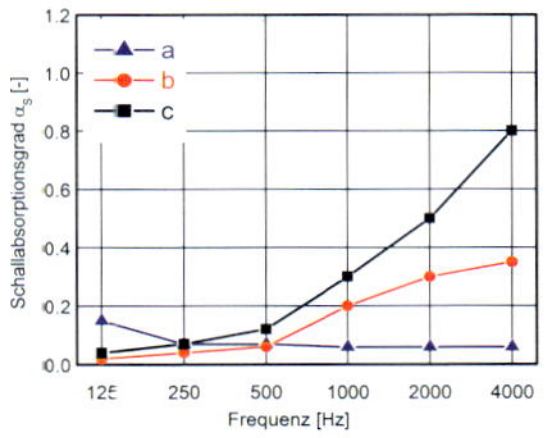

a Parkettfußboden, hohlliegend
b Teppichboden, bis 6 mm Florhöhe
c Teppichboden, 7 mm bis 10 mm Florhöhe

	Oktav-Mittenfrequenz [Hz]						Einzahlangabe	
	125	250	500	1k	2k	4k	NRC	α_w
a	0,15	0,07	0,07	0,06	0,06	0,06	0,05	0,05
b	0,02	0,04	0,06	0,20	0,30	0,35	0,15	0,15(H)
c	0,04	0,07	0,12	0,30	0,50	0,80	0,20	0,20(H)

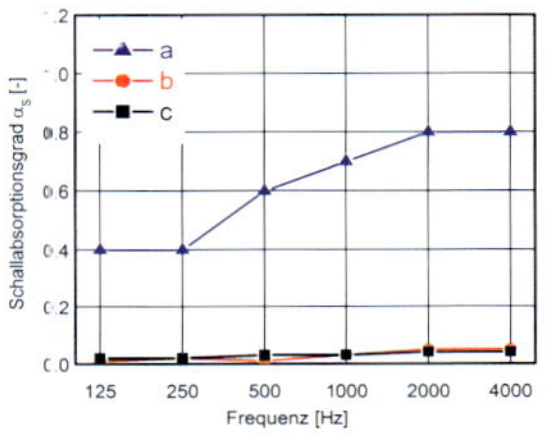

a Bühnenöffnung mit Dekoration
b PVC-Fußbodenbelag, 2,5 mm dick, auf Betonboden
c Linoleum auf Beton

	Oktav-Mittenfrequenz [Hz]						Einzahlangabe	
	125	250	500	1k	2k	4k	NRC	α_w
a	0,40	0,40	0,60	0,70	0,80	0,80	0,65	0,65(H)
b	0,01	0,02	0,01	0,03	0,05	0,05	0,05	0,05
c	0,02	0,02	0,03	0,03	0,04	0,04	0,05	0,05

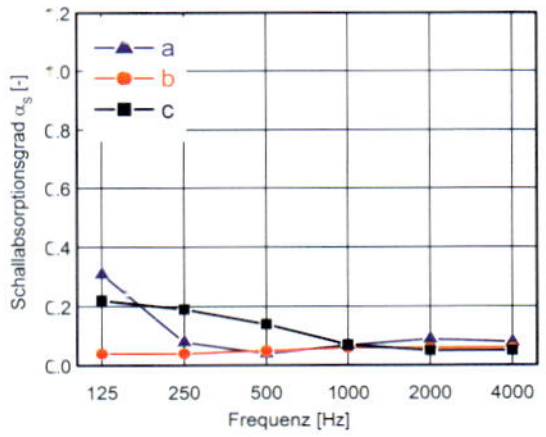

a GK-Platte 9,5 mm dick, WA 60 mm, Hohlraum kassettiert, KH = 69,5 mm
b furnierte Holz- oder Spanplatte dicht vor festem Untergrund
c 4 mm Hartfaserplatte, kassettiert ohne Dämmstoff, WA 60 mm, KH = 64 mm

	Oktav-Mittenfrequenz [Hz]						Einzahlangabe	
	125	250	500	1k	2k	4k	NRC	α_w
a	0,31	0,08	0,04	0,07	0,09	0,08	0,05	0,10
b	0,04	0,04	0,05	0,06	0,06	0,06	0,05	0,05
c	0,22	0,19	0,14	0,07	0,05	0,05	0,10	0,10(L)

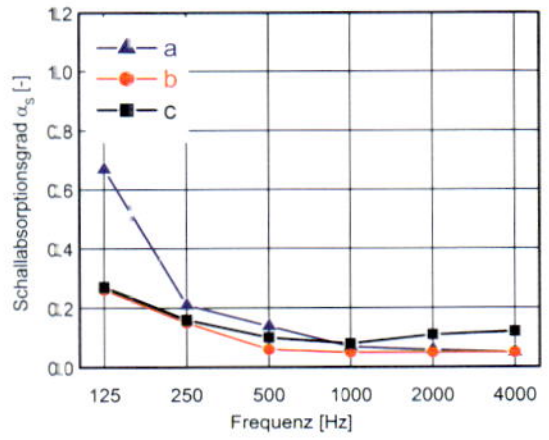

a 4 mm Hartfaserplatte, kassettiert mit 40 mm MW-Platte, WA 60 mm, KH = 64 mm
b 4 mm Hartfaserplatte, kassettiert ohne Dämmstoff, WA 120 mm, KH = 124 mm
c GK-Platte, 9,5 mm dick, WA 25 mm, KH = 34,5 mm

	Oktav-Mittenfrequenz [Hz]						Einzahlangabe	
	125	250	500	1k	2k	4k	NRC	α_w
a	0,67	0,21	0,14	0,07	0,06	0,05	0,10	0,10(L)
b	0,26	0,15	0,06	0,05	0,05	0,05	0,10	0,10(L)
c	0,27	0,16	0,10	0,08	0,11	0,12	0,10	0,10(L)

Tabelle 8.1 (Fortsetzung)

Absorptionsgrade aus DIN 18041

Grafik Absorptionsgrad	Beschreibung und Absorptionswerte
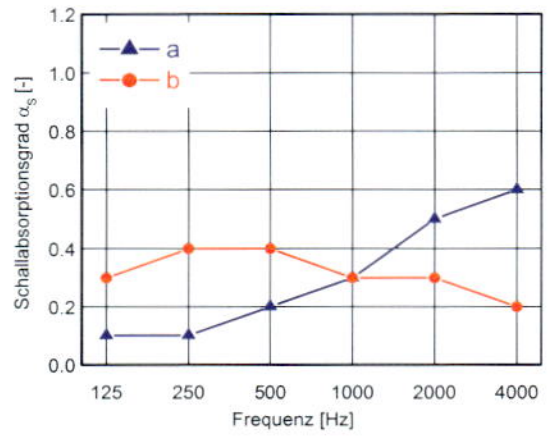	a Kino-Bildwand b Bücherregal in Bibliotheken, bezogen auf die vertikale Buchrückenfläche vor einer Rückwand

	Oktav-Mittenfrequenz [Hz]						Einzahlangabe	
	125	250	500	1k	2k	4k	NRC	α_w
a	0,10	0,10	0,20	0,30	0,50	0,60	0,30	0,30 (H)
b	0,30	0,40	0,40	0,30	0,30	0,20	0,35	0,30 (L)

Tabelle 8.1 (Fortsetzung)

Abbildung 8.1 Wand aus porösen Ziegelsteinen (Mauerwerk aus Hohllochziegeln, Löcher sichtbar, 60 mm vor Massivwand, HR leer)

Äquivalente Absorptionsflächen aus DIN 18041

Grafik Absorptionsfläche	Beschreibung und Absorptionswerte

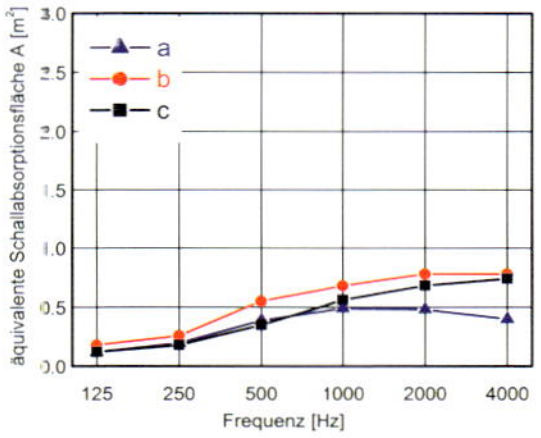

a 0,5 m²/ Person, sitzend auf Holzgestühl
b 1,0 m²/ Person, sitzend auf Holzgestühl
c 6,0 m²/ Person, sitzend

Oktav-Mittenfrequenz [Hz]

	125	250	500	1k	2k	4k
a	0,12	0,20	0,39	0,49	0,48	0,40
b	0,18	0,26	0,55	0,68	0,78	0,78
c	0,12	0,18	0,35	0,56	0,68	0,74

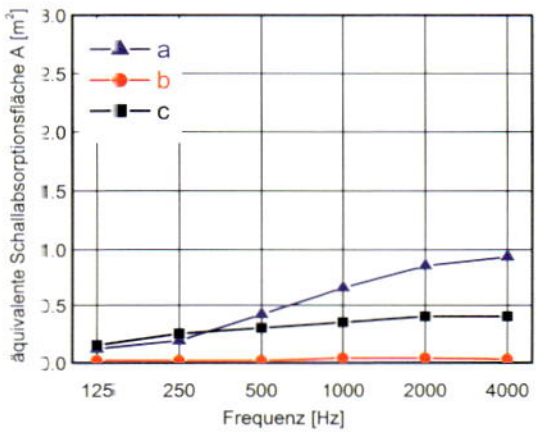

a 6,0 m²/ Person, stehend
b Klappstuhl aus Holz, unbesetzt
c einfacher Polsterstuhl mit Textilbezug

Oktav-Mittenfrequenz [Hz]

	125	250	500	1k	2k	4k
a	0,12	0,19	0,42	0,66	0,86	0,94
b	0,02	0,02	0,02	0,04	0,04	0,03
c	0,15	0,25	0,30	0,35	0,40	0,40

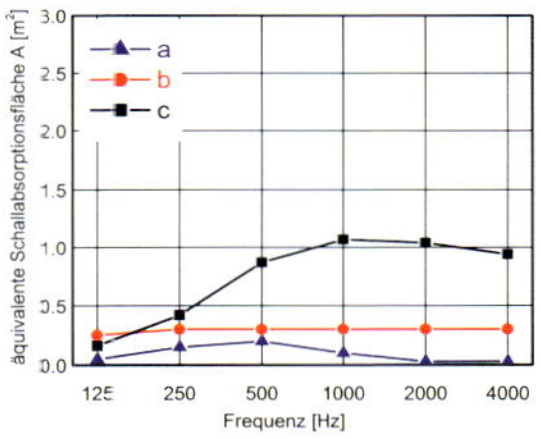

a einfacher Polsterstuhl mit Lederbezug
b gepolsterter Theaterklappstuhl
c Musiker mit Instrument: 1,1 m²/ Person

Oktav-Mittenfrequenz [Hz]

	125	250	500	1k	2k	4k
a	0,05	0,15	0,20	0,10	0,03	0,03
b	0,25	0,30	0,30	0,30	0,30	0,30
c	0,16	0,42	0,87	1,07	1,04	0,94

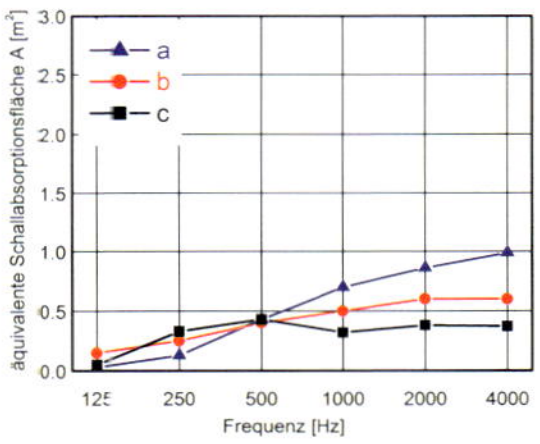

a Musiker mit Instrument: 2,3 m²/ Person
b Chorsänger: kleiner gleich 0,5 m²/ Person
c Schüler an Holztischen: 3,0 m²/ Person

Oktav-Mittenfrequenz [Hz]

	125	250	500	1k	2k	4k
a	0,03	0,13	0,43	0,70	0,86	0,99
b	0,15	0,25	0,40	0,50	0,60	0,60
c	0,05	0,33	0,43	0,32	0,38	0,37

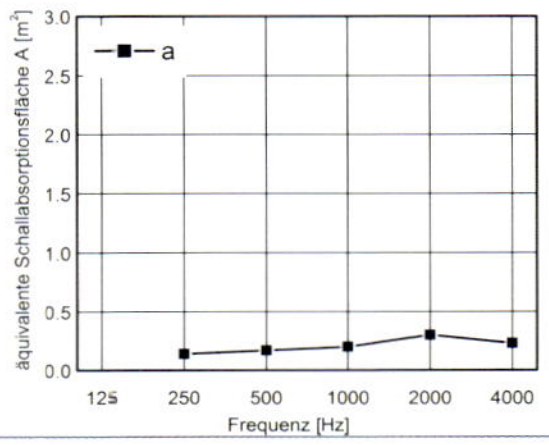

a Kinder in Vorschuleinrichtungen, sitzend 2,0 m²/ Person

Oktav-Mittenfrequenz [Hz]

	125	250	500	1k	2k	4k
a	–	0,14	0,17	0,20	0,30	0,23

Tabelle 8.2 Schallabsorptionsfläche nach Anhang B, DIN 18041 [35]

Bodenbeläge und -aufbauten

Grafik Absorptionsgrad | **Beschreibung und Absorptionswerte**

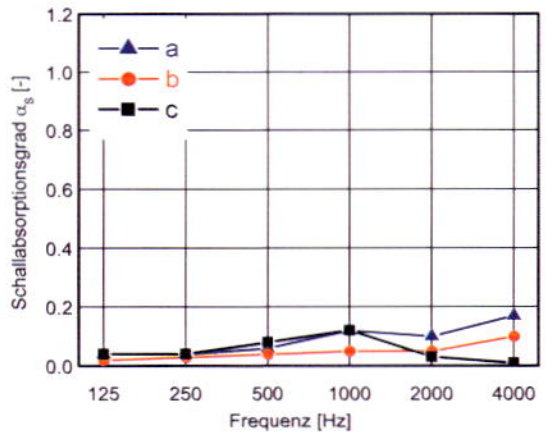

a Parkett auf Estrich, geklebt, ohne Versiegelung
b wie a, versiegelt
c Gummibelag, lose aufgelegt

	Oktav-Mittenfrequenz [Hz]						Einzahlangabe	
	125	250	500	1k	2k	4k	NRC	α_w
a	0,04	0,04	0,06	0,12	0,10	0,17	0,10	0,10
b	0,02	0,03	0,04	0,05	0,05	0,10	0,05	0,05
c	0,04	0,04	0,08	0,12	0,03	0,01	0,05	0,10

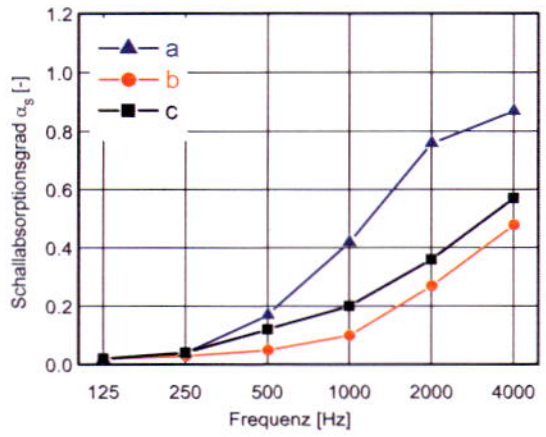

a 10 mm dicker Velours-Teppich, davon Poldicke ca. 5 mm und 5 mm dicker Rücken aus Polyesterfilz
b dünner Kokosläufer, lose aufgelegt
c Nadelfilz, 7 mm

	Oktav-Mittenfrequenz [Hz]						Einzahlangabe	
	125	250	500	1k	2k	4k	NRC	α_w
a	0,02	0,04	0,17	0,42	0,76	0,87	0,35	0,25(H)
b	0,02	0,03	0,05	0,10	0,27	0,48	0,10	0,10(H)
c	0,02	0,04	0,12	0,20	0,36	0,57	0,20	0,20(H)

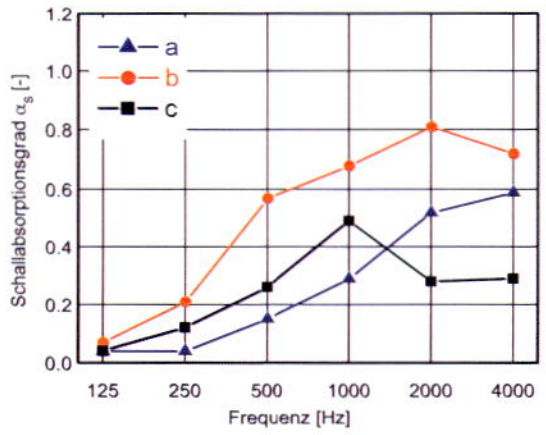

a Teppich auf Estrich, 5 mm
b wie a, mit 5 mm dicker Filzunterlage
c Teppich, lose aufgelegt, 8 mm

	Oktav-Mittenfrequenz [Hz]						Einzahlangabe	
	125	250	500	1k	2k	4k	NRC	α_w
a	0,04	0,04	0,15	0,29	0,52	0,59	0,25	0,25(H)
b	0,07	0,21	0,57	0,68	0,81	0,72	0,55	0,50(H)
c	0,04	0,12	0,26	0,49	0,28	0,29	0,30	0,30

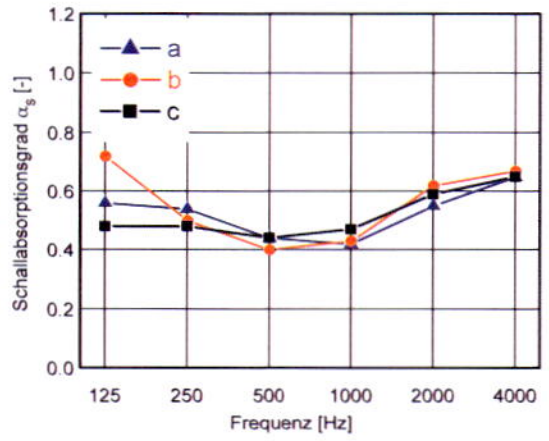

a Hohlraumboden mit Teppich, Akustik-Bodenplatte gelocht, LA = 19,6 %
b wie a, mit Hohlraumbedämpfung
c wie a, mit Akustikvlies

	Oktav-Mittenfrequenz [Hz]						Einzahlangabe	
	125	250	500	1k	2k	4k	NRC	α_w
a	0,56	0,54	0,44	0,42	0,55	0,65	0,50	0,45(LH)
b	0,72	0,50	0,40	0,43	0,62	0,67	0,50	0,45(LH)
c	0,48	0,48	0,44	0,47	0,59	0,65	0,50	0,50(H)

Tabelle 8.3 Schallabsorptionsgrad für flächenhafte Bodenbeläge und Bodenaufbauten

Bodenbeläge und -aufbauten

Grafik Absorptionsgrad	Beschreibung und Absorptionswerte
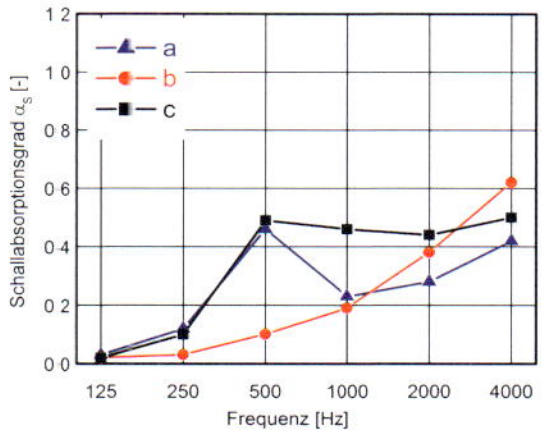	a Webteppichboden b Nadelvliesboden c flachgewebter Teppichboden
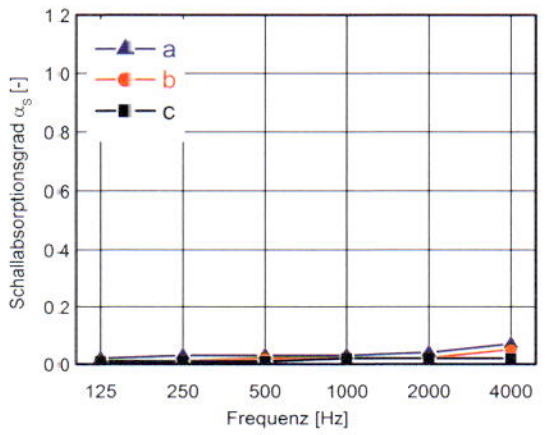	a Schwerbetonfläche, rau b Schwerbeton, glatt, ungestrichen c wie b, gestrichen oder lackiert

Webteppichboden, Nadelvliesboden, flachgewebter Teppichboden:

	Oktav-Mittenfrequenz [Hz]						Einzahlangabe	
	125	250	500	1k	2k	4k	NRC	α_w
a	0,03	0,12	0,46	0,23	0,28	0,42	0,25	0,30
b	0,02	0,03	0,10	0,19	0,38	0,62	0,20	0,20(H)
c	0,02	0,10	0,49	0,46	0,44	0,50	0,35	0,40

Schwerbeton:

	Oktav-Mittenfrequenz [Hz]						Einzahlangabe	
	125	250	500	1k	2k	4k	NRC	α_w
a	0,02	0,03	0,03	0,03	0,04	0,07	0,05	0,05
b	0,01	0,01	0,02	0,02	0,02	0,05	0,00	0,00
c	0,01	0,01	0,01	0,02	0,02	0,02	0,00	0,00

Tabelle 8.3 (Fortsetzung)

Abbildung 8.2 Teppichboden mit speziellem Akustikrücken
[Quelle: Carpet Concept]

Rasterdecken – Glaswolle / Steinwolle / Mineralwolle

Grafik Absorptionsgrad	Beschreibung und Absorptionswerte

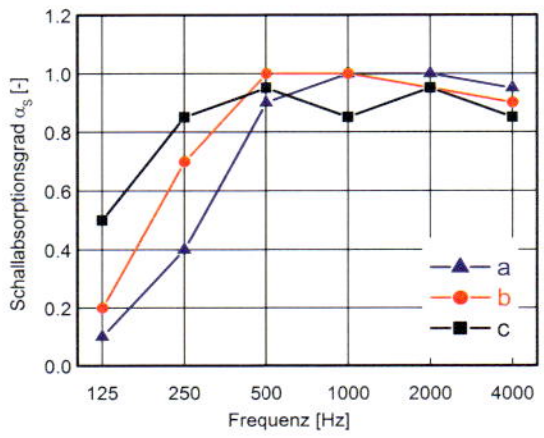

a Rasterdecke aus GW mit 20 mm dicken Platten, KH = 50 mm
b wie a, KH = 100 mm
c wie a, KH = 200 mm

	Oktav-Mittenfrequenz [Hz]						Einzahlangabe	
	125	250	500	1k	2k	4k	NRC	α_w
a	0,10	0,40	0,90	1,00	1,00	0,95	0,85	0,70(MH)
b	0,20	0,70	1,00	1,00	0,95	0,90	0,90	0,95
c	0,50	0,85	0,95	0,85	0,95	0,85	0,90	0,95

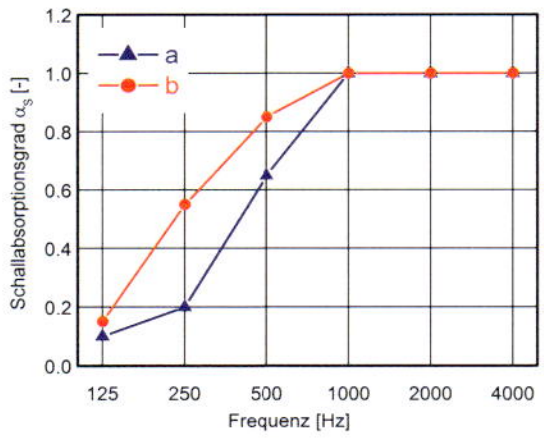

a Rasterdecke aus GW, mit 40 mm dicken Platten, KH = 50 mm
b wie a, KH = 200 mm

	Oktav-Mittenfrequenz [Hz]						Einzahlangabe	
	125	250	500	1k	2k	4k	NRC	α_w
a	0,10	0,20	0,65	1,00	1,00	1,00	0,70	0,50(MH)
b	0,15	0,55	0,85	1,00	1,00	1,00	0,85	0,85(H)

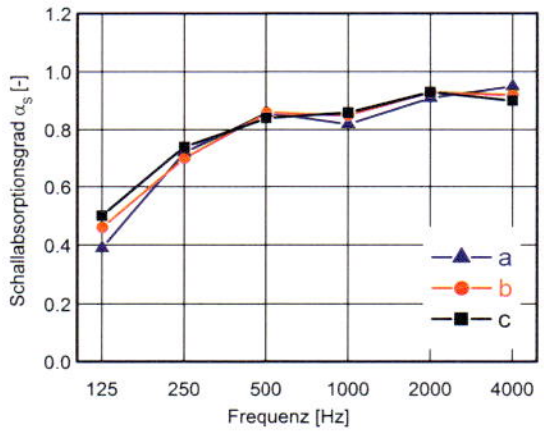

a Rasterdecke aus SW, mit 15 mm dicken Platten, KH = 200 mm
b wie a, Plattendicke 20 mm
c wie a, Plattendicke 25 mm

	Oktav-Mittenfrequenz [Hz]						Einzahlangabe	
	125	250	500	1k	2k	4k	NRC	α_w
a	0,39	0,72	0,86	0,82	0,91	0,95	0,85	0,85
b	0,46	0,70	0,86	0,85	0,93	0,92	0,85	0,90
c	0,50	0,74	0,84	0,86	0,93	0,90	0,85	0,90

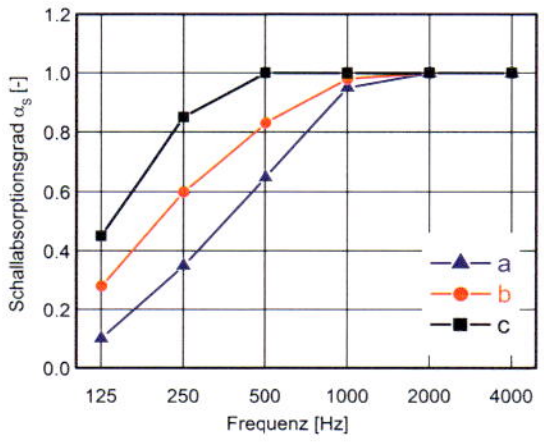

a Rasterdecke aus SW, mit 20 mm dicken Platten, KH = 24 mm
b wie a, KH = 150 mm
c wie a, KH = 200 mm

	Oktav-Mittenfrequenz [Hz]						Einzahlangabe	
	125	250	500	1k	2k	4k	NRC	α_w
a	0,10	0,35	0,65	0,95	1,00	1,00	0,75	0,65(MH)
b	0,28	0,60	0,83	0,98	1,00	1,00	0,85	0,85(H)
c	0,45	0,85	1,00	1,00	1,00	1,00	0,95	1,00

Tabelle 8.4 Schallabsorptionsgrad für flächenhafte Schallabsorber für die großflächige Belegung von Decken

Rasterdecken – Glaswolle / Steinwolle / Mineralwolle

Grafik Absorptionsgrad	Beschreibung und Absorptionswerte
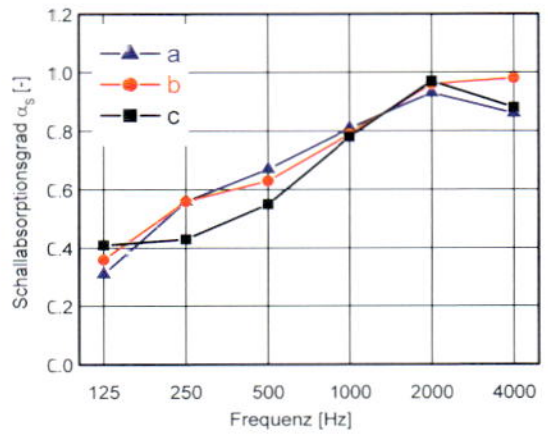	a Rasterdecke aus MW, mit 14 mm dicken Platten, KH = 50 mm b wie a, KH = 185 mm c wie a, KH = 200 mm

	Oktav-Mittenfrequenz [Hz]						Einzahlangabe	
	125	250	500	1k	2k	4k	NRC	α_w
a	0,31	0,56	0,67	0,81	0,93	0,86	0,75	0,75
b	0,36	0,56	0,63	0,79	0,96	0,98	0,75	0,75(H)
c	0,41	0,43	0,55	0,78	0,97	0,88	0,70	0,65(H)

Tabelle 8.4 (Fortsetzung)

Abbildung 8.3 Rasterdecke aus Steinwolle als Kasten in Raummitte

Rasterdecke – gelochter Gipskarton

Grafik Absorptionsgrad	Beschreibung und Absorptionswerte

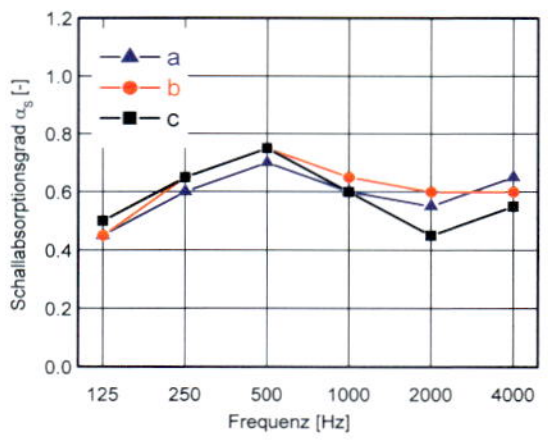

a Rasterdecke 8/18 Rundlochung, LA = 15,5 %, KH = 200 mm, Akustikvlies, ohne MW-Auflage
b wie a, 12/25 Rundlochung, LA = 18,1 %
c wie a, 20/42 Rundlochung, LA = 17,8 %

	Oktav-Mittenfrequenz [Hz]						Einzahlangabe	
	125	250	500	1k	2k	4k	NRC	α_w
a	0,45	0,60	0,70	0,60	0,55	0,65	0,60	0,60
b	0,45	0,65	0,75	0,65	0,60	0,60	0,65	0,65
c	0,50	0,65	0,75	0,60	0,45	0,55	0,60	0,55(L)

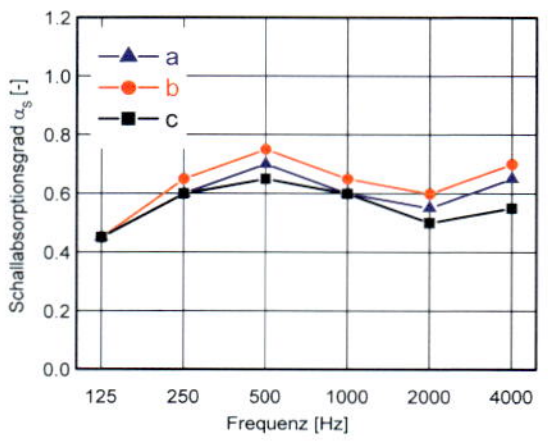

a Rasterdecke 8/18 Rundlochung, LA = 15,5 %, KH = 200 mm, Akustikvlies, ohne MW-Auflage
b wie a, 8/18 Quadratlochung, LA = 19,8 %
c wie a, 8/12/50 Rundlochung, LA = 13,1 %

	Oktav-Mittenfrequenz [Hz]						Einzahlangabe	
	125	250	500	1k	2k	4k	NRC	α_w
a	0,45	0,60	0,70	0,60	0,55	0,65	0,60	0,60
b	0,45	0,65	0,75	0,65	0,60	0,70	0,65	0,65
c	0,45	0,60	0,65	0,60	0,50	0,55	0,60	0,60

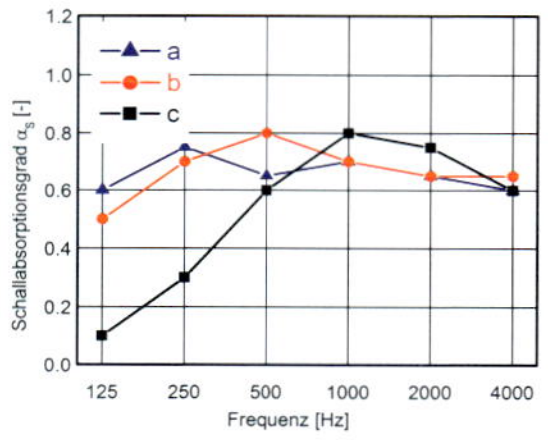

a Rasterdecke 12/25 Quadratlochung, LA = 23 %, KH = 400 mm, Akustikvlies, ohne MW-Auflage
b wie a, KH = 200 mm
c wie a, KH = 65 mm

	Oktav-Mittenfrequenz [Hz]						Einzahlangabe	
	125	250	500	1k	2k	4k	NRC	α_w
a	0,60	0,75	0,65	0,70	0,65	0,60	0,70	0,70(L)
b	0,50	0,70	0,80	0,70	0,65	0,65	0,70	0,70
c	0,10	0,30	0,60	0,80	0,75	0,60	0,60	0,60

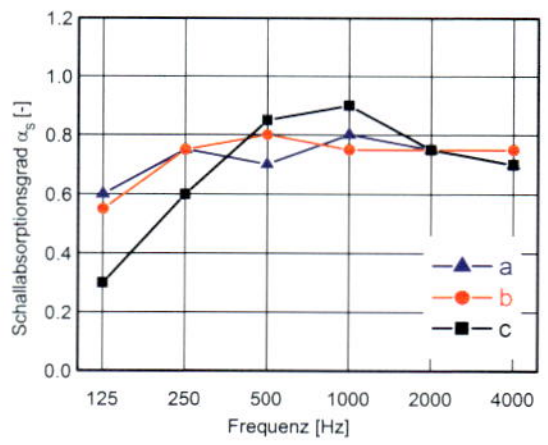

a Rasterdecke 12/25 Quadratlochung, LA = 23 %, KH = 400 mm, Akustikvlies, 20 mm MW-Auflage
b wie a, KH = 200 mm
c wie a, KH = 65 mm

	Oktav-Mittenfrequenz [Hz]						Einzahlangabe	
	125	250	500	1k	2k	4k	NRC	α_w
a	0,60	0,75	0,70	0,80	0,75	0,70	0,75	0,75
b	0,55	0,75	0,80	0,75	0,75	0,75	0,75	0,80
c	0,30	0,60	0,85	0,90	0,75	0,70	0,80	0,80

Tabelle 8.4 (Fortsetzung)

Rasterdecke – gelochter Gipskarton

Grafik Absorptionsgrad	Beschreibung und Absorptionswerte
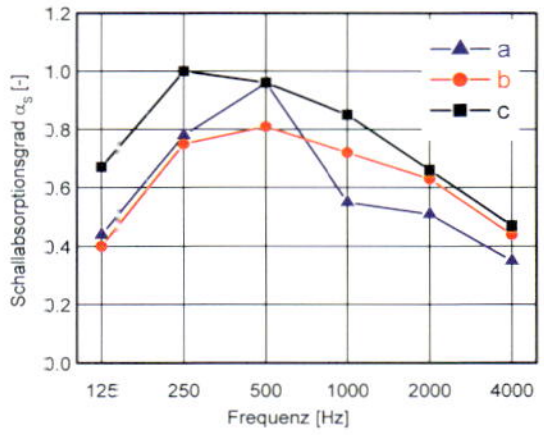	a Rasterdecke 8/18 Rundlochung mit Akustikvlies, KH = 200 mm, ohne MW-Auflage b wie a, 20 mm MW c wie a, 50 mm MW

	Oktav-Mittenfrequenz [Hz]						Einzahlangabe	
	125	250	500	1k	2k	4k	NRC	α_w
a	0,44	0,78	0,96	0,55	0,51	0,35	0,70	0,50(LM)
b	0,40	0,75	0,81	0,72	0,63	0,44	0,75	0,65(L)
c	0,67	1,00	0,96	0,85	0,66	0,47	0,85	0,65(LM)

Tabelle 8.4 (Fortsetzung)

Abbildung 8.4 Gelochte Gipskarton-Decke als Rasterdecke

<table>
<tr><th colspan="2">Deckenputzsysteme</th></tr>
<tr><th>Grafik Absorptionsgrad</th><th>Beschreibung und Absorptionswerte</th></tr>
<tr><td>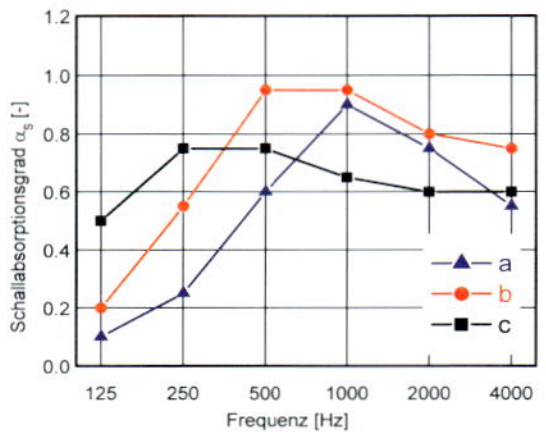
</td><td>
a 15 mm Blähglasgranulat-Platte mit feinkörniger Beschichtung, KH = 42 mm, ohne MW
b wie a, MW 20 mm
c wie b, KH = 260 mm, ohne MW
<table>
<tr><td></td><td colspan="6">Oktav-Mittenfrequenz [Hz]</td><td colspan="2">Einzahlangabe</td></tr>
<tr><td></td><td>125</td><td>250</td><td>500</td><td>1k</td><td>2k</td><td>4k</td><td>NRC</td><td>α_w</td></tr>
<tr><td>a</td><td>0,10</td><td>0,25</td><td>0,60</td><td>0,90</td><td>0,75</td><td>0,55</td><td>0,65</td><td>0,55(M)</td></tr>
<tr><td>b</td><td>0,20</td><td>0,55</td><td>0,95</td><td>0,95</td><td>0,80</td><td>0,75</td><td>0,80</td><td>0,80</td></tr>
<tr><td>c</td><td>0,50</td><td>0,75</td><td>0,75</td><td>0,65</td><td>0,60</td><td>0,60</td><td>0,70</td><td>0,65(L)</td></tr>
</table></td></tr>
<tr><td>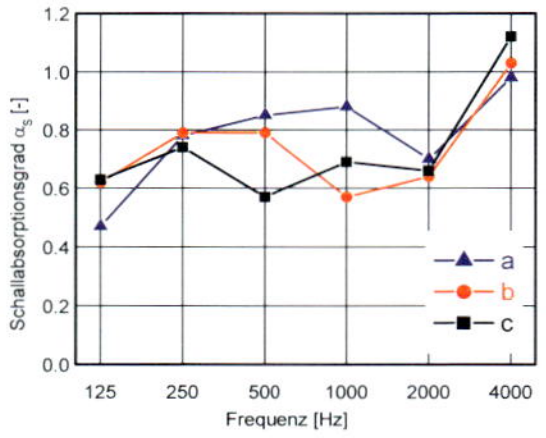
</td><td>
a 15 mm dicke Platte aus Blähglas, 3 mm Akustikspritzputz, KH = 55 mm, 40 mm MW
b wie a, KH = 95 mm
c wie a, KH = 415 mm
<table>
<tr><td></td><td colspan="6">Oktav-Mittenfrequenz [Hz]</td><td colspan="2">Einzahlangabe</td></tr>
<tr><td></td><td>125</td><td>250</td><td>500</td><td>1k</td><td>2k</td><td>4k</td><td>NRC</td><td>α_w</td></tr>
<tr><td>a</td><td>0,47</td><td>0,78</td><td>0,85</td><td>0,88</td><td>0,70</td><td>0,98</td><td>0,80</td><td>0,80(H)</td></tr>
<tr><td>b</td><td>0,62</td><td>0,79</td><td>0,79</td><td>0,57</td><td>0,64</td><td>1,03</td><td>0,70</td><td>0,65(LH)</td></tr>
<tr><td>c</td><td>0,63</td><td>0,74</td><td>0,57</td><td>0,69</td><td>0,66</td><td>1,12</td><td>0,65</td><td>0,65(LH)</td></tr>
</table></td></tr>
<tr><td>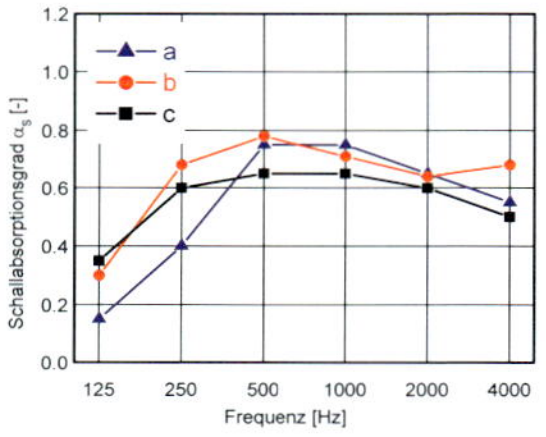
</td><td>
a leichte, hochporöse MW-Platte, werkseitig vorbeschichtet als Putzträgerplatte mit offenporöser Akustikputzbeschichtung, direkt auf Untergrund angebracht, 30 mm MW-Platte
b wie a, MW-Platte 40 mm
c wie a, MW-Platte 60 mm
<table>
<tr><td></td><td colspan="6">Oktav-Mittenfrequenz [Hz]</td><td colspan="2">Einzahlangabe</td></tr>
<tr><td></td><td>125</td><td>250</td><td>500</td><td>1k</td><td>2k</td><td>4k</td><td>NRC</td><td>α_w</td></tr>
<tr><td>a</td><td>0,15</td><td>0,40</td><td>0,75</td><td>0,75</td><td>0,65</td><td>0,55</td><td>0,65</td><td>0,65</td></tr>
<tr><td>b</td><td>0,30</td><td>0,68</td><td>0,78</td><td>0,71</td><td>0,64</td><td>0,68</td><td>0,70</td><td>0,70</td></tr>
<tr><td>c</td><td>0,35</td><td>0,60</td><td>0,65</td><td>0,65</td><td>0,60</td><td>0,50</td><td>0,65</td><td>0,65</td></tr>
</table></td></tr>
<tr><td>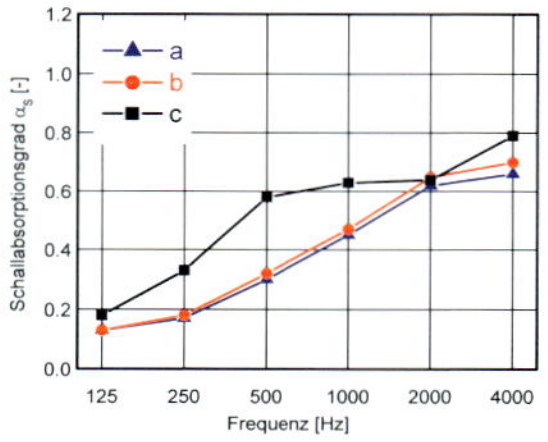
</td><td>
a Akustik-/Feuchtraumputz, 10 mm
b wie a, 12 mm
c wie a, 20 mm
<table>
<tr><td></td><td colspan="6">Oktav-Mittenfrequenz [Hz]</td><td colspan="2">Einzahlangabe</td></tr>
<tr><td></td><td>125</td><td>250</td><td>500</td><td>1k</td><td>2k</td><td>4k</td><td>NRC</td><td>α_w</td></tr>
<tr><td>a</td><td>0,13</td><td>0,17</td><td>0,30</td><td>0,45</td><td>0,62</td><td>0,66</td><td>0,40</td><td>0,35(H)</td></tr>
<tr><td>b</td><td>0,13</td><td>0,18</td><td>0,32</td><td>0,47</td><td>0,65</td><td>0,70</td><td>0,40</td><td>0,40(H)</td></tr>
<tr><td>c</td><td>0,18</td><td>0,33</td><td>0,58</td><td>0,63</td><td>0,64</td><td>0,79</td><td>0,55</td><td>0,60(H)</td></tr>
</table></td></tr>
</table>

Tabelle 8.4 (Fortsetzung)

Deckenputzsysteme

Grafik Absorptionsgrad	Beschreibung und Absorptionswerte

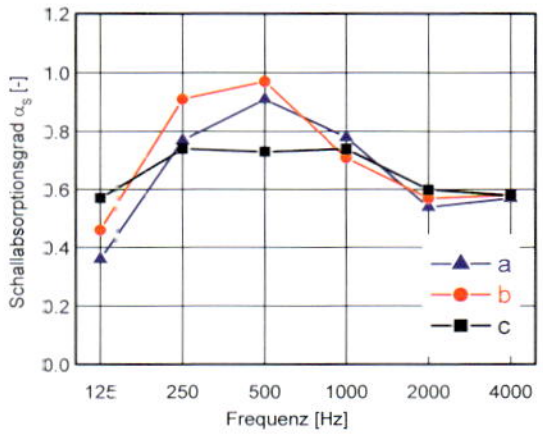

a Akustikdecke 12-20/66 Lochplatte, LA = 19,6 % mit Endbeschichtung aus Akustikputz ohne Luftabstand
b wie a, 100 mm Luftabstand
c wie a, 200 mm Luftabstand

	Oktav-Mittenfrequenz [Hz]						Einzahlangabe	
	125	250	500	1k	2k	4k	NRC	α_w
a	0,36	0,77	0,91	0,78	0,54	0,57	0,75	0,65(LM)
b	0,46	0,91	0,97	0,71	0,57	0,58	0,80	0,65(LM)
c	0,57	0,74	0,73	0,74	0,60	0,58	0,70	0,70(L)

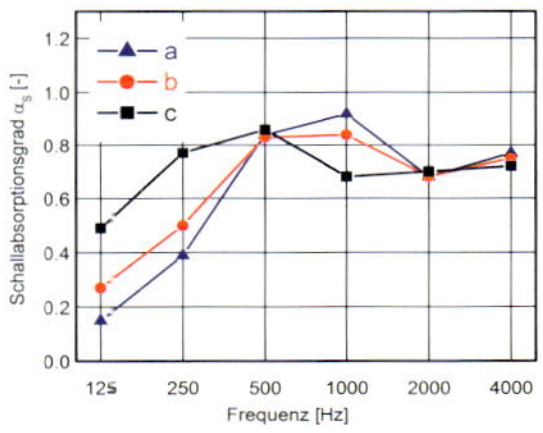

a Akustikdecke bestehend aus geblähtem Glas-Recyclinggranulat als Grundplatte und einer Akustikbeschichtung, KH = 50 mm
b wie a, KH = 100 mm
c wie a, KH = 200 mm

	Oktav-Mittenfrequenz [Hz]						Einzahlangabe	
	125	250	500	1k	2k	4k	NRC	α_w
a	0,15	0,39	0,84	0,92	0,68	0,77	0,70	0,70
b	0,27	0,50	0,83	0,84	0,68	0,75	0,75	0,70
c	0,49	0,77	0,86	0,68	0,70	0,72	0,75	0,75

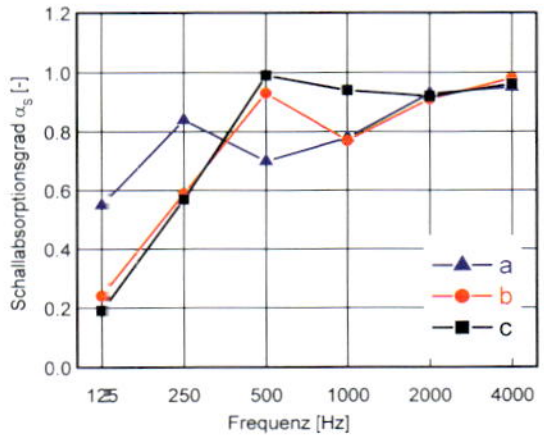

a Akustikdecke bestehend aus geblähtem Glas-Recyclinggranulat als Grundplatte und einer 2 mm Akustikbeschichtung, Dicke 27 mm, KH = 260 mm
b wie a, KH = 127 mm ohne MW
c wie a, KH = 57 mm, mit 20 mm MW

	Oktav-Mittenfrequenz [Hz]						Einzahlangabe	
	125	250	500	1k	2k	4k	NRC	α_w
a	0,55	0,84	0,70	0,78	0,93	0,95	0,80	0,80(LH)
b	0,24	0,59	0,93	0,77	0,91	0,98	0,80	0,80(H)
c	0,19	0,57	0,99	0,94	0,92	0,96	0,85	0,85

Tabelle 8.4 (Fortsetzung)

Folienspanndecke

Grafik Absorptionsgrad | **Beschreibung und Absorptionswerte**

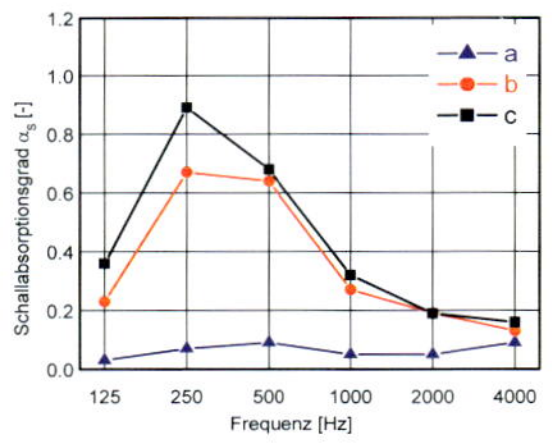

a Spanndecke unperforiert, KH = 100 mm, ohne Füllung im Hohlraum
b wie a, 40 mm MW an Rohdecke
c wie a, 70 mm MW an Rohdecke

	Oktav-Mittenfrequenz [Hz]						Einzahlangabe	
	125	250	500	1k	2k	4k	NRC	α_w
a	0,03	0,07	0,09	0,05	0,05	0,09	0,05	0,10
b	0,23	0,67	0,64	0,27	0,19	0,13	0,45	0,25(LM)
c	0,36	0,89	0,68	0,32	0,19	0,16	0,50	0,25(LM)

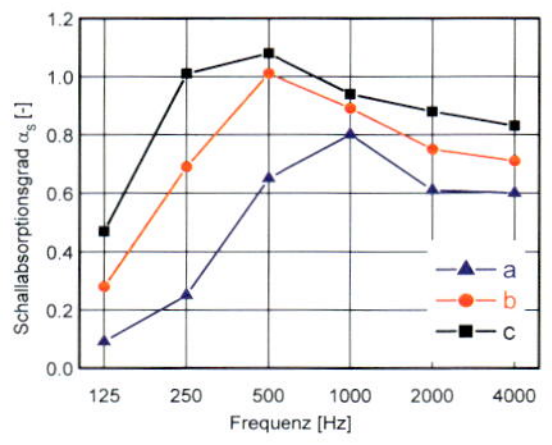

a Spanndecke mikroperforiert, KH = 100 mm
b wie a, 40 mm MW an Rohdecke
c wie a, 80 mm MW an Rohdecke

	Oktav-Mittenfrequenz [Hz]						Einzahlangabe	
	125	250	500	1k	2k	4k	NRC	α_w
a	0,09	0,25	0,65	0,80	0,61	0,60	0,60	0,55(M)
b	0,28	0,69	1,01	0,89	0,75	0,71	0,85	0,80
c	0,47	1,01	1,08	0,94	0,88	0,83	1,00	0,95(L)

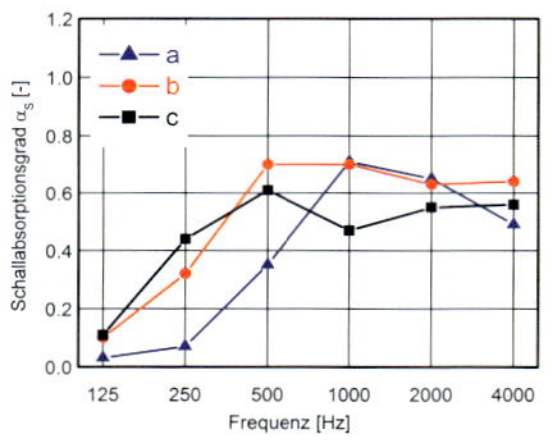

a Spanndecke mikroperforiert, KH = 50 mm
b wie a, KH = 130 mm
c wie a, KH = 200 mm

	Oktav-Mittenfrequenz [Hz]						Einzahlangabe	
	125	250	500	1k	2k	4k	NRC	α_w
a	0,03	0,07	0,35	0,71	0,65	0,49	0,45	0,35(MH)
b	0,10	0,32	0,70	0,70	0,63	0,64	0,60	0,60
c	0,11	0,44	0,61	0,47	0,55	0,56	0,50	0,55

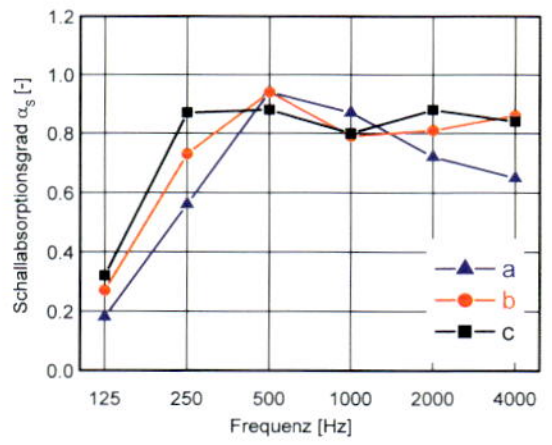

a Spanndecke mikroperforiert, KH = 50 mm, 40 mm MW
b wie a, KH = 130 mm, MW 40 mm
c wie a, KH = 200 mm, MW 40 mm

	Oktav-Mittenfrequenz [Hz]						Einzahlangabe	
	125	250	500	1k	2k	4k	NRC	α_w
a	0,18	0,56	0,94	0,87	0,72	0,65	0,75	0,75
b	0,27	0,73	0,94	0,79	0,81	0,86	0,80	0,85
c	0,32	0,87	0,88	0,80	0,88	0,84	0,85	0,85

Tabelle 8.4 (Fortsetzung)

Folienspanndecke

Grafik Absorptionsgrad

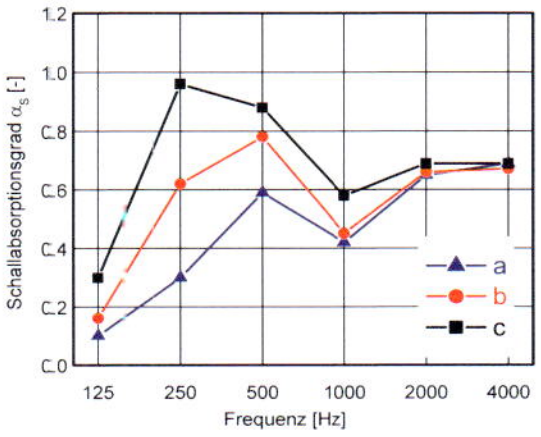

Beschreibung und Absorptionswerte

a	doppellagige Spanndecke, erste mikroperforiert, zweite unperforiert mit einer Distanz von 20 mm, KH = 100 mm
b	wie a, MW an Begrenzungsfläche 20 mm
c	wie a, MW an Begrenzungsfläche 40 mm

	Oktav-Mittenfrequenz [Hz]						Einzahlangabe	
	125	250	500	1k	2k	4k	NRC	α_w
a	0,10	0,30	0,59	0,42	0,65	0,69	0,50	0,50(H)
b	0,16	0,62	0,78	0,45	0,66	0,67	0,65	0,55(LM)
c	0,30	0,96	0,88	0,58	0,69	0,69	0,80	0,70(L)

Tabelle 8.4 (Fortsetzung)

Abbildung 8.5 Mikroperforierte Folienspanndecke in Rahmen [Quelle: BARRISOL S.A.S.]

Schaumstoffe

Grafik Absorptionsgrad	Beschreibung und Absorptionswerte

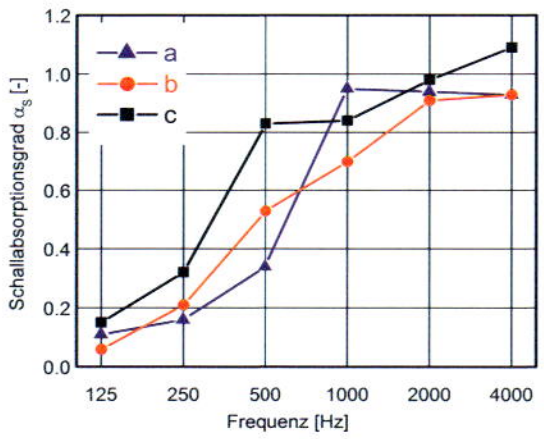

a Polyurethanschaum 30 mm dick, vor starrer Wand
b wie a, mit 15 mm aufkaschiertem Textilgewebe
c elastischer Polyurethanschaum, Pyramidenform, insgesamt 100 mm, aufgeklebt

Oktav-Mittenfrequenz [Hz]	125	250	500	1k	2k	4k	Einzahlangabe NRC	α_w
a	0,11	0,16	0,34	0,95	0,94	0,93	0,60	0,45(MH)
b	0,06	0,21	0,53	0,70	0,91	0,93	0,60	0,50(H)
c	0,15	0,32	0,83	0,84	0,98	1,09	0,75	0,60(MH)

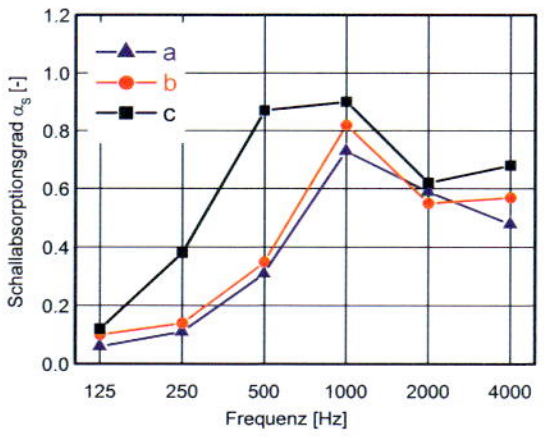

a Polystyrolschaum, 10 mm dicke Lochplatte, nicht durchgelocht, HR leer, WA 40 mm
b wie a, elektrisch geschnitten
c wie a, mechanisch geschnitten

Oktav-Mittenfrequenz [Hz]	125	250	500	1k	2k	4k	Einzahlangabe NRC	α_w
a	0,06	0,11	0,31	0,73	0,59	0,48	0,45	0,35(MH)
b	0,10	0,14	0,35	0,82	0,55	0,57	0,45	0,40(MH)
c	0,12	0,38	0,87	0,90	0,62	0,68	0,70	0,65(M)

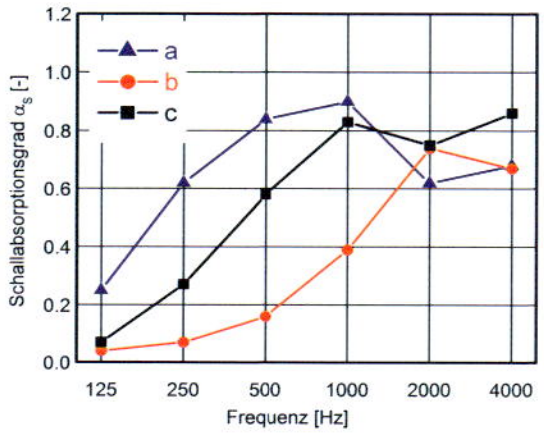

a Polystyrolschaum, 15 mm dicke Lochplatte, nicht durchgelocht, HR mit MW gefüllt, WA 40 mm
b wie a, Dicke 20 mm, direkt auf Wand
c wie b, HR leer, WA 40 mm

Oktav-Mittenfrequenz [Hz]	125	250	500	1k	2k	4k	Einzahlangabe NRC	α_w
a	0,25	0,62	0,84	0,90	0,62	0,68	0,75	0,70
b	0,04	0,07	0,16	0,39	0,74	0,67	0,35	0,25(H)
c	0,07	0,27	0,58	0,83	0,75	0,86	0,60	0,55(MH)

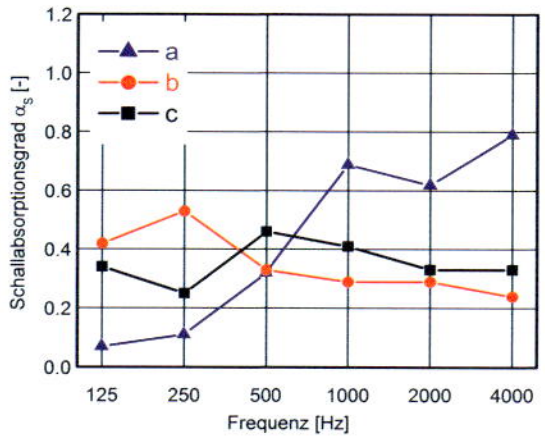

a Polystyrolschaum, 20 mm dicke Kreuznutplatte, HR leer, WA 20 mm
b Polystyrolschaum, 25 mm dicke Schichtplatte, HR leer, WA 250 mm
c wie b, auf 20 mm dicker MW-Matte, WA 250 mm

Oktav-Mittenfrequenz [Hz]	125	250	500	1k	2k	4k	Einzahlangabe NRC	α_w
a	0,07	0,11	0,32	0,69	0,62	0,79	0,45	0,35(MH)
b	0,42	0,53	0,33	0,29	0,29	0,24	0,35	0,35(L)
c	0,34	0,25	0,46	0,41	0,33	0,33	0,35	0,40

Tabelle 8.5 Schallabsorptionsgrad für modulare Schallabsorber für die Belegung von Decken und Wänden

Schaumstoffe

Grafik Absorptionsgrad | Beschreibung und Absorptionswerte

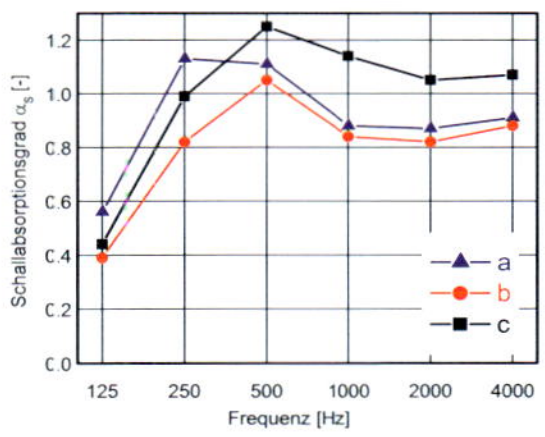

a Polyesterplatte und Wollstoffbezug, Plattendicke ca. 150 mm, mit ca. 40 mm PET-Vlies gefüllt
b wie a, ohne PET-Vlies
c wie a mit Textilstoffbezug zweilagig

	Oktav-Mittenfrequenz [Hz]						Einzahlangabe	
	125	250	500	1k	2k	4k	NRC	α_w
a	0,56	1,13	1,11	0,88	0,87	0,91	1,00	0,90(L)
b	0,39	0,82	1,05	0,84	0,82	0,88	0,90	0,85
c	0,44	0,99	1,25	1,14	1,05	1,07	1,10	1,00

Tabelle 8.5 (Fortsetzung)

Holzwolle-Leichtbauplatten

Grafik Absorptionsgrad | Beschreibung und Absorptionswerte

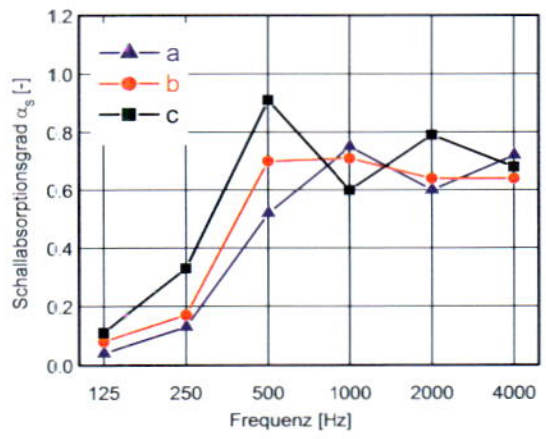

a Holzwolle-Leichtbauplatte KH = 25 mm, direkt auf Wand
b wie a, KH = 35 mm
c wie a, KH = 50 mm

	Oktav-Mittenfrequenz [Hz]						Einzahlangabe	
	125	250	500	1k	2k	4k	NRC	α_w
a	0,04	0,13	0,52	0,75	0,60	0,72	0,50	0,45(MH)
b	0,08	0,17	0,70	0,71	0,64	0,64	0,55	0,45(MH)
c	0,11	0,33	0,91	0,60	0,79	0,68	0,65	0,60(M)

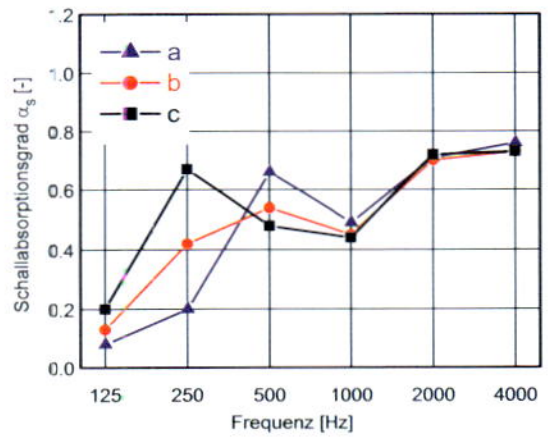

a Holzwolle-Leichtbauplatte 25 mm dick, HR leer, WA 24 mm
b wie a, WA 50 mm
c wie a, WA 80 mm

	Oktav-Mittenfrequenz [Hz]						Einzahlangabe	
	125	250	500	1k	2k	4k	NRC	α_w
a	0,08	0,20	0,66	0,49	0,70	0,76	0,50	0,50(H)
b	0,13	0,42	0,54	0,45	0,70	0,73	0,55	0,55(H)
c	0,20	0,67	0,48	0,44	0,72	0,73	0,60	0,55(LH)

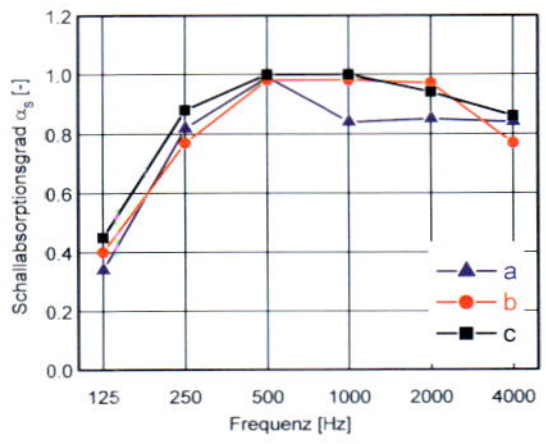

a Holzwolle-Leichtbauplatte 25 mm dick, in 0,15 mm Folie, 50 mm MW, KH = 75 mm
b wie a, Dicke 35 mm, KH = 85 mm
c wie a, Dicke 50 mm, KH = 105 mm

	Oktav-Mittenfrequenz [Hz]						Einzahlangabe	
	125	250	500	1k	2k	4k	NRC	α_w
a	0,34	0,82	0,99	0,84	0,85	0,84	0,90	0,90
b	0,40	0,77	0,98	0,98	0,97	0,77	0,95	0,95
c	0,45	0,88	1,00	1,00	0,94	0,86	0,95	1,00

Tabelle 8.5 (Fortsetzung)

Mineralwolle

Grafik Absorptionsgrad	Beschreibung und Absorptionswerte

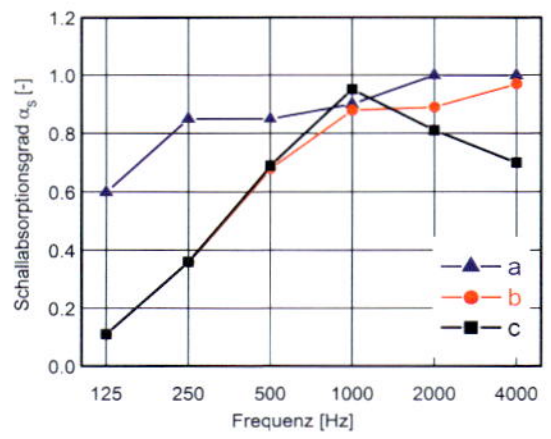

a 19 mm dicke vliesbeschichtete MW-Matte vor 181 mm dickem HR
b 40 mm dicke MW-Matte (ρ = 20 kg/m^3), ohne Lochblechabdeckung
c wie b, mit Lochblechabdeckung (LA = 18 %)

	Oktav-Mittenfrequenz [Hz]						Einzahlangabe	
	125	250	500	1k	2k	4k	NRC	α_w
a	0,60	0,85	0,85	0,90	1,00	1,00	0,90	0,90
b	0,11	0,36	0,68	0,88	0,89	0,97	0,70	0,65(MH)
c	0,11	0,36	0,69	0,95	0,81	0,70	0,70	0,65(M)

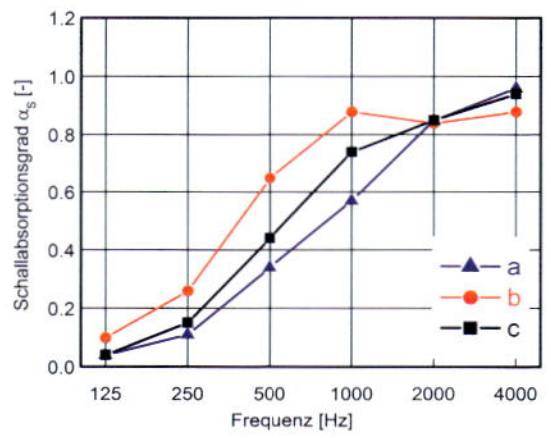

a leichte MW-Matte, 12 mm dicke Platte (ρ = 160 kg/m^3), direkt auf Wand
b wie a, mit Raufaserstruktur, WA 50 mm
c 15 mm dicke MW-Matte (ρ = 200 kg/m^3) mit gestrichener, geprägter Oberfläche, direkt auf Wand

	Oktav-Mittenfrequenz [Hz]						Einzahlangabe	
	125	250	500	1k	2k	4k	NRC	α_w
a	0,04	0,11	0,34	0,57	0,85	0,96	0,45	0,35(H)
b	0,10	0,26	0,65	0,88	0,84	0,88	0,65	0,55(MH)
c	0,04	0,15	0,44	0,74	0,85	0,94	0,55	0,45(MH)

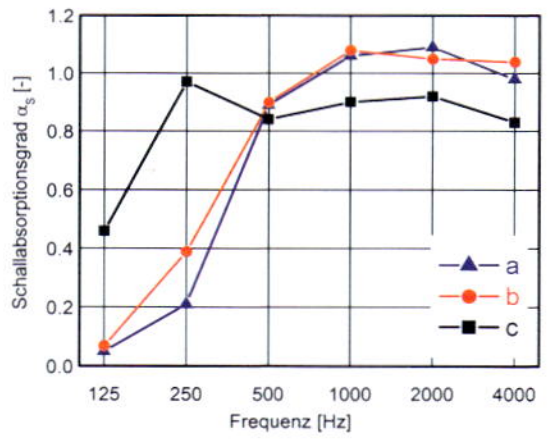

a 20 mm dicke MW-Matte (ρ = 130 kg/m^3), mit Schneeflockenmuster, direkt auf Wand
b wie a, WA 25 mm
c wie a, WA 200 mm

	Oktav-Mittenfrequenz [Hz]						Einzahlangabe	
	125	250	500	1k	2k	4k	NRC	α_w
a	0,05	0,21	0,89	1,06	1,09	0,98	0,80	0,50(MH)
b	0,07	0,39	0,90	1,08	1,05	1,04	0,85	0,70(MH)
c	0,46	0,97	0,84	0,90	0,92	0,83	0,90	0,90(L)

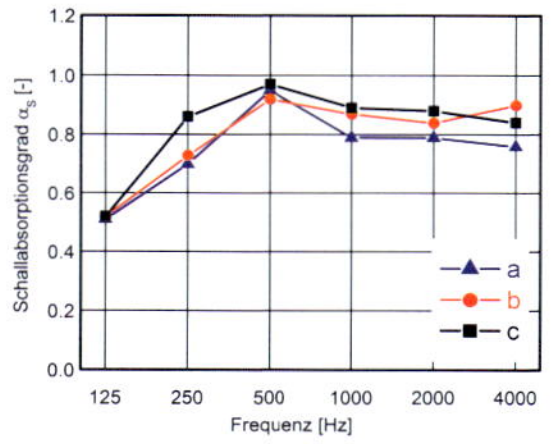

a 30 mm dicke MW-Matte (ρ = 160 kg/m^3) unter Faserzement-Wellplatte (7 mm dick)
b wie a, Dicke 40 mm (ρ = 136 kg/m^3)
c wie a, Dicke 50 mm (ρ = 120 kg/m^3)

	Oktav-Mittenfrequenz [Hz]						Einzahlangabe	
	125	250	500	1k	2k	4k	NRC	α_w
a	0,51	0,70	0,95	0,79	0,79	0,76	0,80	0,85
b	0,52	0,73	0,92	0,87	0,84	0,90	0,85	0,90
c	0,52	0,86	0,97	0,89	0,88	0,84	0,90	0,95

Tabelle 8.5 (Fortsetzung)

Mineralfaser

Grafik Absorptionsgrad	Beschreibung und Absorptionswerte

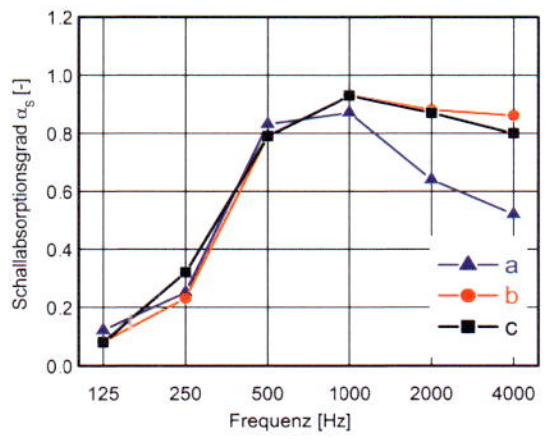

a 16 mm dicke MW-Platte (ρ = 325 kg/m^3) mit gerippter, gestrichener Oberfläche, WA ca. 8 mm
b 19 mm dicke MW-Platte (ρ = 350 kg/m^3) mit streifenputzähnlicher, gestrichener Oberfläche, WA ca. 8 mm
c wie b, mit travertinähnlicher, gestrichener Oberfläche, WA ca. 8 mm

	Oktav-Mittenfrequenz [Hz]						Einzahlangabe	
	125	250	500	1k	2k	4k	NRC	α_w
a	0,12	0,25	0,83	0,87	0,64	0,52	0,65	0,55(M)
b	0,08	0,23	0,79	0,93	0,88	0,86	0,70	0,55(MH)
c	0,08	0,32	0,79	0,93	0,87	0,80	0,75	0,60(MH)

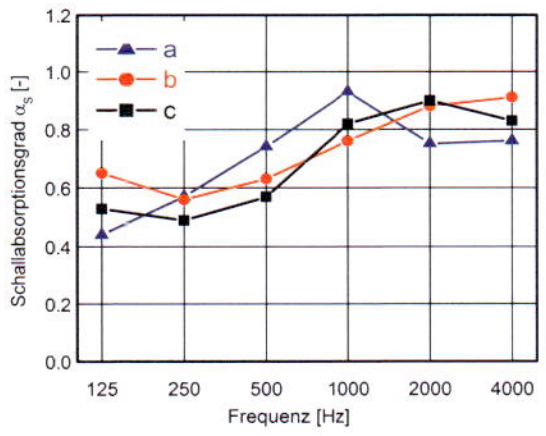

a 16 mm dicke MW-Platte (ρ = 325 kg/m^3) mit gerippter, gestrichener Oberfläche, WA 400 mm
b 19 mm dicke MW-Platte (ρ = 350 kg/m^3) mit streifenputzähnlicher, gestrichener Oberfläche, WA 400 mm
c wie b, mit travertinähnlicher, gestrichener Oberfläche, WA 400 mm

	Oktav-Mittenfrequenz [Hz]						Einzahlangabe	
	125	250	500	1k	2k	4k	NRC	α_w
a	0,44	0,57	0,74	0,93	0,75	0,76	0,75	0,75
b	0,65	0,56	0,63	0,76	0,88	0,91	0,70	0,75(H)
c	0,53	0,49	0,57	0,82	0,90	0,83	0,70	0,75

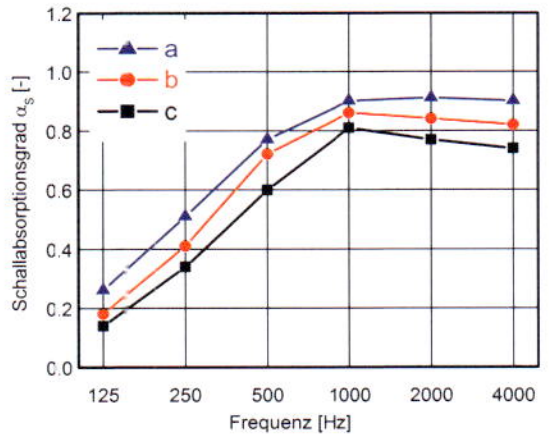

a 50 mm dicke SW-Lamellen mit weiß gespritztem Mineralvlies, seitlich mit Metallkanten eingefasst, Lamellenhöhe 300 mm, 900 mm HR zur Decke, Lamellenabstand 200 mm
b wie a, Lamellenabstand 300 mm
c wie a, Lamellenabstand 400 mm

	Oktav-Mittenfrequenz [Hz]						Einzahlangabe	
	125	250	500	1k	2k	4k	NRC	α_w
a	0,26	0,51	0,77	0,90	0,91	0,90	0,75	0,75(H)
b	0,18	0,41	0,72	0,86	0,84	0,82	0,70	0,70
c	0,14	0,34	0,60	0,81	0,77	0,74	0,65	0,60(H)

Tabelle 8.5 (Fortsetzung)

<table>
<tr><th colspan="2">Glasfaser / Glaswolle</th></tr>
<tr><th>Grafik Absorptionsgrad</th><th>Beschreibung und Absorptionswerte</th></tr>
<tr><td>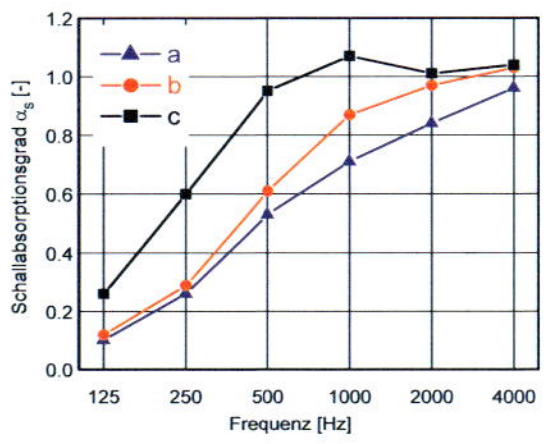
</td>
<td>a 20 mm dicke GW-Platte, einseitig mit Glasvlies kaschiert, $\Xi \geq 11$ Pa s/m, direkt an Wand angebracht.
b wie a, Lamellenabstand 300 mm
c wie a, Lamellenabstand 400 mm
<table>
<tr><th></th><th colspan="6">Oktav-Mittenfrequenz [Hz]</th><th colspan="2">Einzahlangabe</th></tr>
<tr><th></th><th>125</th><th>250</th><th>500</th><th>1k</th><th>2k</th><th>4k</th><th>NRC</th><th>α_w</th></tr>
<tr><td>a</td><td>0,10</td><td>0,26</td><td>0,53</td><td>0,71</td><td>0,84</td><td>0,96</td><td>0,60</td><td>0,55(H)</td></tr>
<tr><td>b</td><td>0,12</td><td>0,29</td><td>0,61</td><td>0,87</td><td>0,97</td><td>1,03</td><td>0,70</td><td>0,60(MH)</td></tr>
<tr><td>c</td><td>0,26</td><td>0,60</td><td>0,95</td><td>1,07</td><td>1,01</td><td>1,04</td><td>0,90</td><td>0,90</td></tr>
</table></td></tr>
<tr><td>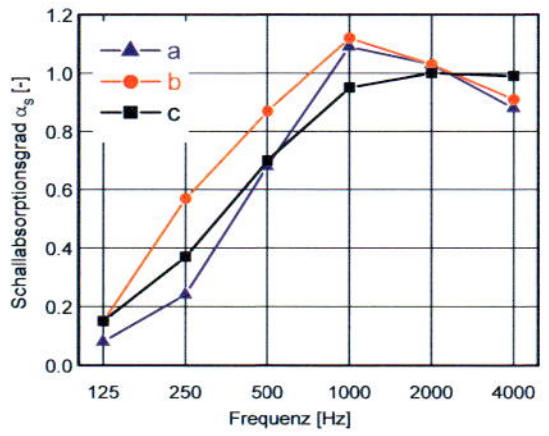
</td>
<td>a 20 mm dicke GW-Platte, ca. $\rho = 150$ kg/m^3, auf 2,40 mm Lattenrost, HR hinter den Platten leer
b wie a, mit Glasfaser-Baufilz ausgefüllt
c wie b, mit ca. $\rho = 100$ kg/m^3
<table>
<tr><th></th><th colspan="6">Oktav-Mittenfrequenz [Hz]</th><th colspan="2">Einzahlangabe</th></tr>
<tr><th></th><th>125</th><th>250</th><th>500</th><th>1k</th><th>2k</th><th>4k</th><th>NRC</th><th>α_w</th></tr>
<tr><td>a</td><td>0,08</td><td>0,24</td><td>0,68</td><td>1,09</td><td>1,03</td><td>0,88</td><td>0,75</td><td>0,55(MH)</td></tr>
<tr><td>b</td><td>0,15</td><td>0,57</td><td>0,87</td><td>1,12</td><td>1,03</td><td>0,91</td><td>0,70</td><td>0,60(MH)</td></tr>
<tr><td>c</td><td>0,15</td><td>0,37</td><td>0,70</td><td>0,95</td><td>1,00</td><td>0,99</td><td>0,75</td><td>0,65(MH)</td></tr>
</table></td></tr>
<tr><td>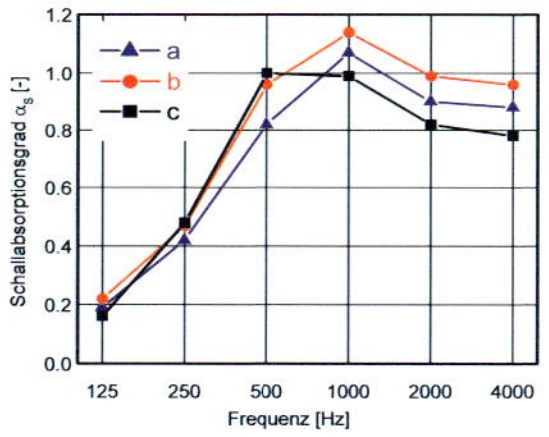
</td>
<td>a 30 mm dicke GW-Platte, ca. $\rho = 50$ kg/m^3, ohne WA, ohne Abdeckung
b wie a, abgedeckt mit Lattengitter, Lattenbreite 10 mm, Lattentiefe 15 mm, Lattenabstand 30 mm
c 40 mm dicke GW-Platte auf 40 mm dickem Lattenrost, abgedeckt mit Aluminiumlochblech, Lochdurchmesser 6 mm, Lochabstand 13 mm
<table>
<tr><th></th><th colspan="6">Oktav-Mittenfrequenz [Hz]</th><th colspan="2">Einzahlangabe</th></tr>
<tr><th></th><th>125</th><th>250</th><th>500</th><th>1k</th><th>2k</th><th>4k</th><th>NRC</th><th>α_w</th></tr>
<tr><td>a</td><td>0,19</td><td>0,42</td><td>0,82</td><td>1,07</td><td>0,90</td><td>0,88</td><td>0,80</td><td>0,70(MH)</td></tr>
<tr><td>b</td><td>0,22</td><td>0,47</td><td>0,96</td><td>1,14</td><td>0,99</td><td>0,96</td><td>0,90</td><td>0,75(MH)</td></tr>
<tr><td>c</td><td>0,16</td><td>0,48</td><td>1,00</td><td>0,99</td><td>0,82</td><td>0,78</td><td>0,80</td><td>0,80</td></tr>
</table></td></tr>
</table>

Tabelle 8.5 (Fortsetzung)

Melaminharzschaum

Grafik Absorptionsgrad	Beschreibung und Absorptionswerte

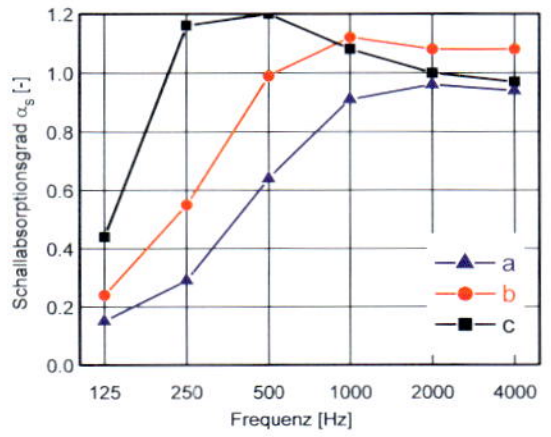

a Melaminharz-Schaumstoff Maße (H×B×T): 1000×500×30 mm, $\rho = 9\ kg/m^3$, direkt auf Wand
b wie a, Maße (H×B×T): 1000×500×50 mm
c wie a, Maße (H×B×T): 1000×500×100 mm

	Oktav-Mittenfrequenz [Hz]						Einzahlangabe	
	125	250	500	1k	2k	4k	NRC	α_w
a	0,15	0,29	0,64	0,91	0,96	0,94	0,70	0,60(MH)
b	0,24	0,55	0,99	1,12	1,08	1,08	0,95	0,85(H)
c	0,44	1,16	1,20	1,08	1,00	0,97	1,10	1,00

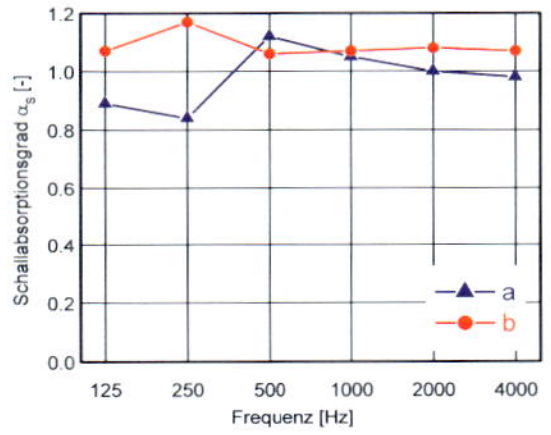

a Melaminharz-Schaumstoff mit Resonanzabsorber, 120 mm, direkt auf Wand
b wie a, 240 mm

	Oktav-Mittenfrequenz [Hz]						Einzahlangabe	
	125	250	500	1k	2k	4k	NRC	α_w
a	0,89	0,84	1,12	1,05	1,00	0,98	1,00	1,00
b	1,07	1,17	1,06	1,07	1,08	1,07	1,10	1,00

Tabelle 8.5 (Fortsetzung)

Geschlossene Gipskartondecke

Grafik Absorptionsgrad	Beschreibung und Absorptionswerte

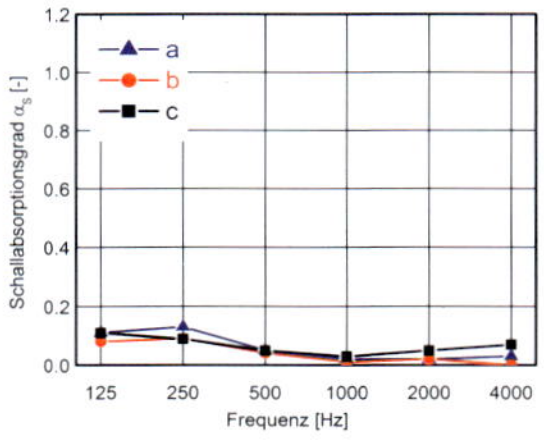

a 9,5 mm dicke GK-Platte, ungelocht, KH = 109,5 mm
b wie a, KH = 209,5 mm
c wie a, KH = 409,5 mm

	Oktav-Mittenfrequenz [Hz]						Einzahlangabe	
	125	250	500	1k	2k	4k	NRC	α_w
a	0,11	0,13	0,05	0,02	0,02	0,03	0,05	0,05(L)
b	0,08	0,09	0,04	0,01	0,02	0,00	0,05	0,05(L)
c	0,11	0,09	0,05	0,03	0,05	0,07	0,05	0,05(L)

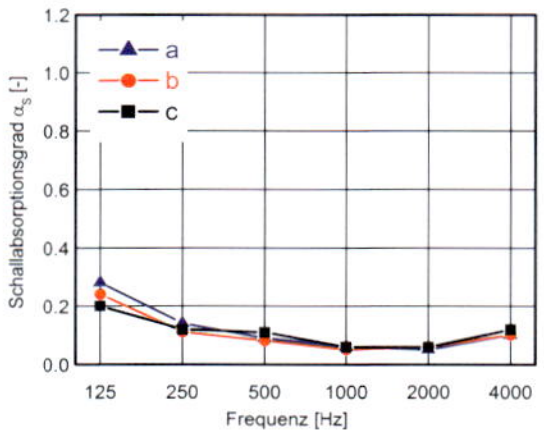

a 9,5 mm dicke GK-Platte, ungelocht, mit HR-Dämpfung, KH = 109,5 mm
b wie a, KH = 209,5 mm
c wie a, KH = 409,5 mm

	Oktav-Mittenfrequenz [Hz]						Einzahlangabe	
	125	250	500	1k	2k	4k	NRC	α_w
a	0,28	0,14	0,09	0,06	0,05	0,10	0,10	0,10(L)
b	0,24	0,11	0,08	0,05	0,06	0,10	0,10	0,10
c	0,20	0,12	0,11	0,06	0,06	0,12	0,10	0,10

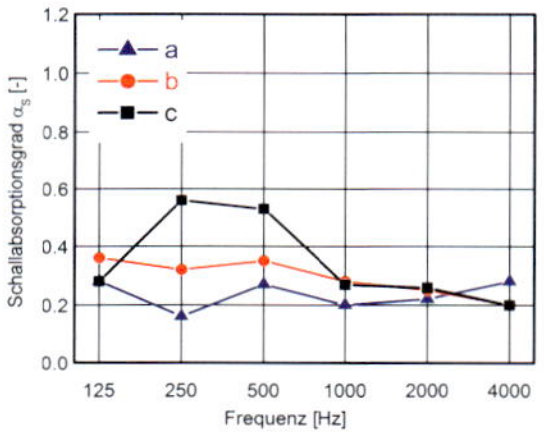

a 12,5 mm dicke GK-Platte, 600 mm breit, mit 20 mm Basaltwollmatte aufgelegt, KH = 692,5 mm
b wie a, 300 mm breite Platte, Abstand der Platten 30 mm, KH = 722,5 mm
c wie b, KH = 122,5 mm

	Oktav-Mittenfrequenz [Hz]						Einzahlangabe	
	125	250	500	1k	2k	4k	NRC	α_w
a	0,28	0,16	0,27	0,20	0,22	0,28	0,20	0,25
b	0,36	0,32	0,35	0,28	0,25	0,20	0,30	0,30
c	0,28	0,56	0,53	0,27	0,26	0,20	0,40	0,30(LM)

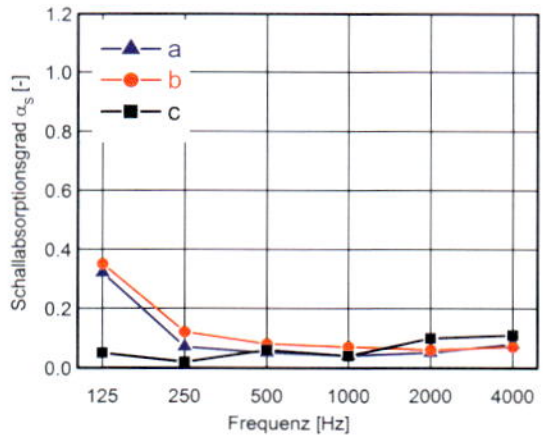

a 9,5 mm dicke GK-Verbundplatte, ungelocht; ohne MW, KH = 59,5 mm
b wie a, KH = 59,5 mm, HR mit MW gefüllt
c wie b, 12,5 mm Dicke, KH = 662,5 mm, ohne MW

	Oktav-Mittenfrequenz [Hz]						Einzahlangabe	
	125	250	500	1k	2k	4k	NRC	α_w
a	0,32	0,07	0,05	0,04	0,05	0,08	0,05	0,05
b	0,35	0,12	0,08	0,07	0,06	0,07	0,10	0,10
c	0,05	0,02	0,06	0,04	0,10	0,11	0,05	0,10

Tabelle 8.6 Schallabsorptionsgrad für weitere Materialien an Decken und Wänden

Geschlossene Gipskartondecke

Grafik Absorptionsgrad	Beschreibung und Absorptionswerte

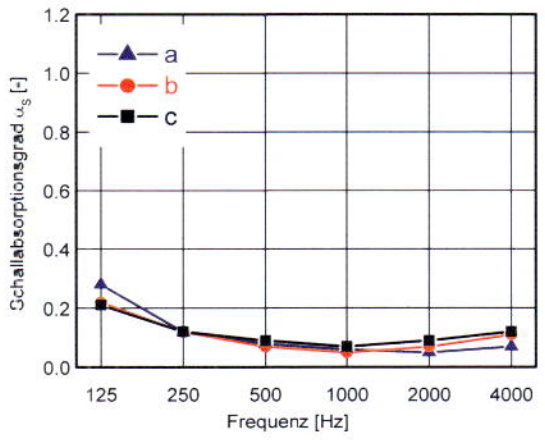

a 12,5 mm dicke geschlossene GK-Platte, 40 mm MW-Auflage, KH = 112,5 mm
b wie a, KH = 212,5 mm
c wie a, KH = 412,5 mm

	Oktav-Mittenfrequenz [Hz]						Einzahlangabe	
	125	250	500	1k	2k	4k	NRC	α_w
a	0,28	0,12	0,08	0,06	0,05	0,07	0,10	0,10
b	0,22	0,12	0,07	0,05	0,07	0,11	0,10	0,05(L)
c	0,21	0,12	0,09	0,07	0,09	0,12	0,10	0,10

Tabelle 8.6 (Fortsetzung)

Perforierte Gipskarton-Platten

Grafik Absorptionsgrad	Beschreibung und Absorptionswerte

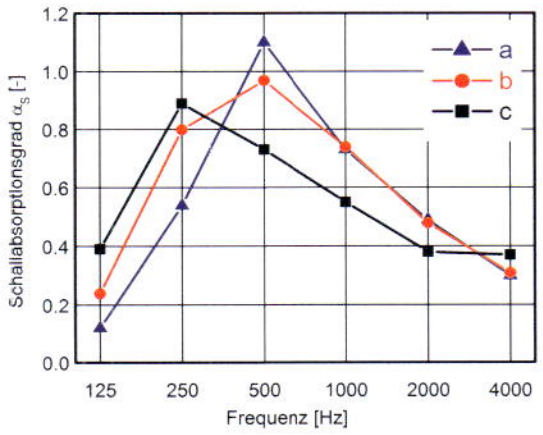

a 9,5 mm dicke GK-Schlitzplatte, LA = 8 %, Faservlies und 30 mm MW-Matte, ρ = 35 kg/m³, $\Xi = 7{,}5 \cdot 10^3$ Pa · s/m², WA 20 mm, KH = 59,5 mm
b wie a, WA 70 mm, KH = 109,5 mm
c wie a, WA 170 mm, KH = 209,5 mm

	Oktav-Mittenfrequenz [Hz]						Einzahlangabe	
	125	250	500	1k	2k	4k	NRC	α_w
a	0,12	0,54	1,10	0,73	0,49	0,30	0,70	0,50(LM)
b	0,24	0,80	0,97	0,74	0,48	0,31	0,75	0,50(LM)
c	0,39	0,89	0,73	0,55	0,38	0,37	0,65	0,45(LM)

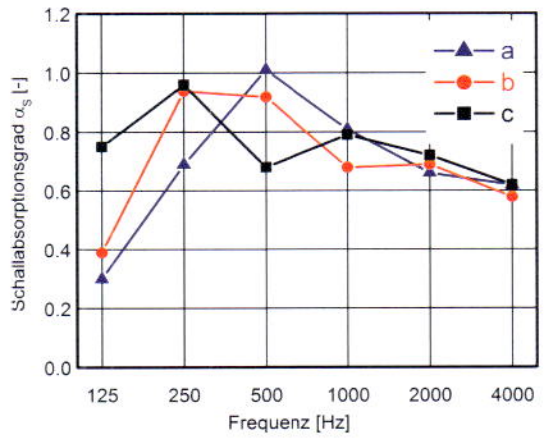

a 9,5 mm dicke GK-Lochplatte, LA = 15 %, Faservlies und 30 mm MW-Matte, ρ = 35 kg/m³, $\Xi = 7{,}5 \cdot 10^3$ Pa · s/m², WA 70 mm, KH = 109,5 mm
b wie a, WA 170 mm, KH = 209,5 mm
c wie a, WA 370 mm, KH = 409,5 mm

	Oktav-Mittenfrequenz [Hz]						Einzahlangabe	
	125	250	500	1k	2k	4k	NRC	α_w
a	0,30	0,69	1,01	0,81	0,66	0,62	0,80	0,70(M)
b	0,39	0,94	0,92	0,68	0,69	0,58	0,80	0,70(L)
c	0,75	0,96	0,68	0,79	0,72	0,62	0,80	0,70(L)

Tabelle 8.6 (Fortsetzung)

Perforierte Gipskarton-Platten

Grafik Absorptionsgrad | **Beschreibung und Absorptionswerte**

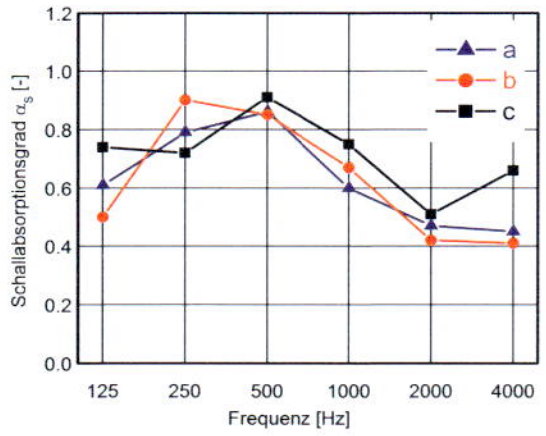

a 9,5 mm dicke GK-Lochplatte LA = 15 %, 40 mm MW-Matte in 0,05 mm Polyäthylenfolie eingeschlagen, Drahtgeflecht, $\rho = 80\ kg/m^3$, WA 200 mm, KH = 249,6 mm

b wie a, WA 350 mm, KH = 399,6 mm

c wie a, WA 550 mm, KH = 599,6 mm

	Oktav-Mittenfrequenz [Hz]						Einzahlangabe	
	125	250	500	1k	2k	4k	NRC	α_w
a	0,61	0,79	0,86	0,60	0,47	0,45	0,70	0,55(LM)
b	0,50	0,90	0,85	0,67	0,42	0,41	0,70	0,55(LM)
c	0,74	0,72	0,91	0,75	0,51	0,66	0,70	0,60(LM)

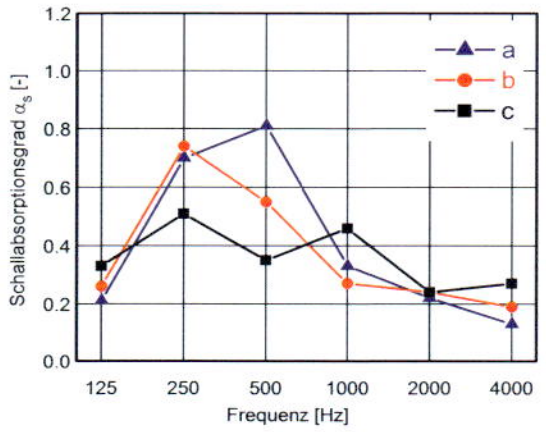

a 9,5 mm dicke GK-Lochplatte, LA = 8 %, kachelförmig angeordnet, getrennt durch 30 mm Holzleisten, 40 mm MW-Matte, WA 60 mm, KA = 69,5 mm

b wie a, WA 120 mm, KH = 129,5 mm

c wie a, WA 240 mm, KH = 249,5 mm

	Oktav-Mittenfrequenz [Hz]						Einzahlangabe	
	125	250	500	1k	2k	4k	NRC	α_w
a	0,21	0,70	0,81	0,33	0,22	0,13	0,50	0,25(LM)
b	0,26	0,74	0,55	0,27	0,24	0,19	0,45	0,30(LM)
c	0,33	0,51	0,35	0,46	0,24	0,27	0,40	0,35(L)

Tabelle 8.6 (Fortsetzung)

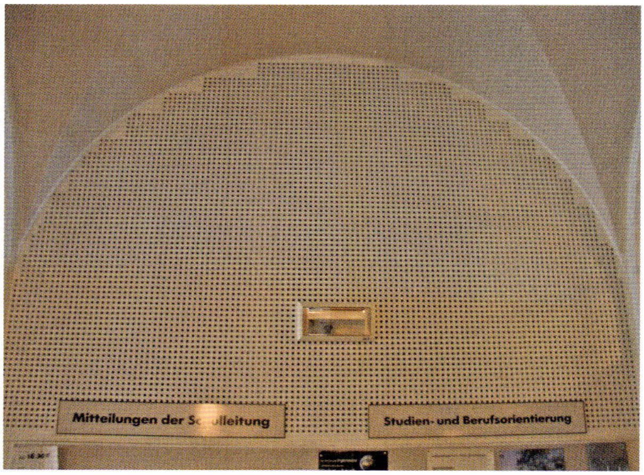

Abbildung 8.6 Akustikputz und weitere Absorberflächen aus gelochtem Gipskarton [Quelle: H. Aleweld, Immobilien Bremen]

Metallverkleidungen

Grafik Absorptionsgrad | **Beschreibung und Absorptionswerte**

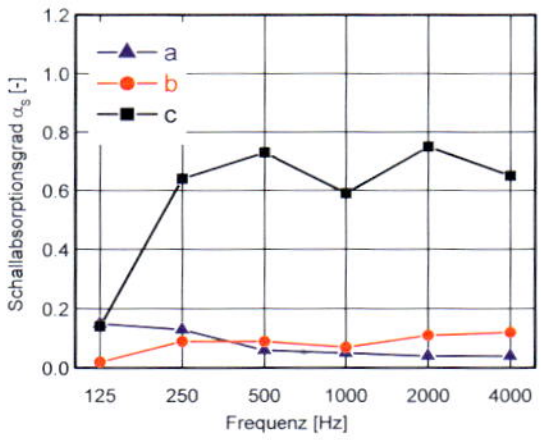

- a dünne Stahlblechkassetten, unperfor., WA 200 mm
- b wie a, 10 % perforiert, Lochdurchmesser 4 mm, HR leer, WA 200 mm
- c wie b, mit 20 mm GW-Matte hinterlegt

	Oktav-Mittenfrequenz [Hz]						Einzahlangabe	
	125	250	500	1k	2k	4k	NRC	α_w
a	0,15	0,13	0,06	0,05	0,04	0,04	0,05	0,05(L)
b	0,02	0,09	0,09	0,07	0,11	0,12	0,10	0,10
c	0,14	0,64	0,73	0,59	0,75	0,65	0,70	0,70

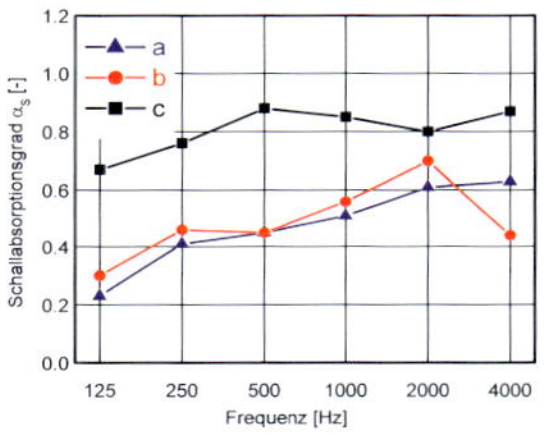

- a 0,5 mm dickes Alulochblech, LA = 23 %, hinterlegt mit Seidenpapier und 10 mm dicken Mineralfaserstreifen, WA 250 mm
- b wie a, ohne Seidenpapier, Mineralfaserstreifen mit Kunststofffolie umhüllt
- c wie b, mit Seidenpapier, Mineralfaserstreifen sowie 20 mm Mineralfaser-Rollfilz, WA 250 mm

	Oktav-Mittenfrequenz [Hz]						Einzahlangabe	
	125	250	500	1k	2k	4k	NRC	α_w
a	0,23	0,41	0,45	0,51	0,61	0,63	0,50	0,50(H)
b	0,30	0,46	0,45	0,56	0,70	0,44	0,55	0,55
c	0,67	0,76	0,88	0,85	0,80	0,87	0,80	0,85

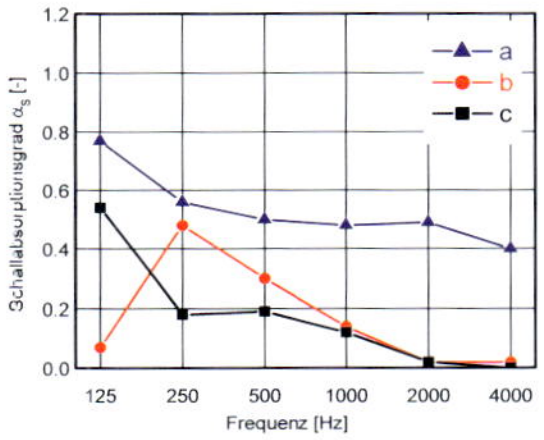

- a 0,5 mm dickes Alulochblech, LA = 12,5 %, WA 450 mm, mit 2×19 mm dicke GW-Platte hinterlegt
- b dünnes Aluminiumblech, WA 75 mm, mit 12 mm MW-Filz hinterlegt
- c wie b, WA 300 mm

	Oktav-Mittenfrequenz [Hz]						Einzahlangabe	
	125	250	500	1k	2k	4k	NRC	α_w
a	0,77	0,56	0,50	0,48	0,49	0,40	0,50	0,50(L)
b	0,07	0,48	0,30	0,14	0,02	0,02	0,25	0,10(L)
c	0,54	0,18	0,19	0,12	0,02	0,00	0,15	0,10(L)

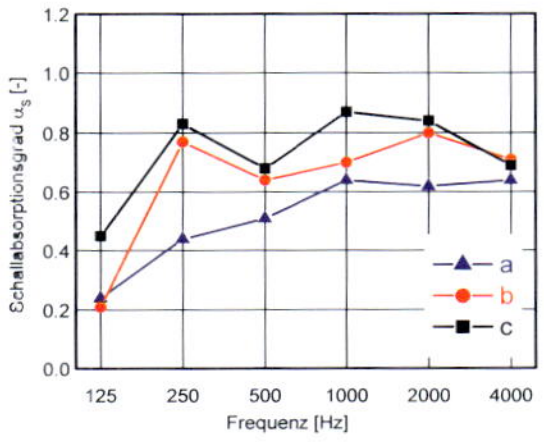

- a 0,63 mm dickes rechteckiges, ca. 16 % perforiertes Stahlblech vor 25 mm GW, WA 300 mm
- b Metallkassetten gelocht, hinter mikroporöser Schicht, ohne sichtbare Lochung, vor 300 mm Luft
- c wie b, jedoch mit 20 mm GW

	Oktav-Mittenfrequenz [Hz]						Einzahlangabe	
	125	250	500	1k	2k	4k	NRC	α_w
a	0,24	0,44	0,51	0,64	0,62	0,64	0,55	0,60
b	0,21	0,77	0,64	0,70	0,80	0,71	0,75	0,70(L)
c	0,45	0,83	0,68	0,87	0,84	0,69	0,80	0,80(L)

Tabelle 8.6 (Fortsetzung)

Metallverkleidungen

Grafik Absorptionsgrad	Beschreibung und Absorptionswerte

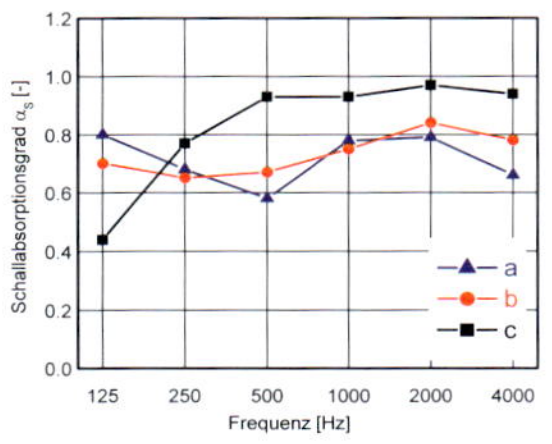

a dünnes Alublech, LA = 12,6 %, Lochdurchmesser 2 mm, Lochabstand 5 mm, mit Seidenpapier und 25 mm dicker MW hinterlegt, WA 50 mm

b wie a, Lochdurchmesser 4 mm, Lochabst. 10 mm

c Metallkassetten mit Gewebe vor 10 mm Luft und 2×20 mm dicke bespannte MW-Platte (100 kg/m^2), WA 500 mm

	Oktav-Mittenfrequenz [Hz]						Einzahlangabe	
	125	250	500	1k	2k	4k	NRC	α_w
a	0,80	0,68	0,58	0,78	0,79	0,66	0,70	0,70
b	0,70	0,65	0,67	0,75	0,84	0,78	0,75	0,75
c	0,44	0,77	0,93	0,93	0,97	0,94	0,90	0,95

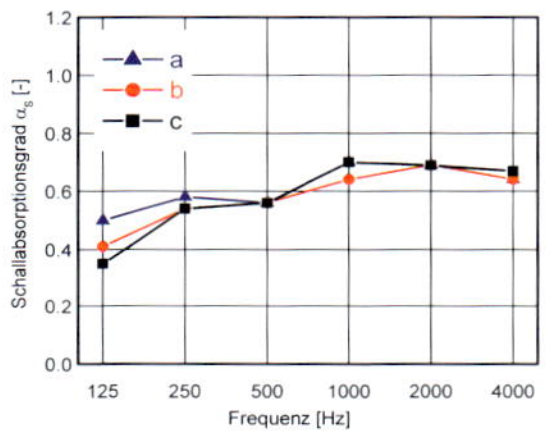

a 0,63 mm dickes rechteckiges, ca. 16 % perforiertes Stahlblech vor 25 mm GW, Rückseite mit Alufolie kaschiert, WA 300 mm

b wie a, ohne Folie

c wie b, mit 25 mm GW, auf Alufolie kaschiert, WA 100 mm

	Oktav-Mittenfrequenz [Hz]						Einzahlangabe	
	125	250	500	1k	2k	4k	NRC	α_w
a	0,50	0,58	0,56	0,70	0,69	0,64	0,65	0,65
b	0,41	0,54	0,56	0,64	0,69	0,64	0,60	0,65
c	0,35	0,54	0,56	0,70	0,69	0,67	0,60	0,65

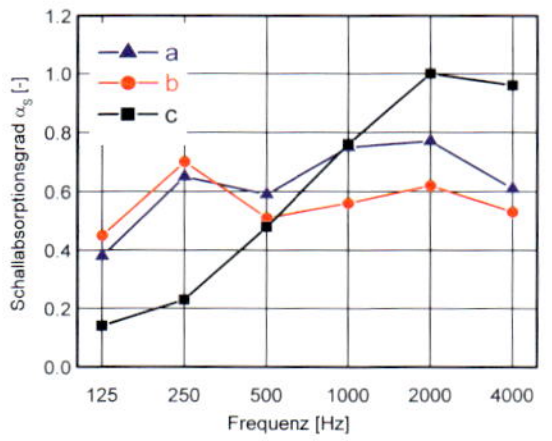

a gelochte Langfeld-Metallkassetten, LA = 20 %, 3 mm Lochdurchmesser, mit ca. 10 mm dickem Akustikfilz (ρ = 350 g/m^2) hinterlegt, WA 300 mm

b wie a, mit Glasfaservlies (ca. ρ = 75 g/m^2) hinterlegt, WA 300 mm

c 30 mm dicke und 150 mm hohe, senkrecht stehende Lamellen aus beidseitig gelochtem, 1 mm dickem Stahlblech, Lochdurchmesser 2,5 mm, LA = 16 % , mit MW-Platten und GW-Vlies belegt, Lamellenabstand 200 mm, WA 600 mm

	Oktav-Mittenfrequenz [Hz]						Einzahlangabe	
	125	250	500	1k	2k	4k	NRC	α_w
a	0,38	0,65	0,59	0,75	0,77	0,61	0,70	0,70
b	0,45	0,70	0,51	0,56	0,62	0,53	0,60	0,55(L)
c	0,14	0,23	0,48	0,76	1,00	0,96	0,60	0,50(MH)

Tabelle 8.6 (Fortsetzung)

Putz und Ziegelsteine

Grafik Absorptionsgrad	Beschreibung und Absorptionswerte

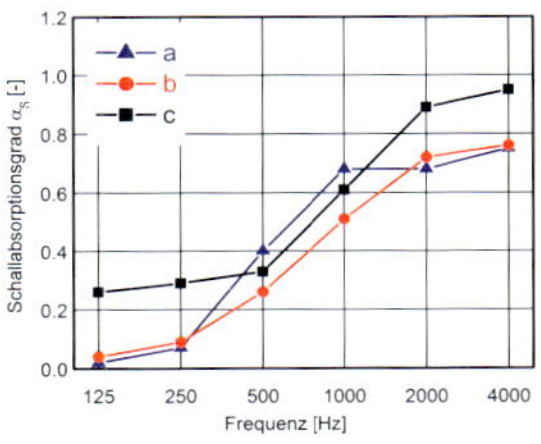

a Glasfaserputz, 10 mm
b Steinwolleputz, 10 mm
c grobkörniger Spritzputz (Blähstoffkörner), 20 mm, auf mit Glattstrich versehener Stegzementdiele

	Oktav-Mittenfrequenz [Hz]						Einzahlangabe	
	125	250	500	1k	2k	4k	NRC	α_w
a	0,02	0,07	0,40	0,68	0,68	0,75	0,45	0,35(MH)
b	0,04	0,09	0,26	0,51	0,72	0,76	0,40	0,30(H)
c	0,26	0,29	0,33	0,61	0,89	0,95	0,55	0,45(H)

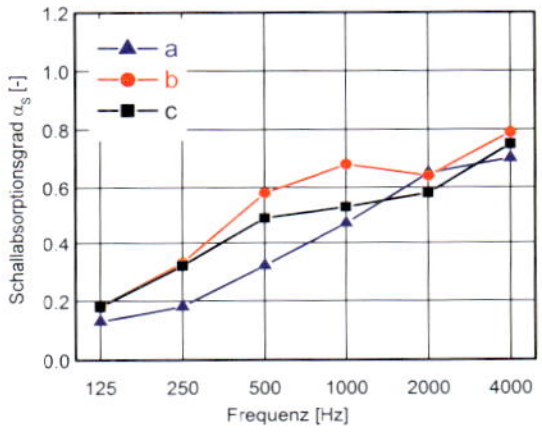

a mineralischer Spritzputz aus geblähtem Naturstein auf 12,5 mm dicker GK-Platte, direkt montiert, 12 mm, Spritzstruktur
b wie a, 20 mm, Spritzstruktur
c wie b, 18 mm, Oberfläche geschliffen

	Oktav-Mittenfrequenz [Hz]						Einzahlangabe	
	125	250	500	1k	2k	4k	NRC	α_w
a	0,13	0,18	0,32	0,47	0,65	0,70	0,40	0,40(H)
b	0,18	0,33	0,58	0,68	0,64	0,79	0,55	0,60(H)
c	0,18	0,32	0,49	0,53	0,58	0,75	0,50	0,55(H)

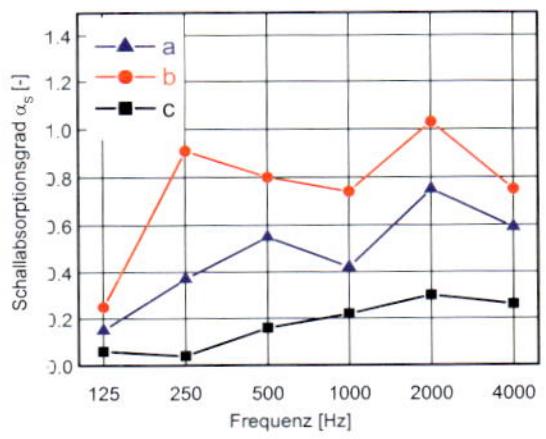

a Lochziegelsteine 250 m×115 mm×65 mm, LA = 26 %, HR leer, WA 65 mm
b wie a, HR mit MW gefüllt
c Lochziegelsteine, 7,10 mm dick, LA = 47 %, HR leer, WA 50 mm

	Oktav-Mittenfrequenz [Hz]						Einzahlangabe	
	125	250	500	1k	2k	4k	NRC	α_w
a	0,15	0,37	0,55	0,42	0,75	0,59	0,50	0,50(H)
b	0,25	0,91	0,80	0,74	1,03	0,75	0,85	0,80(L)
c	0,06	0,04	0,16	0,22	0,30	0,26	0,20	0,20

Tabelle 8.6 (Fortsetzung)

Holzplatten

Grafik Absorptionsgrad	Beschreibung und Absorptionswerte

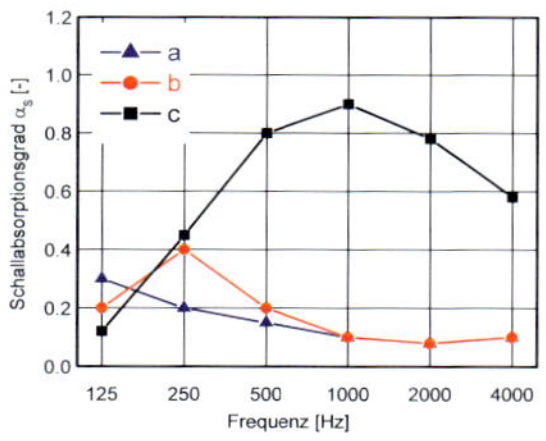

a 4 mm dicke Sperrholzplatte, WA 50 mm
b wie a, HR mit MW gefüllt
c wie b, LA = 20 %

	Oktav-Mittenfrequenz [Hz]						Einzahlangabe	
	125	250	500	1k	2k	4k	NRC	α_w
a	0,30	0,20	0,15	0,10	0,08	0,10	0,15	0,15(L)
b	0,20	0,40	0,20	0,10	0,08	0,10	0,20	0,15(L)
c	0,12	0,45	0,80	0,90	0,78	0,58	0,75	0,70

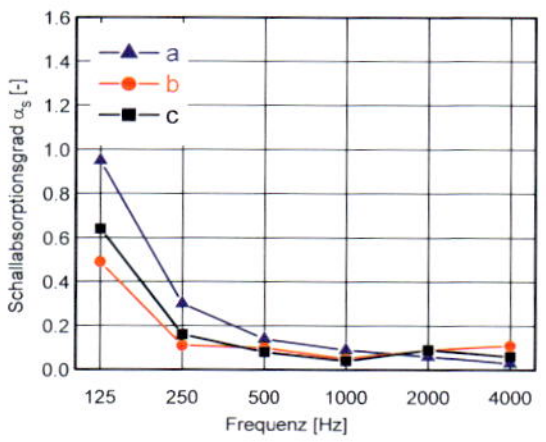

a 4 mm dicke Sperrholzplatte, mit 40 mm MW-Matten hinterlegt, kassettiert, 120 mm Abstand zur Wand
b 8 mm Sperrholzplatte mit Holzleisten, kassettiert, ohne MW, 60 mm Abstand zur Wand
c wie b, mit 40 mm MW hinterlegt

	Oktav-Mittenfrequenz [Hz]						Einzahlangabe	
	125	250	500	1k	2k	4k	NRC	α_w
a	0,95	0,30	0,14	0,09	0,06	0,03	0,15	0,10(L)
b	0,49	0,11	0,10	0,05	0,09	0,11	0,10	0,10
c	0,64	0,16	0,08	0,04	0,09	0,06	0,10	0,10(L)

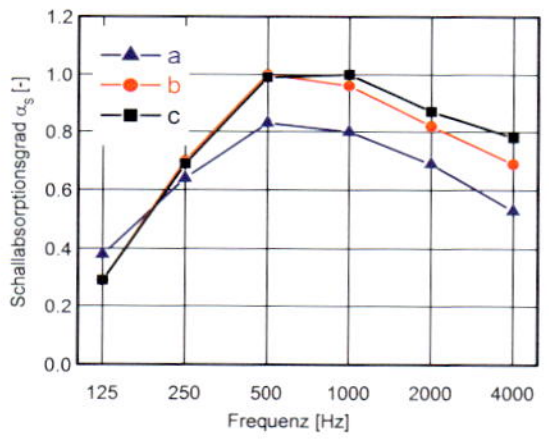

a 1,8/1,8/0,5 Verbundplattenperforation, 50 mm HR, 30 mm Dämmwolle
b wie a, 4/4/1,5 Perforation
c wie a, 6,4/6,4/3,0 Perforation

	Oktav-Mittenfrequenz [Hz]						Einzahlangabe	
	125	250	500	1k	2k	4k	NRC	α_w
a	0,38	0,64	0,83	0,80	0,69	0,53	0,70	0,75
b	0,29	0,70	1,00	0,96	0,82	0,69	0,85	0,85
c	0,29	0,69	0,99	1,00	0,87	0,78	1,00	0,95(L)

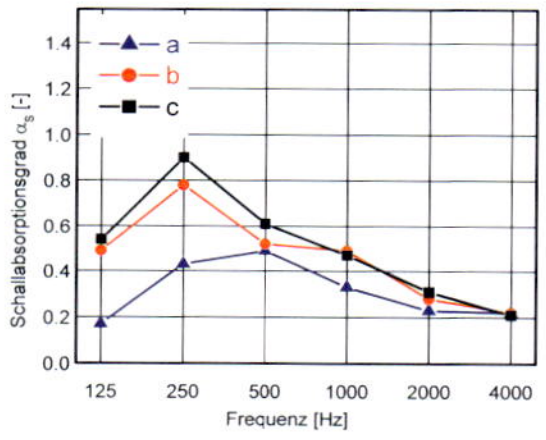

a 8 mm dicke Spanplatte mit Schlitzung 3 mm Breite, Abstand der Schlitzreihen 700 mm, seitlicher Abstand 25 mm, WA 100 mm
b wie a, mit GW hinterlegt
c wie b, mit GW und Filz hinterlegt

	Oktav-Mittenfrequenz [Hz]						Einzahlangabe	
	125	250	500	1k	2k	4k	NRC	α_w
a	0,17	0,43	0,49	0,33	0,23	0,22	0,35	0,30(L)
b	0,49	0,78	0,52	0,49	0,28	0,22	0,50	0,35(L)
c	0,54	0,90	0,61	0,47	0,31	0,21	0,55	0,35(LM)

Tabelle 8.6 (Fortsetzung)

Holzplatten

Grafik Absorptionsgrad	Beschreibung und Absorptionswerte

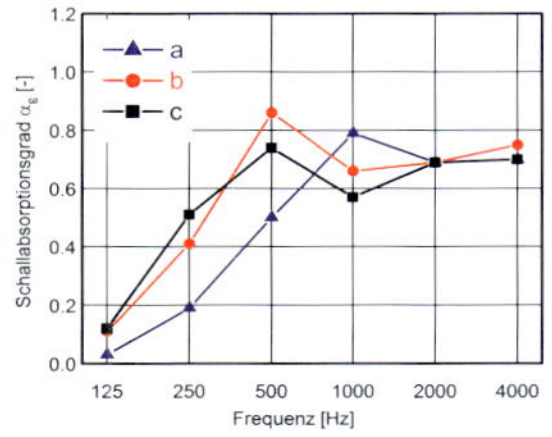

a 4 mm dicke Hartfaserlochplatte, LA = 20 %, 20 mm Harnstoff-Formaldehydharz-Schaum mit Nesselstoff umgeben, $\rho = 15\ kg/m^3$, $\Xi = 50 \times 10^3\ Pas/m^2$, kein WA

b wie a, WA 50 mm

c wie b, WA 100 mm

	Oktav-Mittenfrequenz [Hz]						Einzahlangabe	
	125	250	500	1k	2k	4k	NRC	α_w
a	0,03	0,19	0,50	0,79	0,69	0,70	0,55	0,50(MH)
b	0,11	0,41	0,86	0,66	0,69	0,75	0,65	0,65
c	0,12	0,51	0,74	0,57	0,69	0,70	0,65	0,65

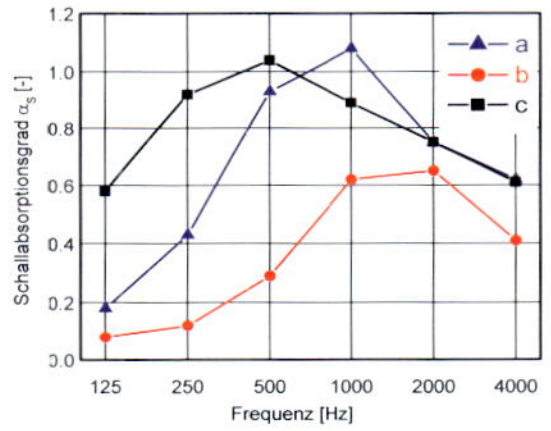

a 16 mm dicke MDF-Platte, frontseitig furniert und gelocht, Lochdurchmesser 8 mm, Lochabstand 16 mm, LA = 19 %, mit Akustikvlies, WA 30 mm, HR mit 30 mm MW bedämpft

b wie a, nur mit Akustikvlies, ohne MW

c wie b, WA 200 mm, HR mit 30 mm MW-Platten bedämpft

	Oktav-Mittenfrequenz [Hz]						Einzahlangabe	
	125	250	500	1k	2k	4k	NRC	α_w
a	0,18	0,43	0,93	1,08	0,75	0,62	0,80	0,70(M)
b	0,08	0,12	0,29	0,62	0,65	0,41	0,40	0,35(MH)
c	0,58	0,92	1,04	0,89	0,75	0,61	0,90	0,75(LM)

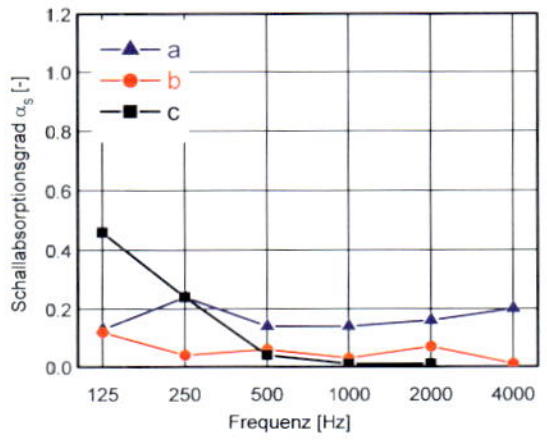

a schwere Holzplatte ($\rho = 620\ kg/m^3$) 10 mm dick, grobe Oberfläche, WA 20 mm

b wie a, 22 mm dick, mit 30 mm MW-Matte hinterlegt, WA 50 mm

c wie b, 8 mm dick, mit 20 mm MW-Matte hinterlegt, WA 20 mm

	Oktav-Mittenfrequenz [Hz]						Einzahlangabe	
	125	250	500	1k	2k	4k	NRC	α_w
a	0,13	0,24	0,14	0,14	0,16	0,20	0,15	0,15(L)
b	0,12	0,04	0,06	0,03	0,07	0,01	0,05	0,05
c	0,46	0,24	0,04	0,01	0,01	-	0,10	0,05(L)

Tabelle 8.6 (Fortsetzung)

Holzplatten

Grafik Absorptionsgrad	Beschreibung und Absorptionswerte
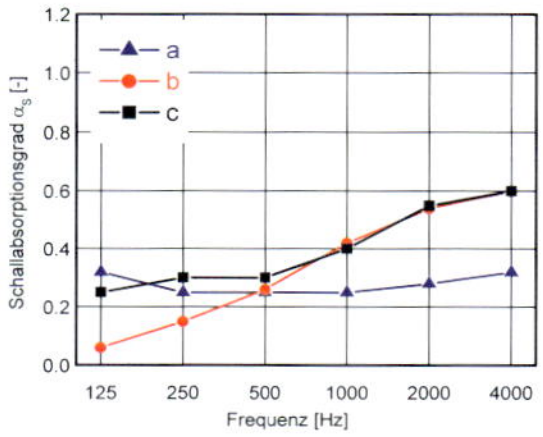	a Holzfaser-Isolierbauplatte (ρ = 200 kg/m^3), 13 mm dicke Schlichtplatte, WA 50 mm b wie a, 12,5 mm dick, gelocht, direkt auf Wand c wie b, WA 50 mm
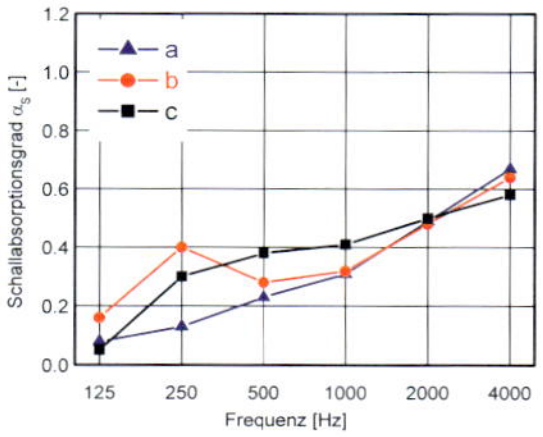	a Holzfaser-Isolierbauplatte (ρ = 200 kg/m^3), 12 mm dick, kreuzgerillt, direkt auf Wand b wie a, WA 50 mm c Holzfaser-Isolierbauplatte (ρ = 200 kg/m^3) 12 mm dick mit Hartdeck, Abstand 30 mm auf Holzlatten

Absorptionswerte zur ersten Grafik:

	Oktav-Mittenfrequenz [Hz]						Einzahlangabe	
	125	250	500	1k	2k	4k	NRC	α_w
a	0,32	0,25	0,25	0,25	0,28	0,32	0,25	0,30
b	0,06	0,15	0,26	0,42	0,54	0,60	0,35	0,35(H)
c	0,25	0,30	0,30	0,40	0,55	0,60	0,40	0,40(H)

Absorptionswerte zur zweiten Grafik:

	Oktav-Mittenfrequenz [Hz]						Einzahlangabe	
	125	250	500	1k	2k	4k	NRC	α_w
a	0,08	0,13	0,23	0,31	0,49	0,67	0,30	0,30(H)
b	0,16	0,40	0,28	0,32	0,48	0,64	0,35	0,35(LH)
c	0,05	0,30	0,38	0,41	0,50	0,58	0,40	0,45(H)

Tabelle 8.6 (Fortsetzung)

Abbildung 8.7 Nahaufnahme kleinperforiertes Holz [Quelle: Strähle Raum-Systeme GmbH]

Durchsichtige Kunststoffe

Grafik Absorptionsgrad	Beschreibung und Absorptionswerte

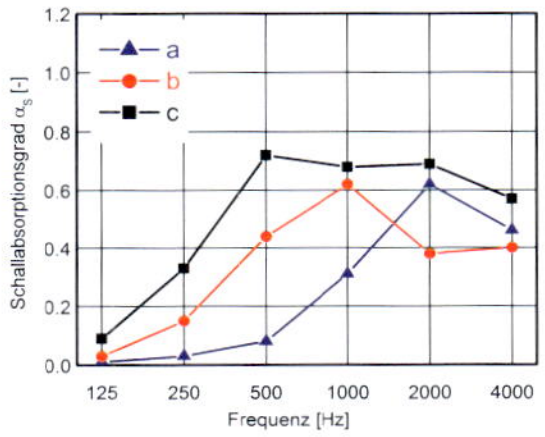

a 105 μm dicke, transparente Polycarbonatfolie mit Mikroperforation, Lochdurchmesser 0,21mm, Lochabstand 2,0 mm, 140 g/m^2: einlagig vor 30 mm HR

b wie a, 100 mm HR

c wie b, zweilagig vor 100 mm HR, Abstand zwischen den Folien 30 mm

Oktav-Mittenfrequenz [Hz]							Einzahlangabe	
	125	250	500	1k	2k	4k	NRC	α_w
a	0,01	0,03	0,08	0,31	0,62	0,46	0,25	0,20(H)
b	0,03	0,15	0,44	0,62	0,38	0,40	0,40	0,40
c	0,09	0,33	0,72	0,68	0,69	0,57	0,60	0,65

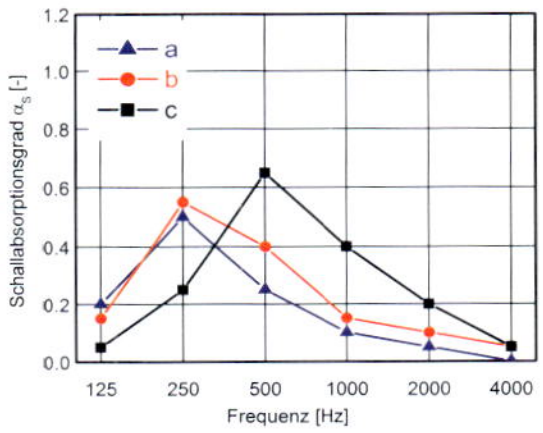

a Kunstglasplatte, Plattendicke 10 mm, Lochabstand 8 mm, Lochdurchmesser 0,80 mm, LA = 0,79 %, Luftschicht 50 mm

b wie a, Plattendicke 15 mm, Lochabstand 6 mm, Lochdurchmesser 0,95 mm, LA = 1,97 %, Luftschicht 50 mm

c wie a, Plattendicke 5 mm, Lochabstand 5 mm, Lochdurchmesser 0,80 mm, LA = 2,01 %, Luftschicht 50 mm

Oktav-Mittenfrequenz [Hz]							Einzahlangabe	
	125	250	500	1k	2k	4k	NRC	α_w
a	0,20	0,50	0,25	0,10	0,05	0,00	0,25	0,10(L)
b	0,15	0,55	0,40	0,15	0,10	0,05	0,30	0,15(LM)
c	0,05	0,25	0,65	0,40	0,20	0,05	0,40	0,20(LM)

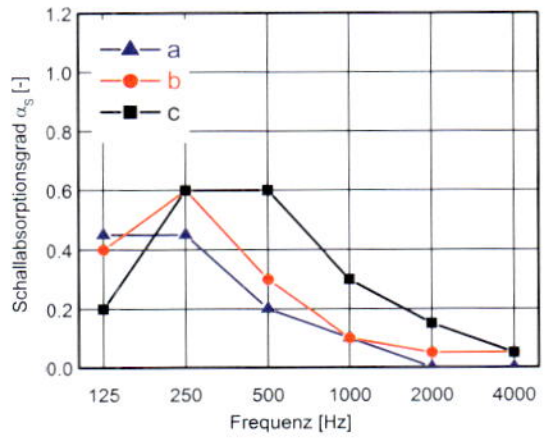

a Kunstglasplatte, Plattendicke 10 mm, Lochabstand 8 mm, Lochdurchmesser 0,80 mm, LA = 0,79 %, Luftschicht 100 mm

b wie a, Plattendicke 15 mm, Lochabstand 6 mm, Lochdurchmesser 0,95 mm, LA = 1,97 %, Luftschicht 100 mm

c wie a, Plattendicke 5 mm, Lochabstand 5 mm, Lochdurchmesser 0,80 mm, LA = 2,01 %, Luftschicht 100 mm

Oktav-Mittenfrequenz [Hz]							Einzahlangabe	
	125	250	500	1k	2k	4k	NRC	α_w
a	0,45	0,45	0,20	0,10	0,00	0,00	0,20	0,10(L)
b	0,40	0,60	0,30	0,10	0,05	0,05	0,25	0,10(L)
c	0,20	0,60	0,60	0,30	0,15	0,05	0,40	0,20(LM)

Tabelle 8.6 (Fortsetzung)

Abbildung 8.8 Mikroperforierte Acrylglas-Elemente

Verglasungen / Fenster	
Grafik Absorptionsgrad	Beschreibung und Absorptionswerte
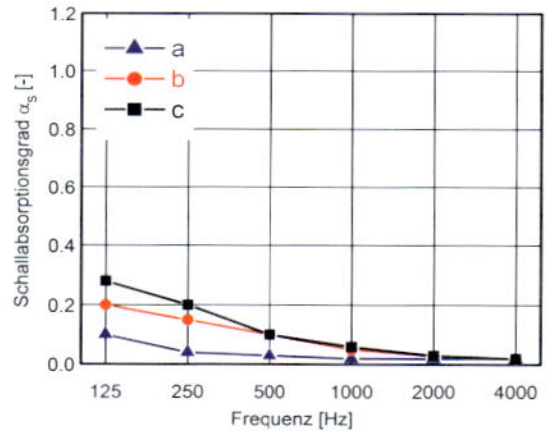	a geschlossenes Doppelfenster b Isolierglasscheibe 4/12/4 c Kastenfenster Oktav-Mittenfrequenz [Hz] — Einzahlangabe 125 250 500 1k 2k 4k — NRC α_w a 0,10 0,04 0,03 0,02 0,02 0,02 — 0,05 0,05 b 0,20 0,15 0,10 0,05 0,03 0,02 — 0,10 0,10(L) c 0,28 0,20 0,10 0,06 0,03 0,02 — 0,10 0,10(L)
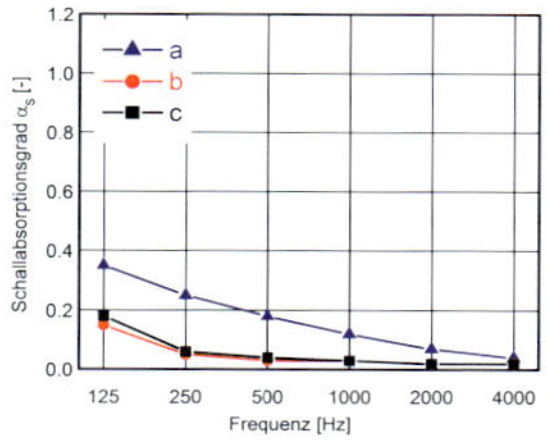	a gewöhnliches Fensterglas b Doppelverglasung, 2–3 mm Glas, > 30 mm Spaltbreite c Glas mit hoher Dicke, große Scheiben Oktav-Mittenfrequenz [Hz] — Einzahlangabe 125 250 500 1k 2k 4k — NRC α_w a 0,35 0,25 0,18 0,12 0,07 0,04 — 0,15 0,10(L) b 0,15 0,05 0,03 0,03 0,02 0,02 — 0,05 0,05 c 0,18 0,06 0,04 0,03 0,02 0,02 — 0,05 0,05

Tabelle 8.6 (Fortsetzung)

Vorhänge

Grafik Absorptionsgrad	Beschreibung und Absorptionswerte

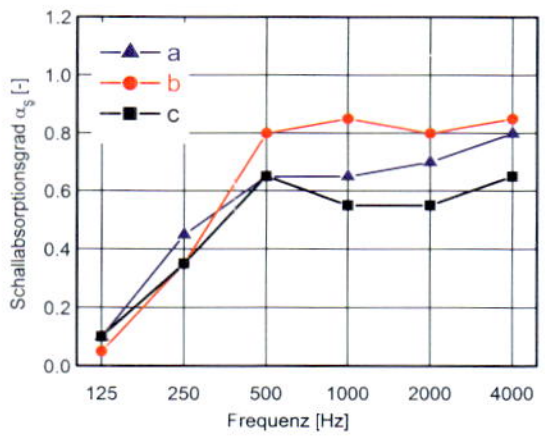

a schwerer Velours, Leinen-Baumwolle-Gemisch, 614 g/m^2, $\Xi = 2\,510\ Pa\,s/m^2$, mittlerer WA, glatt

b schwerer Wollstoff mit 20 % Polyamidanteil, 350 g/m^2, $\Xi = 963\ Pa\,s/m^2$, mittlerer WA 150 mm, glatt

c Strukturiertes schweres Polyestergewebe, 352 g/m^2, $\Xi = 202\ Pa\,s/m^2$, mittlerer WA 150 mm, glatt

	Oktav-Mittenfrequenz [Hz]						Einzahlangabe	
	125	250	500	1k	2k	4k	NRC	α_w
a	0,10	0,45	0,65	0,65	0,70	0,80	0,60	0,65(H)
b	0,05	0,35	0,80	0,85	0,80	0,85	0,70	0,65(H)
c	0,10	0,35	0,65	0,55	0,55	0,65	0,55	0,55

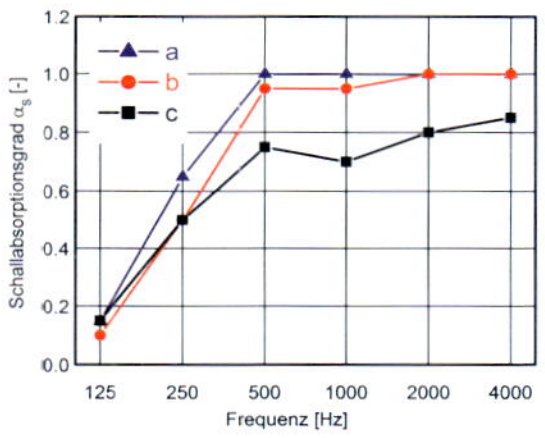

a schwerer Velours, Leinen-Baumwolle-Gemisch, 614 g/m^2, $\Xi = 2\,510\ Pa\,s/m^2$, mittlerer WA, gefaltet, 100 % Faltenzugabe

b schwerer Wollstoff mit 20 % Polyamidanteil, 350 g/m^2, $\Xi = 963\ Pa\,s/m^2$, mittlerer WA 150 mm, gefaltet, 100 % Faltenzugabe

c Strukturiertes schweres Polyestergewebe, 352 g/m^2, $\Xi = 202\ Pa\,s/m^2$, mittlerer WA 150 mm, gefaltet, 100 % Faltenzugabe

	Oktav-Mittenfrequenz [Hz]						Einzahlangabe	
	125	250	500	1k	2k	4k	NRC	α_w
a	0,15	0,65	1,00	1,00	1,00	1,00	0,90	0,95
b	0,10	0,50	0,95	0,95	1,00	1,00	0,85	0,80(H)
c	0,15	0,50	0,75	0,70	0,80	0,85	0,70	0,75

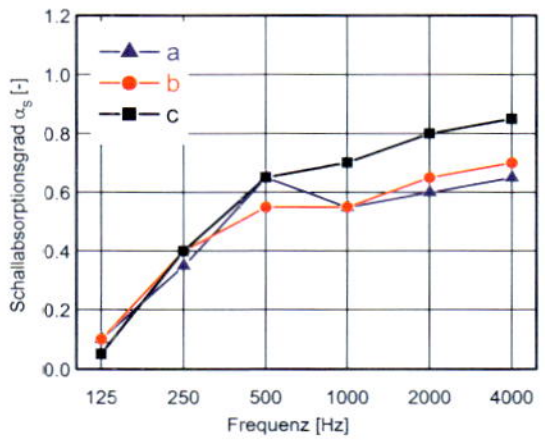

a leicht strukturiertes, schweres Polyestergewebe, 336 g/m^2, $\Xi = 243\ Pa\,s/m^2$, mittlerer WA 150 mm, glatt

b Polyestergewebe, Ripsoptik, 424 g/m^2, $\Xi = 210\ Pa\,s/m^2$, mittlerer WA 150 mm, glatt

c Wollstoff mit 13 % Polyamidananteil, 386 g/m^2, $\Xi = 907\ Pa\,s/m^2$, mittlerer WA 150 mm, glatt

	Oktav-Mittenfrequenz [Hz]						Einzahlangabe	
	125	250	500	1k	2k	4k	NRC	α_w
a	0,10	0,35	0,65	0,55	0,60	0,65	0,55	0,60
b	0,10	0,40	0,55	0,55	0,65	0,70	0,55	0,60
c	0,05	0,40	0,65	0,70	0,80	0,85	0,65	0,65(H)

Tabelle 8.7 Schallabsorptionsgrad für Vorhänge, Baffles und weitere Materialien

Vorhänge

Grafik Absorptionsgrad	Beschreibung und Absorptionswerte

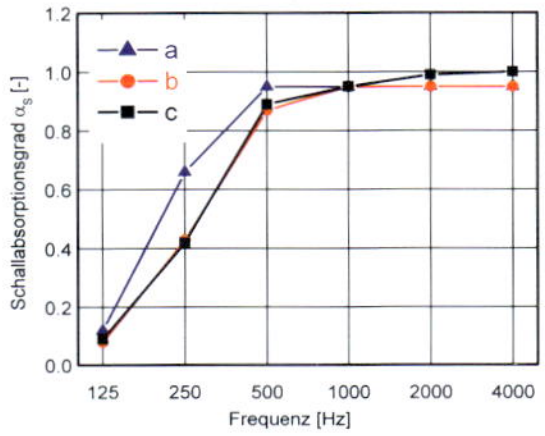

- a Akustikvorhang 614 g/m^2, gefaltet, 100 % Faltenzugabe
- b wie a, 395 g/m^2
- c Akustikvorhang vom Typ hochabsorbierend, WA 15 mm, gefaltet, 100 % Faltenzugabe

	Oktav-Mittenfrequenz [Hz]						Einzahlangabe	
	125	250	500	1k	2k	4k	NRC	α_w
a	0,12	0,66	0,95	0,95	0,95	0,95	0,90	0,95
b	0,08	0,43	0,87	0,95	0,95	0,95	0,80	0,75(H)
c	0,09	0,42	0,89	0,95	0,99	1,00	0,80	0,70(MH)

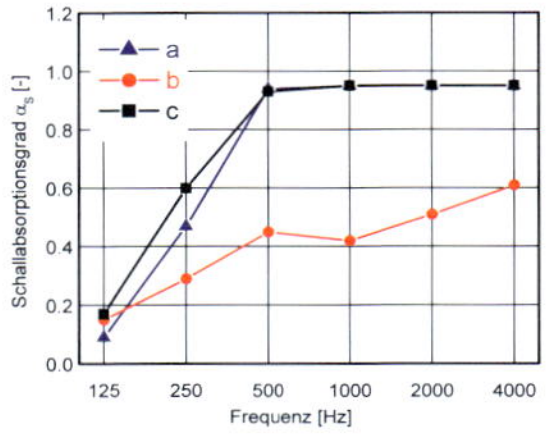

- a Akustikvorhang, gefaltet, 343 g/m^2, Faltenzugabe 82%
- b Akustikvorhang vom Typ mittelabsorbierend, gefaltet, 475 g/m^2, Faltenzugabe 82%
- c Akustikvorhang, gefaltet, 409 g/m^2, 100% Faltenzugabe

	Oktav-Mittenfrequenz [Hz]						Einzahlangabe	
	125	250	500	1k	2k	4k	NRC	α_w
a	0,09	0,47	0,94	0,95	0,95	0,95	0,85	0,75(H)
b	0,15	0,29	0,45	0,42	0,51	0,61	0,40	0,45(H)
c	0,17	0,60	0,93	0,95	0,95	0,95	0,85	0,90

Tabelle 8.7 (Fortsetzung)

Abbildung 8.9 Akustisch wirksame Vorhänge [Quelle: Creation Baumann]

<table>
<tr><th colspan="2">Baffle-Absorber</th></tr>
<tr><th>Grafik Absorptionsgrad</th><th>Beschreibung und Absorptionswerte</th></tr>
<tr><td>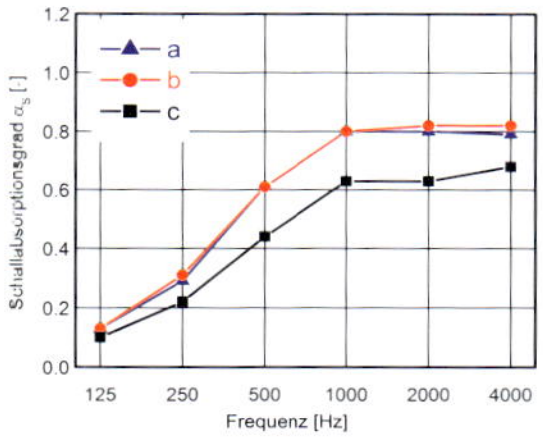
</td><td>a Melaminharz-Schaumstoffbaffle, Maße (HxBxT): 1200x625x50 mm, Abstand der Einzelelemente in Reihenrichtung 40 mm, 200 mm abgehängt, Achsabstand 625 mm
b wie a, Oberfläche farbbeschichtet
c wie b, Achsabstand 935 mm

<table>
<tr><td colspan="7">Oktav-Mittenfrequenz [Hz]</td><td colspan="2">Einzahlangabe</td></tr>
<tr><td></td><td>125</td><td>250</td><td>500</td><td>1k</td><td>2k</td><td>4k</td><td>NRC</td><td>α_w</td></tr>
<tr><td>a</td><td>0,13</td><td>0,29</td><td>0,61</td><td>0,80</td><td>0,80</td><td>0,79</td><td>0,65</td><td>0,60(H)</td></tr>
<tr><td>b</td><td>0,13</td><td>0,31</td><td>0,61</td><td>0,80</td><td>0,82</td><td>0,82</td><td>0,65</td><td>0,60(H)</td></tr>
<tr><td>c</td><td>0,10</td><td>0,22</td><td>0,44</td><td>0,63</td><td>0,63</td><td>0,68</td><td>0,50</td><td>0,45(H)</td></tr>
</table></td></tr>
<tr><td>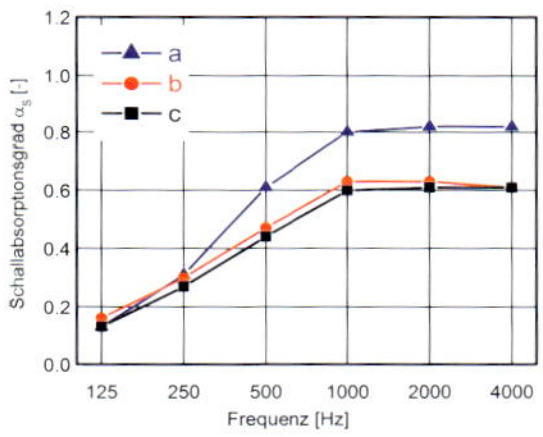
</td><td>a Baffle aus Melaminharz, Achsabstand 625 mm, Form Rechteck
b wie a, Form Rund
c wie a, Form Ellipse

<table>
<tr><td colspan="7">Oktav-Mittenfrequenz [Hz]</td><td colspan="2">Einzahlangabe</td></tr>
<tr><td></td><td>125</td><td>250</td><td>500</td><td>1k</td><td>2k</td><td>4k</td><td>NRC</td><td>α_w</td></tr>
<tr><td>a</td><td>0,13</td><td>0,31</td><td>0,61</td><td>0,80</td><td>0,82</td><td>0,82</td><td>0,65</td><td>0,60(H)</td></tr>
<tr><td>b</td><td>0,16</td><td>0,30</td><td>0,47</td><td>0,63</td><td>0,63</td><td>0,61</td><td>0,50</td><td>0,50</td></tr>
<tr><td>c</td><td>0,13</td><td>0,27</td><td>0,44</td><td>0,60</td><td>0,61</td><td>0,61</td><td>0,50</td><td>0,50</td></tr>
</table></td></tr>
<tr><td>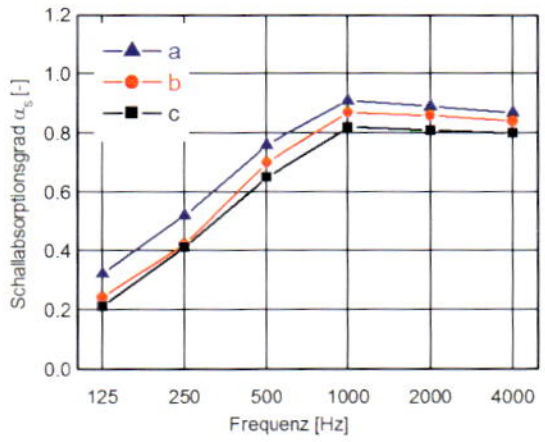
</td><td>a Baffle aus Steinwolle, Höhe 450 mm, Achsabstand 350 mm
b wie a, Achsabstand 450 mm
c wie a, Achsabstand 600 mm

<table>
<tr><td colspan="7">Oktav-Mittenfrequenz [Hz]</td><td colspan="2">Einzahlangabe</td></tr>
<tr><td></td><td>125</td><td>250</td><td>500</td><td>1k</td><td>2k</td><td>4k</td><td>NRC</td><td>α_w</td></tr>
<tr><td>a</td><td>0,32</td><td>0,52</td><td>0,76</td><td>0,91</td><td>0,89</td><td>0,87</td><td>0,75</td><td>0,75</td></tr>
<tr><td>b</td><td>0,24</td><td>0,42</td><td>0,70</td><td>0,87</td><td>0,86</td><td>0,84</td><td>0,70</td><td>0,70(H)</td></tr>
<tr><td>c</td><td>0,21</td><td>0,41</td><td>0,65</td><td>0,82</td><td>0,81</td><td>0,80</td><td>0,65</td><td>0,65(H)</td></tr>
</table></td></tr>
<tr><td>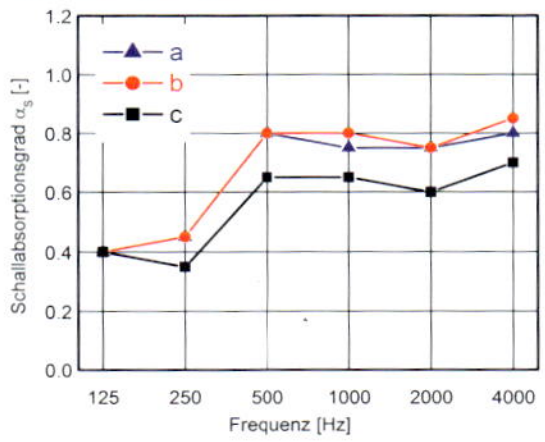
</td><td>a magnesitgebundener Holzwollbaffle, 1200x600 mm, Plattendicke 55 mm, Reihenabstand 350 mm, Abhängehöhe 0 mm
b wie a, 1200x600mm, Abhängehöhe 300 mm
c wie a, Reihenabstand 700 mm

<table>
<tr><td colspan="7">Oktav-Mittenfrequenz [Hz]</td><td colspan="2">Einzahlangabe</td></tr>
<tr><td></td><td>125</td><td>250</td><td>500</td><td>1k</td><td>2k</td><td>4k</td><td>NRC</td><td>α_w</td></tr>
<tr><td>a</td><td>0,40</td><td>0,45</td><td>0,80</td><td>0,75</td><td>0,75</td><td>0,80</td><td>0,70</td><td>0,75</td></tr>
<tr><td>b</td><td>0,40</td><td>0,45</td><td>0,80</td><td>0,80</td><td>0,75</td><td>0,85</td><td>0,70</td><td>0,75</td></tr>
<tr><td>c</td><td>0,40</td><td>0,35</td><td>0,65</td><td>0,65</td><td>0,60</td><td>0,70</td><td>0,55</td><td>0,60</td></tr>
</table></td></tr>
</table>

Tabelle 8.7 (Fortsetzung)

Theaterbestuhlung, flächenhaft

Grafik Absorptionsgrad

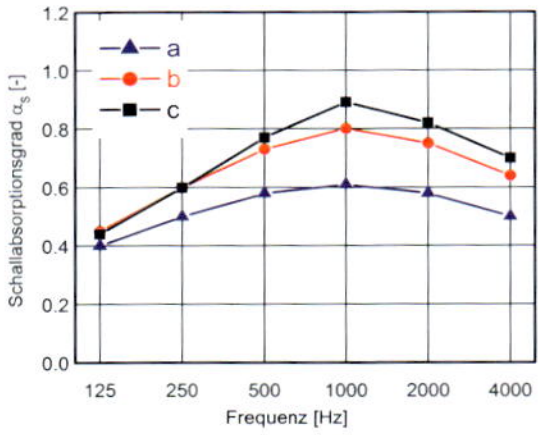

Beschreibung und Absorptionswerte

- a mit Leder gepolsterte Sitzflächen
- b gepolsterte Sitzflächen
- c stark gepolsterte Sitzflächen

	Oktav-Mittenfrequenz [Hz]						Einzahlangabe	
	125	250	500	1k	2k	4k	NRC	α_w
a	0,40	0,50	0,58	0,61	0,58	0,50	0,55	0,60
b	0,45	0,60	0,73	0,80	0,75	0,64	0,70	0,75
c	0,44	0,60	0,77	0,89	0,82	0,70	0,75	0,80

Tabelle 8.7 (Fortsetzung)

Weitere Angaben

Grafik Absorptionsgrad

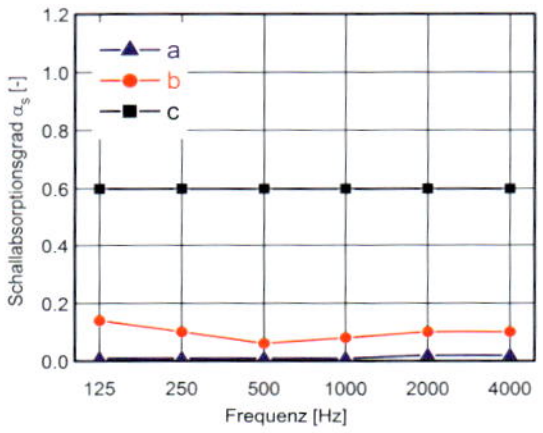

Beschreibung und Absorptionswerte

- a Wasseroberfläche ine Schwimmbad
- b massive Holztür
- c Lüftungsgitter

	Oktav-Mittenfrequenz [Hz]						Einzahlangabe	
	125	250	500	1k	2k	4k	NRC	α_w
a	0,01	0,01	0,01	0,01	0,02	0,02	0,00	0,00
b	0,14	0,10	0,06	0,08	0,10	0,10	0,10	0,10
c	0,60	0,60	0,60	0,60	0,60	0,60	0,60	0,60

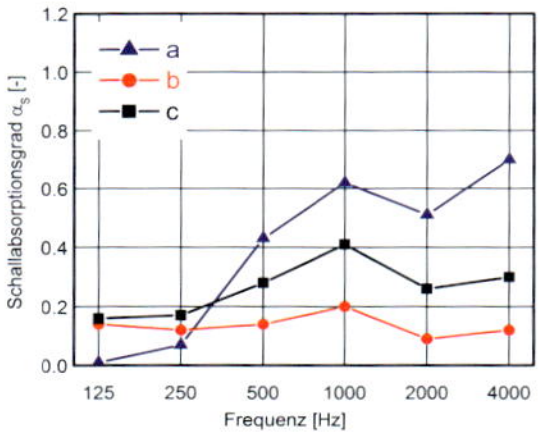

- a Eierkartons, flächig ausgelegt
- b Diffusor, 2D N=7 QRD^{TM}, Design Freq. = 500 Hz
- c wie b, mit Stoff bespannt

	Oktav-Mittenfrequenz [Hz]						Einzahlangabe	
	125	250	500	1k	2k	4k	NRC	α_w
a	0,01	0,07	0,43	0,62	0,51	0,70	0,40	0,35(MH)
b	0,14	0,12	0,14	0,20	0,09	0,12	0,15	0,15
c	0,16	0,17	0,28	0,41	0,26	0,30	0,30	0,30

Tabelle 8.7 (Fortsetzung)

Schränke

Grafik Absorptionsfläche | **Beschreibung und Absorptionswerte**

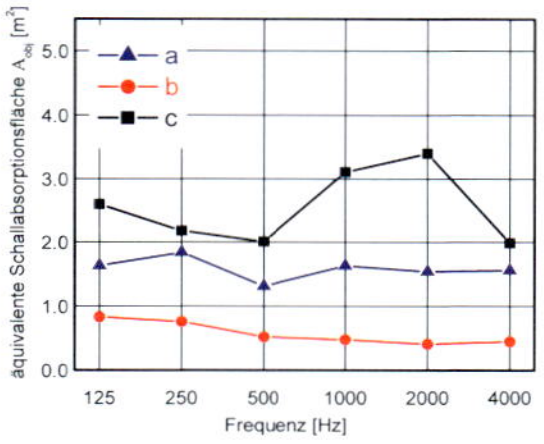

a Schrank, schallabsorbierender Rolladen, 1200 mm breit, 5 OH
b Schrank, glatte Jalousie, 1200 mm breit, 5 OH
c Schrank, gelochte Schiebetür, Rückwand Holz, gelocht, vor 7 mm Luft, 1200 mm breit, 5 OH

Oktav-Mittenfrequenz [Hz]

	125	250	500	1k	2k	4k
a	1,63	1,84	1,31	1,63	1,54	1,56
b	0,83	0,76	0,52	0,48	0,41	0,45
c	2,60	2,18	2,01	3,11	3,40	1,99

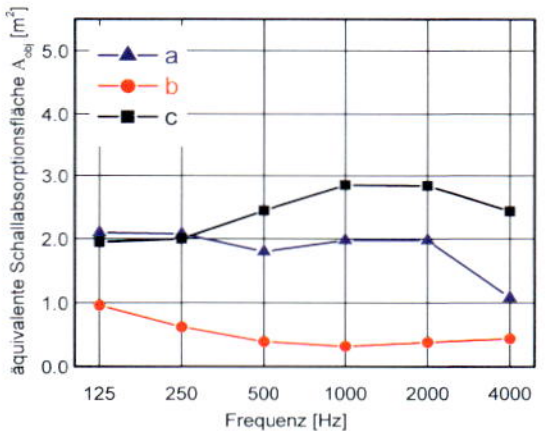

a Schrank, gelochte Schiebetür, Rückwand Holz, gelocht, vor 7 mm Luft, 1200 mm breit, 5 OH
b Schrank, glatte Schiebetür, Rückwand glatt, 1200 mm breit, 5 OH
c Hochschrank, Drehtür gelocht, Absorber-Rückwand, 1200 mm breit, 5 OH

Oktav-Mittenfrequenz [Hz]

	125	250	500	1k	2k	4k
a	2,10	2,08	1,80	1,98	1,98	1,08
b	0,96	0,62	0,39	0,32	0,38	0,44
c	1,95	2,00	2,44	2,85	2,84	2,43

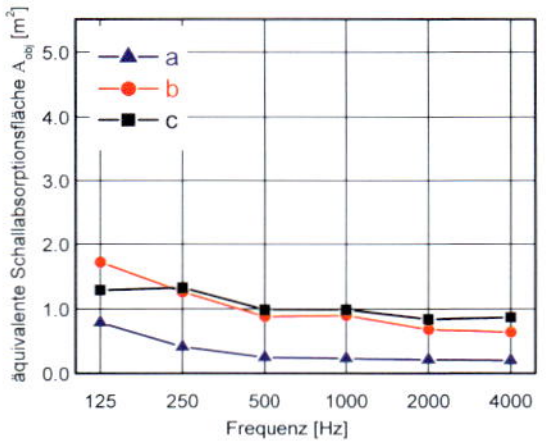

a Schrank, glatte Flächen, 1000 mm breit, 4 OH
b Schrank, Akustik-Schiebetür (gelocht), glatte Rückwand, 1000 mm breit, 4 OH
c Schrank, glatte Front, Akustik-Rückwand (gelocht), 1000 mm breit, 4 OH

Oktav-Mittenfrequenz [Hz]

	125	250	500	1k	2k	4k
a	0,79	0,41	0,25	0,23	0,21	0,20
b	1,72	1,26	0,88	0,90	0,68	0,64
c	1,29	1,33	0,99	0,99	0,84	0,87

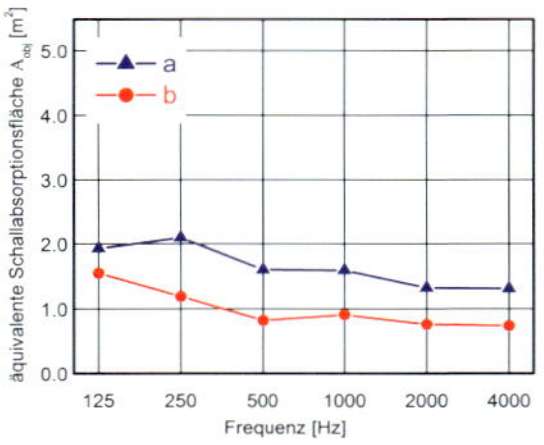

a Schrank, Akustik-Schiebetür und -Rückwand (gelocht), 1000 mm breit, 4 OH
b wie a, direkt vor Hallraumwand stehend

Oktav-Mittenfrequenz [Hz]

	125	250	500	1k	2k	4k
a	1,93	2,10	1,60	1,59	1,32	1,31
b	1,55	1,19	0,82	0,91	0,76	0,74

Tabelle 8.8 Schallabsorptionfläche für Möbel und Einrichtungsgegenstände

Abbildung 8.10 Perforiertes Möbelelement [Quelle: USM Möbelbausysteme]

Schränke

Grafik Absorptionsfläche	Beschreibung und Absorptionswerte

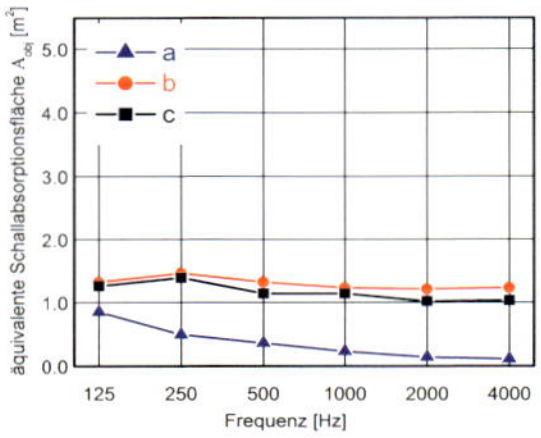

a 3-stöckiger leerer Metall-Schrank, Maße (H×B×T): 1092×1525×375 mm, Oberflächen unperforiert

b wie a, 50 % voll mit div. Büchern, Ordnern usw., Klapptüren außen und innen perforiert

c wie a, leer, Klapptüren außen und innen perforiert

Oktav-Mittenfrequenz [Hz]

	125	250	500	1k	2k	4k
a	0,85	0,49	0,36	0,23	0,14	0,11
b	1,32	1,46	1,32	1,23	1,21	1,23
c	1,26	1,39	1,14	1,14	1,02	1,03

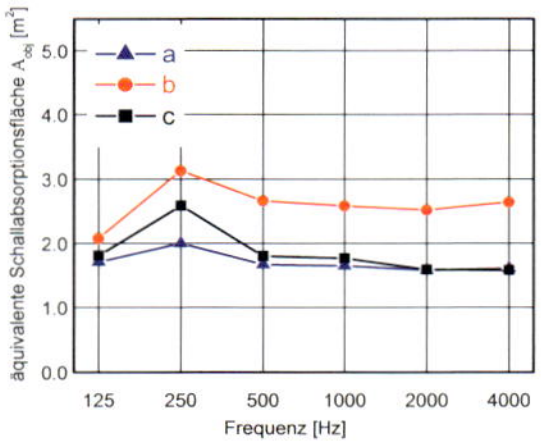

a 3-stöckiger leerer Schrank, Maße (H×B×T): 1092×1525×375 mm, Seitenwände, Rückwand unperforiert und Seitenwand perforiert, Klapptüren außen und innen perforiert

b wie a, leer, Seitenwand und Rückwand perforiert – Klapptüren außen u. innen perforiert

c wie b, Seitenwand und Rückwand perforiert , Klapptüren unperforiert

Oktav-Mittenfrequenz [Hz]

	125	250	500	1k	2k	4k
a	1,71	2,00	1,67	1,65	1,58	1,61
b	2,08	3,13	2,66	2,58	2,52	2,64
c	1,81	2,59	1,80	1,77	1,59	1,58

Tabelle 8.8 (Fortsetzung)

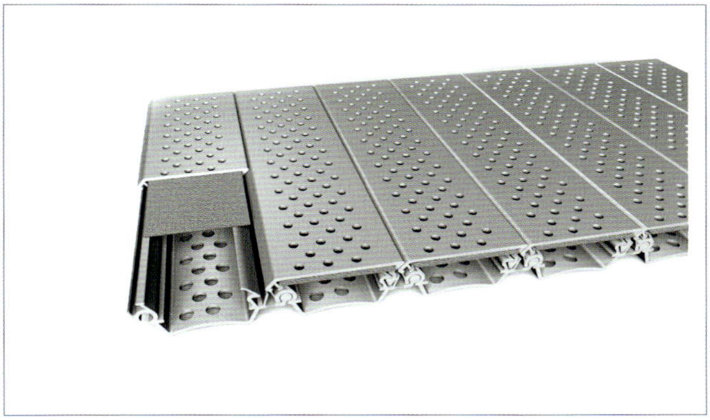

Abbildung 8.11 Schallabsorbierender Rolladen mit Perforation und Vlieseinlage [Quelle: ©Rehau AG + Co]

Stellwände	
Grafik Absorptionsfläche	Beschreibung und Absorptionswerte
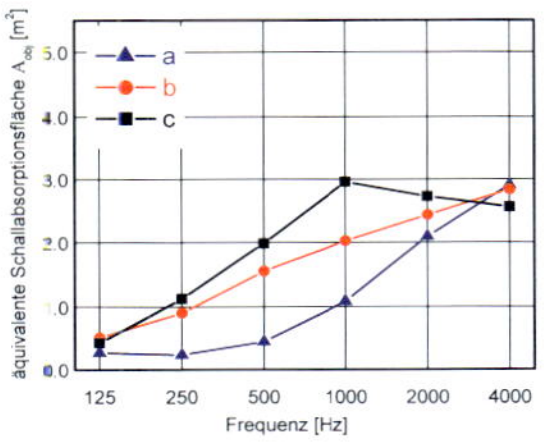	a Stellwand gering absorbierend, Maße (H×B×T): 1024×1590×35 mm b Stellwand absorbierend, Maße wie a c Stellwand hoch absorbierend, Maße (H×B×T): 1024×1590×63 mm Oktav-Mittenfrequenz [Hz] 125 250 500 1k 2k 4k a 0,27 0,24 0,45 1,09 2,10 2,91 b 0,52 0,91 1,56 2,03 2,44 2,84 c 0,43 1,13 1,99 2,96 2,73 2,56
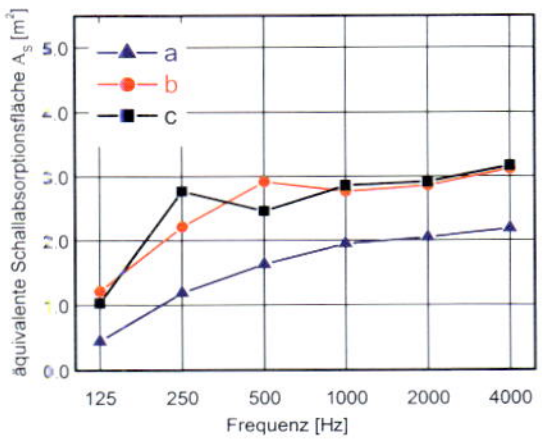	a Stellwand, absorbierend, 1400×800×56 mm, außen 8 mm Vlies 1100 g/m³ mit Stoffbezug, 2 x 20 mm Vlieskern 650 g/m³, frei im Hallraum stehend b Paneelsystem, absorbierend, 2015×1025×55 mm, frei im Hallraum liegend c Stellwand, absorbierend, 1650x1200x50 mm, Vliesfüllung frei im Hallraum stehend Oktav-Mittenfrequenz [Hz] 125 250 500 1k 2k 4k a 0,45 1,19 1,63 1,95 2,05 2,19 b 1,22 2,22 2,92 2,77 2,86 3,12 c 1,03 2,77 2,46 2,86 2,92 3,17

Tabelle 8.8 (Fortsetzung)

Personen, Sitzmöbel

Grafik Absorptionsfläche	Beschreibung und Absorptionswerte

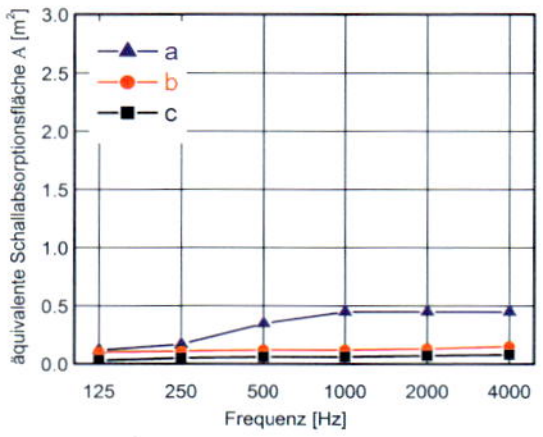

a 0,5 m^2 / Person sitzend auf ungepolsterter Bestuhlung
b 0,5 m^2 / Person sitzend auf Leichtpolsterbestuhlung
c 0,5 m^2 / Person sitzend auf Hochpolsterbestuhlung

Oktav-Mittenfrequenz [Hz]

	125	250	500	1k	2k	4k
a	0,12	0,17	0,35	0,45	0,45	0,45
b	0,10	0,11	0,12	0,12	0,13	0,15
c	0,03	0,05	0,06	0,06	0,07	0,08

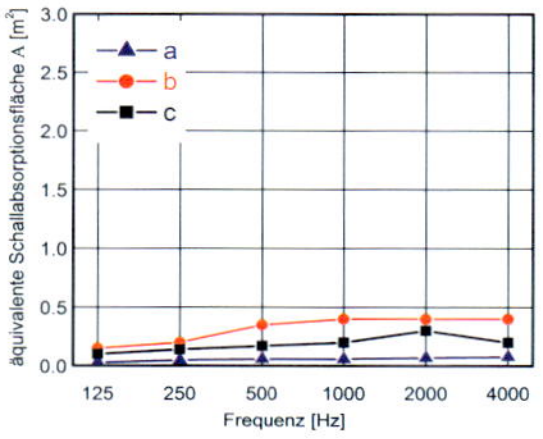

a Schüler in Unterrichtsräumen, 2,5 m^2 / Platz und ungepolsterten Stühlen
b wie a, Kinder in Vorschuleinrichtungen
c 6 m^2 / männliche Person im Anzug sitzend

Oktav-Mittenfrequenz [Hz]

	125	250	500	1k	2k	4k
a	0,15	0,20	0,35	0,40	0,40	0,40
b	0,10	0,14	0,17	0,20	0,30	0,20
c	0,15	0,25	0,55	0,80	0,90	0,90

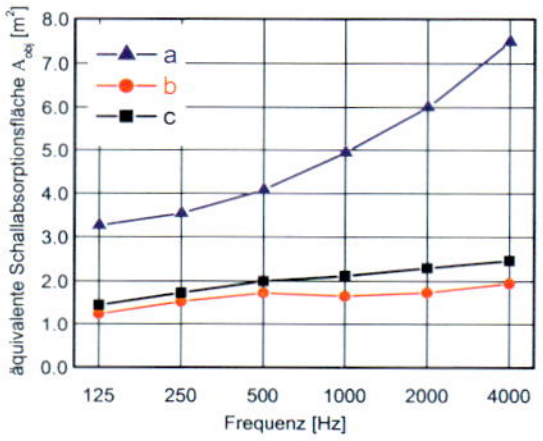

a schallabsorbierendes Sitzmöbel, 3-Sitzer, Maße (HxBxT): 1820x780x1500 mm, mit Stoffbezug und Lehne mit Aufsatz erhöht, schwere Konstruktion
b schallabsorbierendes Sitzmöbel, Stoffbezug, ohne Aufsatz
c wie b, Lehne mit Aufsatz erhöht

Oktav-Mittenfrequenz [Hz]

	125	250	500	1k	2k	4k
a	3,27	3,54	4,08	4,95	6,01	7,49
b	1,24	1,53	1,73	1,66	1,74	1,95
c	1,45	1,73	2,00	2,12	2,30	2,47

Tabelle 8.8 (Fortsetzung)

8.2 Literaturverzeichnis

[1] Absorptionsgradtabelle der PTB. Physikalisch-technische Bundesanstalt, http://www.ptb.de, dann Fachabteilung 1.6 Schall/1.63 [Stand 12.8.14].

[2] Ahnert, W.; Reichardt, W.: Grundlagen der Beschallungstechnik. Berlin: VEB Verlag Technik, 1981.

[3] Ahnert, W.; Steffen, F.: Sound Reinforcement Engineering. London: E & FN Spon, 1999.

[4] Ansorge, D.: Schallschutz. Stuttgart: Fraunhofer IRB Verlag, 2011.

[5] Apfel, R. E.: Deaf Architects and Blind Acousticians? New Haven: Apple Enterprises Press, 1998.

[6] Arau-Puchades, H.: An Improved Reverberation Formula. Acustica (1988)(4), p. 163 – 180.

[7] Arbeitsstättenverordnung vom 12. August 2004 (BGBl. I S. 2179), die zuletzt durch Artikel 4 der Verordnung vom 19. Juli 2010 (BGBl. I S. 960) geändert worden ist.

[8] ASTM C 423-09a: Standard Test Method for Sound Absorption and Sound Absorption Coefficients by the Reverberation Room Method. ASTM International, 2009.

[9] Attenborough, K.: Acoustical characteristics of rigid fibrous absorbents and granular materials. J. Acoust. Soc. Am. 73(1983)(3), p. 785–799.

[10] Attenborough, K.: Models for the acoustical properties of air-saturated granular media. Acustica/acta acustica 1(1993)(1), p. 213–226.

[11] Barron, M.: Auditorium Acoustics and Architectural Design. London: Spon Press, 2. überarb. Aufl., 2010.

[12] Baumgartner, H.; Kurz, R.; Zimmermann, G. (Hrsg.): Mangelhafter Schallschutz von Gebäuden, Bd. 27 von Schadenfreies Bauen. Stuttgart: Fraunhofer IRB Verlag, 2002.

[13] Beranek, L.: Concert Halls and Opera Houses. New York: Springer-Verlag New York, 2. Aufl., 2004.

[14] BG/GUV-SI 8094 - Information - Klasse(n)-Räume für Schulen; Empfehlungen für gesundheits- und lernfördernde Klassenzimmer. Deutsche Gesetzliche Unfallversicherung e.V. (DGUV), Januar 2012.

[15] Blauert, J.; Xiang, N.: Acoustics for Engineers. Berlin/Heidelberg: Springer-Verlag, 2008.

[16] Bobran, H. W.: Handbuch der Bauphysik, Schallschutz - Raumakustik - Wärmeschutz - Feuchtschutz. Köln: Rudolf Müller, 8., aktual. u. erw. Aufl., 2010.

[17] Brooks, C. N.: Architectural Acoustics. Jefferson: Mc Farland and Company, 2003.

[18] Burris-Meyer, H.; Goodfriend, L.: Acoustics for the Architect. New York: Reinhold, 1957.

[19] Cavanaugh, W. J.; Tocci, G.; Wilkes, J. A.: Architectural Acoustics. Hoboken: John Wiley & Sons, 1999.

[20] Cowan, J.: Architectural Acoustics Design Guide. New York: Mc Graw-Hill, 2000.

[21] Cox, T. J.; D'Antonio, P.: Acoustic Absorbers and Diffusers. Abington: Taylor Francis, 2. Aufl., 2009.

[22] Cremer, H.; Cremer, L.: Über die theoretischen Ableitungen der Nachhallgesetze - Teil II. Akustische Zeitschrift 2(1937)(6), p. 296–302.

[23] Cremer, L.: Geometrische Raumakustik, Bd. 1. Stuttgart: S. Hirzel Verlag Stuttgart, 1948.

[24] Cremer, L.: Die wissenschaftlichen Grundlagen der Raumakustik, Bd. 3. Stuttgart: S. Hirzel Verlag, 1950.

[25] Cremer, L.: Statistische Raumakustik, Bd. 2. Stuttgart: S. Hirzel Verlag, 1961.

[26] Cremer, L.; Müller, H. A.: Die wissenschaftlichen Grundlagen der Raumakustik: Geometrische Raumakustik, Statistische Raumakustik, Psychologische Raumakustik, Bd. I. Stuttgart: S. Hirzel Verlag, 1976.

[27] Cremer, L.; Müller, H. A.: Die wissenschaftlichen Grundlagen der Raumakustik: Wellentheoretische Raumakustik, Bd. II. Stuttgart: S. Hirzel Verlag, 1976.

[28] Deutsche Gesellschaft für das Badewesen e. V. -DGfdB-, Essen (Hrsg.) et al.: Richtlinien für den Bäderbau (5. Auflage). Koordinierungskreis Bäder, 2013.

[29] DIN Schallabsorptionsgrad-Tabelle, Deutscher Normenausschuss (DNA), 1968.

[30] DIN 1320: 2009-12. Akustik - Begriffe. Berlin: Beuth-Verlag, Dezember 2009.

[31] DIN 15906: 2009-06. Tagungsstätten. Berlin: Beuth-Verlag, Juni 2009.

[32] DIN 18040-1: 2010-10. Barrierefreies Bauen - Planungsgrundlagen - Teil 1: Öffentlich zugängliche Gebäude. Berlin: Beuth-Verlag, Oktober 2010.

[33] DIN 18040-2: 2011-09. Barrierefreies Bauen - Planungsgrundlagen - Teil 2: Wohnungen. Berlin: Beuth-Verlag, September 2011.

[34] DIN 18040-3: 2013-05. Barrierefreies Bauen - Planungsgrundlagen - Teil 3: Öffentlicher Verkehrs- und Freiraum. Berlin: Beuth-Verlag, Mai 2013.

[35] DIN 18041: 2004-05. Hörsamkeit in kleinen und mittelgroßen Räumen. Berlin: Beuth-Verlag, Mai 2004.

[36] DIN 4109: 1989-11. Schallschutz im Hochbau - Anforderungen und Nachweise. Berlin: Beuth-Verlag, November 1989.

[37] DIN 4109 Beiblatt 2: 1989-11. Schallschutz im Hochbau - Hinweise für Planung und Ausführung; Vorschläge für einen erhöhten Schallschutz; Empfehlungen für den Schallschutz im eigenen Wohn- und Arbeitsbereich. Berlin: Beuth-Verlag, November 1989.

[38] DIN 45641: 1990-06. Mittelung von Schallpegeln. Berlin: Beuth-Verlag, Juni 1990.

[39] DIN 45645-2: 2012-09. Ermittlung von Beurteilungspegeln aus Messungen Teil 2: Ermittlung des Beurteilungspegels am Arbeitsplatz bei Tätigkeit unterhalb des Pegelbereiches der Gehörgefährdung. Berlin: Beuth-Verlag, September 2012.

[40] DIN / DEGA: Gemeinsame Stellungnahme des DIN-Arbeitskreises zur Überarbeitung der DIN 18041 und des Fachausschusses Bau- und Raumakustik der Deutschen Gesellschaft für Akustik zur Thematik tiefer Frequenzen in der Akustik kleiner bis mittelgroßer Räume, Juni 2014.

[41] DIN EN 12354-6: 2004-04. Bauakustik - Berechnung der akustischen Eigenschaften von Gebäuden aus den Bauteileigenschaften - Teil 6: Schallabsorption in Räumen; Deutsche Fassung EN 12354-6:2003. Berlin: Beuth-Verlag, April 2004.

[42] DIN EN 60268-16: 2012-05. Elektroakustische Geräte - Teil 16: Objektive Bewertung der Sprachverständlichkeit durch den Sprachübertragungsindex; (IEC 60268-16:2011); Deutsche Fassung EN 60268-16:2011). Berlin: Beuth-Verlag, Mai 2012.

[43] DIN EN ISO 10534-1: 2001-10. Akustik - Bestimmung des Schallabsorptionsgrades und der Impedanz in Impedanzrohren - Teil 1: Verfahren mit Stehwellenverhältnis (ISO 10534-1:1996); Deutsche Fassung EN ISO 10534-1:2001. Berlin: Beuth-Verlag, Oktober 2001.

[44] DIN EN ISO 10534-2: 2001-10. Akustik - Bestimmung des Schallabsorptionsgrades und der Impedanz in Impedanzrohren - Teil 2: Verfahren mit Übertragungsfunktion (ISO 10534-2:1998); Deutsche Fassung EN ISO 10534-2:2001. Berlin: Beuth-Verlag, Oktober 2001.

[45] DIN EN ISO 11654: 1997-07. Schallabsorber für die Anwendung in Gebäuden - Bewertung der Schallabsorption (ISO 11654:1997); Deutsche Fassung EN ISO 11654:1997. Berlin: Beuth-Verlag, Juli 1997.

[46] DIN EN ISO 17624: 2005-03. Akustik - Leitfaden für den Schallschutz in Büros und Arbeitsräumen durch Schallschirme (ISO 17624:2004); Deutsche Fassung EN ISO 17624:2004. Berlin: Beuth-Verlag, März 2005.

[47] DIN EN ISO 3382-1: 2009-10. Akustik - Messung von Parametern der Raumakustik - Teil 1: Aufführungsräume (ISO 3382-1:2009); Deutsche Fassung EN ISO 3382-1:2009. Berlin: Beuth-Verlag, Oktober 2009.

[48] DIN EN ISO 3382-2: 2008-09 Akustik - Messung von Parametern der Raumakustik - Teil 2: Nachhallzeit in gewöhnlichen Räumen (ISO 3382-2:2008); Deutsche Fassung EN ISO 3382-1:2008. Berlin: Beuth-Verlag, September 2008, (Achtung: DIN EN ISO 3882-2 Berichtigung 1, September 2009).

[49] DIN EN ISO 3382-3: 2012-05. Akustik - Messung von Parametern der Raumakustik - Teil 3: Großraumbüros (ISO 3382-3:2012); Deutsche Fassung EN ISO 3382-3:2012. Berlin: Beuth-Verlag, Mai 2012.

[50] DIN EN ISO 354: 2003-12. Akustik - Messung der Schallabsorption in Hallräumen (ISO 354:2003); Deutsche Fassung EN ISO 354:2003. Berlin: Beuth-Verlag, Dezember 2003.

[51] DIN ISO 226: 2006-04. Akustik - Normalkurven gleicher Lautstärkepegel (ISO 226:2003). Berlin: Beuth-Verlag, April 2006.

[52] DIN EN ISO 11690-1: 1997-02. Richtlinien für die Gestaltung lärmarmer maschinenbestückter Arbeitsstätten Teil 1: Allgemeine Grundlagen (ISO 11690-1:1996); Deutsche Fassung EN ISO 11690-1:1996. Berlin: Beuth-Verlag, Februar 1997.

[53] DIN EN ISO 11690-3: 1999-01. Richtlinien für die Gestaltung lärmarmer maschinenbestückter Arbeitsstätten Teil 3: Schallausbreitung und -vorausberechnung in Arbeitsräumen (ISO/TR 11690-3:1997); Deutsche Fassung EN ISO 11690-3:1998. Berlin: Beuth-Verlag, Januar 1999.

[54] DIN EN ISO 226: 1997-08. Akustik - Normfrequenzen (ISO 266:1997); Deutsche Fassung EN ISO 266:1997. Berlin: Beuth-Verlag, August 1997.

[55] DIN EN ISO 9612: 2009-09 Akustik - Bestimmung der Lärmexposition am Arbeitsplatz - Verfahren der Genauigkeitsklasse 2 (Ingenieurverfahren) (ISO 9612:2009); Deutsche Fassung EN ISO 9612:2009. Berlin: Beuth-Verlag, September 2009.

[56] DIN EN ISO 9921: 2004-02. Ergonomie - Beurteilung der Sprachkommunikation (ISO 9921:2003); Deutsche Fassung EN ISO 9921:2003. Berlin: Beuth-Verlag, Februar 2004.

[57] Egan, M. D.: Architectural Acoustics. Fort Lauderdale: J. Ross, 2007.

[58] Engl, J.: Raum und Bauakustik, ein Leitfaden für Architekten und Ingenieure. Leipzig: Akademische Verlagsgesellschaft, 1939.

[59] Eyring, C. F.: Reverberation time in „dead" rooms. J. Acoust. Soc. Am. 1(1930)(1), p. 217 – 241.

[60] Fasold, W.; Kraak, W.; Schirmer, W.: Taschenbuch Akustik (Teil 2). Berlin: VEB Verlag Technik Berlin, 1984.

[61] Fasold, W.; Sonntag, E.: Bauphysikalische Entwurfslehre, Bd. 4. Berlin: VEB Verlag Bauwesen, 3. überarb. Aufl., 1978.

[62] Fasold, W.; Veres, E.: Schallschutz und Raumakustik in der Praxis. Berlin: Verlag Bauwesen, 2. überarb. Aufl., 2003.

[63] Fasold, W.; Winkler, H.: Bau- und Raumakustik Bauphysikalische Entwurfslehre. Berlin: VEB Verlag Bauwesen, 1987.

[64] Fastl, H.; Zwicker, E.: Psychoacoustics. Berlin/Heidelberg: Springer, 3. Aufl., 2006.

[65] Fitzroy, D.: Reverberation Formula Which Seems to Be More Accurate with Nonuniform Distribution of Absorption. J. Acoust. Soc. Am. 31(1959)(7), p. 893 – 897.

[66] Fouad, N. A. (Hrsg.): Bauphysik Kalender; Schallschutz und Akustik. Berlin: Ernst & Sohn Verlag, 2009.

[67] Furrer, W.: Raum- und Bauakustik für Architekten. Basel/Stuttgart: Birkhäuser-Verlag, 1956.

[68] Ganten, H.; Kindereit, E.; Busse, F.: Typische Baumängel, Bd. 82. München: C.H. Beck, 2010 (NJW-Praxis; 82).

[69] Garai, M.: Measurement of the sound-absorption coefficient in situ: the reflection method using periodic pseudo-random sequences of maximum length. Applied Acoustics 39(1993)(1/2), p. 119–139.

[70] GUV-V S2 Unfallverhütungsvorschrift Kindertageseinrichtungen. Deutsche Gesetzliche Unfallversicherung (DGUV), April 2009.

[71] Hanus, K.: Der Einfluß der Raumakustik auf die bauliche Gestaltung. Technische Hochschule Stuttgart, 1956.

[72] Hartmann, G.: Praktische Akustik - Einführung, Bd. 1. München/Wien: R. Oldenbourg Verlag, 1964.

[73] Hartmann, G.: Praktische Akustik : Raum- und Bauakustik, Bd. 2. München/Wien: R. Oldenbourg Verlag, 1968.

[74] Heckl, M.; Müller, H. A.: Taschenbuch der Technischen Akustik. Berlin/Heidelberg: Springer Verlag, 2. Aufl., 1994.

[75] Hessisches Landesamt für Umwelt und Geologie: Lärmminderung in Schulen. Umwelt und Geologie. Lärmschutz in Hessen, (4), 2007.

[76] HOAI 2013 - Honorarordnung für Architekten und Ingenieure vom 10. Juli 2013 (BGBl. I S. 2276), Juli 2013.

[77] Hund Broschüre Akustiksysteme. Hund Büromöbel GmbH, 2008.

[78] Hunt, F. V.: The absorption coefficient problem. J. Acoust. Soc. Am. 11(1939)(1), p. 38–40.

[79] ISO 17497-1: 2005-05. Acoustics - Sound Scattering Properties of Surfaces; Part 1: Measurement of the random-incidence scattering coefficient in a reverberation room.

[80] ISO 17497-2: 2012-05. Acoustics - Sound Scattering Properties of Surfaces; Part 2: Measurement of the directional diffusion coefficient in a free field.

[81] Kalivoda, M. T.; Steiner, J. W. (Hrsg.): Taschenbuch der angewandten Psychoakustik. Wien/New York: Springer-Verlag, 1998.

[82] Kath, U.: Ein Hallraum-Ringversuch zur Bestimmung des Absorptionsgrades. Acustica 52(1983)(4), p. 211–215.

[83] Knudsen, V. O.: Architectural Acoustics. Hoboken: John & Wiley Sons, 1932.

[84] Kosten, C. W.: International comparison measurements in the reverberation room. Acustica 10(1960)(5-6), p. 400–411.

[85] Kurze, U. J.: Erfahrungen mit Schallschirmen in Arbeitsräumen. Forschungsbericht BAUA Nr. 168, Bremerhaven: Wirtschaftsverlag NW, 1977.

[86] Kurze, U. J.; Nürnberger, H.: Schallschirme für Fertigungs- und Büroräume. Forschungsbericht BAUA Nr. 896, Bremerhaven: Wirtschaftsverlag NW, 2000.

[87] Kuttruff, H.: Room Acoustics. London: Spon Press, 4. Aufl., 2000.

[88] Kuttruff, H.: Akustik, eine Einführung. Stuttgart: S. Hirzel Verlag, 2004.

[89] Lärm- und Vibrations-Arbeitsschutzverordnung vom 6. März 2007 (BGBl. I S. 261), die zuletzt durch Artikel 3 der Verordnung vom 19. Juli 2010 (BGBl. I S. 960) geändert worden ist.

[90] Lärmprävention in Kindertageseinrichtungen. Landesunfallkasse Nordrhein-Westfalen; Rheinischer Gemeindeunfallversicherungsverband; Gemeindeunfallversicherungsverband; Westfalen-Lippe; Berufsgenossenschaft für Gesundheitsdienst und Wohlfahrtspflege (BGW), April 2007.

[91] Lärmschutz für kleine Ohren. Leitfaden zur akustischen Gestaltung von Kindertagesstätten. Umweltministerium Baden-Württemberg; Fraunhofer IBP, 2009.

[92] Landau, L. D.; Lifschitz, E. M.: Hydrodynamik. Berlin: Akademie Verlag, 5. Aufl., 1991.

[93] Lazarus, H.; Sust, C.; Steckel, R.; Kurtz, P.: Akustische Grundlagen sprachlicher Kommunikation. Berlin/Heidelberg/New York: Springer-Verlag, 2007.

[94] Leitfaden zur Raumakustik in Unterrichts- und Gruppenräumen. Anleitung zur DIN 18041 «Hörsamkeit in kleinen bis mittelgroßen Räumen» von Mai 2004. Landesamt für Gesundheit und Soziales - Abteilung Gesundheit, Dezernat Umwelthygiene / Umweltmedizin, Mecklenburg-Vorpommern, Oktober 2011, (schon 2003 in erster Version erschienen).

[95] Leitfaden Barrierefreies Bauen. Bundesministerium für Umwelt, Naturschutz, Bau und Reaktorsicherheit (BMUB), 3 2014.

[96] Lerch, R.; Sessler, G.; Wolf, D.: Technische Akustik. Berlin/Heidelberg: Springer-Verlag, 2009.

[97] Lips, W.: Lärmbekämpfung in der Haustechnik, Bd. 594. Renningen: Expert Verlag, 3. Aufl., 2002.

[98] Locher-Weiß, S.: Baurechtliche Schriften: Rechtliche Probleme des Schallschutzes, Rechtsfragen mit technischer Einführung, Bd. 3. München: Werner-Verlag, 4. völlig neu bearb.u. erw. Aufl., 2004.

[99] Lottermoser, W.: Orgeln, Kirchen und Akustik, Bd. 1. Frankfurt am Main: Erwin Bochinsky, 1983.

[100] Lottermoser, W.: Orgeln, Kirchen und Akustik, Bd. 2. Frankfurt am Main: Erwin Bochinsky, 1983.

[101] Maa, D.-Y.: Non-uniform acoustical boundaries in rectangular rooms. J. Acoust. Soc. Am. 12(1940)(1), p. 39–52.

[102] Maue, J. H.: 0 Dezibel + 0 Dezibel = 3 Dezibel. Berlin: Erich Schmidt Verlag, 2009.

[103] Mechel, F. P.: Schallabsorber - Äußere Schallfelder, Wechselwirkungen, Bd. 1. Stuttgart: S. Hirzel Verlag, 1989.

[104] Mechel, F. P.: Schallabsorber - Innere Schallfelder, Strukuren, Bd. 2. Stuttgart: S. Hirzel Verlag, 1995.

[105] Mechel, F. P.: Schallabsorber - Anwendungen, Bd. 3. Stuttgart: S. Hirzel Verlag, 1998.

[106] Mechel, F. P.: Raumakustische Felder. Stuttgart: S. Hirzel Verlag, 2009.

[107] Mehta, M.: Architectural Acoustics. Upper Saddle River, N.J.: Prentice-Hall, 1999.

[108] Meis, M.; Klink, K.: Schall- und Lärmwirkung. Fachschrift Nr. 11, buero-forum im bso Verband Büro-, Sitz und Objektmöbel e.V., Oldenburg, 2010.

[109] Meyer, E.; Neumann, E. G.: Physikalische und technische Akustik. Braunschweig: Friedr. Vieweg & Sohn, 1967.

[110] Meyer, E.; Neumann, E.-G.: Physikalische und technische Akustik. Braunschweig: Vieweg, 2. bericht. u. erw. Aufl., 1974.

[111] Meyer, J.: Fachbuchreihe Das Musikinstrument: Akustik und musikalische Aufführungspraxis: Leitfaden für Akustiker, Tonmeister, Musiker, Instrumentenbauer und Architekten, Bd. 24. Frankfurt am Main: Erwin Bochinsky, 3. vollst. überarb. und erw. Aufl., 1995.

[112] Meyer, J.: Fachbuchreihe Das Musikinstrument: Kirchenakustik, Bd. 76. Frankfurt am Main: Erwin Bochinsky, 2003.

[113] Michel, E.: Hörsamkeit großer Räume. Braunschweig: Friedr. Vieweg & Sohn, 1921.

[114] Millington, G.: A modified formula for reverberation. J. Acoust. Soc. Am. 4(1932)(1), p. 69 – 82.

[115] Moll, W.; Moll, A.: Schallschutz im Wohnungsbau. Gütekriterien, Möglichkeiten, Konstruktionen. Berlin: Ernst und Sohn Verlag, 2011.

[116] Mommertz, E.: Untersuchung akustischer Wandeigenschaften und Modellierung der Schallrückwürfe in der binauralen Raumsimulation. Dissertation, RWTH Aachen, 1995.

[117] Mommertz, E.: Akustik und Schallschutz. München: Edition Detail, 2008.

[118] Moriske, H.-J.; Szewzyk, R.: Leitfaden für die Innenraumhygiene in Schulgebäuden. Umweltbundesamt Berlin, 2008.

[119] Morse, P. M.; Bolt, R. H.: Sound Waves in Rooms. American Physical Society, 1944.

[120] Morse, P. M.; Bolt, R. H.; Brown, R. L.: Acoustic impedance and sound absorption. J. Acoust. Soc. Am. 12(1940)(2), p. 217–227.

[121] Möser, M.: Technische Akustik. Heidelberg/Dordrecht: Springer-Verlag, 8. aktual. Aufl., 2009.

[122] Möser, M.: Messtechnik der Akustik. Berlin/Heidelberg: Springer-Verlag, 2010.

[123] Müller, A.: Schallschutz in der Praxis. Grundlagen - Recht - Fallbeispiele. Stuttgart: Fraunhofer IRB Verlag, 2009.

[124] Müller, G.; Möser, M. (Hrsg.): Handbook of Engineering Acoustics. Berlin/Heidelberg: Springer, 2013.

[125] Nocke, C.: Improved impedance deduction from measurements near grazing incidence. Acustica/acta acustica 85(1999)(4), p. 586–590.

[126] Nocke, C.: In-situ acoustic impedance measurement using a free-field transfer function method. Applied Acoustics 59(2000)(3), p. 253–264.

[127] Nocke, C.: In-situ Messung der akustischen (Wand-) Impedanz. Dissertation, Universität Oldenburg, 2000.

[128] Nocke, C.: Raumakustische Gestaltung der Schule. Ein Leitfaden für die Planungspraxis. In: Wolfgang Schönig, Christina Schmidtlein-Mauderer (Hrsg.): Gestalten des Schulraums - Neue Kulturen des Lernens und Lebens, Kap. Ganz Ohr. Bern: hep verlag, 2013, p. 107–121.

[129] Nocke, C.; Hilge, C.: Leitfaden zur raumakustische Planung von Schulen und Kita-Einrichtungen in der Freien Hansestadt Bremen. Immobilien Bremen AöR, 2006, download: www.akustikbuero-oldenburg.de [Stand: 07/2014].

[130] Nocke, C.; Meis, M.: Akustik in Büro und Objekt - Dokumention des 2. Symposiums Büro. Raum. Akustik Köln 2011. Stuttgart: Fraunhofer IRB Verlag, 2013.

[131] Nocke, C.; Meyer, T.; Freese, N.; Eilers, I.: Schallabsorptionsgrad von Einzelobjekten. DAGA 2014, Oldenburg, p. im Druck.

[132] Petzold, E.: Elementare Raumakustik. Berlin: Bauwelt Verlag, 1927.

[133] Reichardt, W.: Gute Akustik - aber wie? Berlin: VEB Verlag Technik Berlin, 1979.

[134] Sabine, W. C.: Collected Papers on Acoustics. Los Altos: Peninsula Publishing, 1964.

[135] Schick, A.: Schall aus psychologischer Sicht. Stuttgart: Klett - Cotta, 1979.

[136] Schick, A.: Akustik zwischen Physik und Psychologie. Stuttgart: Klett - Cotta, 1981.

[137] Schick, A.; Klatte, M.; Meis, M.; Nocke, C.: Beiträge zur psychologischen Akustik. Ergebnisse des neunten Oldenburger Symposiums zur Psychoakustischen Akustik Hören in Schulen. Oldenburg: BIS - Verlag, 2003.

[138] Schick, A.; Meis, M.; Nocke, C.: Beiträge zur Psychologischen Akustik in Büro und Objekt. Oldenburg: Isensee Verlag, 2010.

[139] Schricker, R.: Kreative Raum-Akustik für Architekten und Designer. Stuttgart: Deutsche Verlags-Anstalt, 2001.

[140] Seibel, M.: Baumängel und anerkannte Regeln der Technik. Handbuch für Baujuristen. München: C. H. Beck, 2009.

[141] Seibel, M.; Müller, A.: Schallschutz. In: Baurechtliche und -technische Themensammlung (Arbeitshefte für Baujuristen und Sachverständige nach Gewerken sortiert; 1) Stuttgart: Fraunhofer IRB Verlag, 2011.

[142] Sette, W. H.: A new reverberation time formula. J. Acoust. Soc. Am. 4(1933), p. 69–82.

[143] SGA – SSA Schweizerische Gesellschaft für Akustik: Beschallungsanlagen für Sprache - Empfehlungen für Architekten und Bauherrschaften, Januar 2001.

[144] Späh, M.; Zha, X.; Nocke, C.; Jiang, G.: Measurement of effective absorption at low frequencies. Proc. of Euronoise 98, p. 781–786.

[145] Spandöck, F.: Experimentelle Untersuchung der akustischen Eigenschaften von Baustoffen durch die Kurztonmethode. Annalen der Physik 5(1934)(20), p. 328–344.

[146] Sturmhoefel, A.: Akustik des Baumeisters oder der Schall im begrenzten Raum. Berlin: Schuster & Bufleb, 1894.

[147] Technische Regeln zur Lärm- und Vibrations-Arbeitsschutzverordnung Teil 1: Beurteilung der Gefährdung durch Lärm, Januar 2010.

[148] Technische Regeln zur Lärm- und Vibrations-Arbeitsschutzverordnung Teil 2: Messung von Lärm, Januar 2010.

[149] Technische Regeln zur Lärm- und Vibrations-Arbeitsschutzverordnung Teil: Allgemeines, Januar 2010.

[150] Technische Regeln zur Lärm- und Vibrations-Arbeitsschutzverordnung Teil 3: Lärmschutzmaßnahmen, Januar 2010.

[151] VDI 3755: Schalldämmung und Schallabsorption abgehängter Unterdecken. Verein deutscher Ingenieure, Februar 2000, (aktuell in Überarbeitung).

[152] VDI 2081 Blatt 1: Geräuscherzeugung und Lärmminderung in Raumlufttechnischen Anlagen. Beuth-Verlag, Juli 2001.

[153] VDI 2569 - Schallschutz und akustische Gestaltung im Büro. Verein deutscher Ingenieure, Januar 1990.

[154] VDI 4100: Schallschutz im Hochbau; Wohnungen Beurteilung und Vorschläge für einen erhöhten Schallschutz. Berlin: Beuth-Verlag, Oktober 2012.

[155] Vorländer, M.: Auralization: Fundamentals of Acoustics, Modelling, Simulation, Algorithms and Acoustic Virtual Reality (RWTH edition). Berlin/Heidelberg: Springer-Verlag, 2008.

[156] Weinzierl, S.: Beethovens Konzerträume: Raumakustik und symphonische Aufführungspraxis an der Schwelle zum modernen Konzertwesen. Frankfurt am Main: Erwin Bochinsky, 2002.

[157] Weinzierl, S. (Hrsg.): Handbuch der Audiotechnik. Berlin/Heidelberg: Springer-Verlag, 2008.

[158] Weisse, K.: Leitfaden der Raumakustik für Architekten. Berlin: Verlag d. Druckhauses Tempelhof, 1949.

[159] Werner, R.: Einflüsse raumakustischer Faktoren auf das Musikhören in Kirchen. Berlin: Merseburger, 1970.

[160] Zha, X.; Fuchs, H. V.; Späh, M.: Messung des effektiven Absorptionsgrades in kleinen Räumen. Rundfunktechnische Mitteilungen 40(1996)(3), p. 77–83.

[161] Zha, X.; V.Fuchs, H.; Nocke, C.; Han, X.: Measurement of an effective absorption coefficient below 100 Hz. Acoustics Bulletin 24(1999)(1), p. 5–10.

[162] Zorkoczy, L.: Hörsamkeit in Kirchen. Berlin: Merseburger, 1976.

[163] Zwicker, E.; Feldtkeller, R.: Das Ohr als Nachrichtenempfänger. Stuttgart: S. Hirzel Verlag, 2. neubearb. Aufl., 1967.

8.3 Abkürzungsverzeichnis

Zeichen	Beschreibung	Einheit
α	physikalischer Schallabsorptionsgrad	1
$\overline{\alpha}$	mittlerer Schallabsorptionsgrad	1
α_0	Schallabsorptionsgrad für senkrechten Schalleinfall	1
α_{eff}	effektiver Schallabsorptionsgrad	1
α_{obj}	Schallabsorptionsgrad der Oberflächen eines Objektes	1
α_{p}	praktischer Schallabsorptionsgrad	1
α_θ	Schallabsorptionsgrad für schrägen Schalleinfall	1
α_{S}	Sabinescher Schallabsorptionsgrad	1
$\alpha_{\text{S}} \times \text{S}$	äquivalente Absorptionsfläche eines flächenhaften Schallabsorbers	m^2
α_{spec}	spiegelnder Schallabsorptionsgrad	1
α_{st}	Schallabsorptionsgrad für statistischen oder diffusen Schalleinfall	1
α_{w}	bewerteter Schallabsorptionsgrad	1
ΔA	zusätzliche äquivalente Schallabsorptionsfläche	m^2
A_{eq}	äquivalente Absorptionsfläche	m^2
$\text{A}_{\text{eq,i}}$	äquivalente Teilabsorptionsfläche	m^2
A_{obj}	äquivalente Schallabsorberfläche des Prüfobjektes	m^2
A_{T}	Absorberfläche des Prüfobjektes	m^2
c	Schallgeschwindigkeit	m/s
C_{80}	Klarheitsmaß	dB
Δ_{n}	A-Bewertung	dB
$\text{D}_{2,\text{S}}$	räumliche Abklingrate des A-bewerteten Schalldruckpegels für Sprache	dB
D_{50}	Deutlichkeit	%
D_{p}	Einfügungs-Schalldruckpegeldifferenz	dB
D_{pA}	A-bewertete Einfügungs-Schalldruckpegeldifferenz	dB
D_{z}	Freifeld-Abschirmmaß	dB
$\text{D}_{\text{z,r}}$	reduziertes Abschirmmaß	dB
EDT	frühe Abklingzeit	s
f	Frequenz	Hz

Zeichen	Beschreibung	Einheit
f_g	Grenzfrequenz	Hz
f_m	Mittenfrequenz	Hz
f_n	Eigenfrequenz	Hz
f_o	obere Frequenzgrenze	Hz
f_u	untere Frequenzgrenze	Hz
G	Stärkemaß	dB
J_{LF}, J_{LFC}	früher seitlicher Energieanteil	s
k	Volumenkennzahl	m^3
K_I	Impulszuschlag	dB
K_T	Zuschlag für Ton- und Informationshaltigkeit	dB
λ	Wellenlänge	m
$L_{AF}(t)$	zeitabhängiger Schalldruckpegel	dB
L_Δ	Minderung des Schalldruckpegels	dB
L_{ges}	Gesamt-Schalldruckpegel	dB
L_i	Gesamtpegel von n gleichen Schalldruckpegeln	dB
L_j	der n-te Schalldruckpegel	dB
L_J	später seitlicher Schalldruckpegel	dB
$L_{NA,Bau}$	Störschalldruckpegel der bauseitigen Geräusche	dB
L_p	Schalldruckpegel	dB
$L_p(r)$	Schalldruckpegel in Abhängigkeit vom Abstand r von der Quelle	dB
$L_{p,A,B}$	Schalldruckpegel der Fremdgeräusche	dB
$L_{p,A,S,4\ m}$	bewerteter Schalldruckpegel der Sprache in einem Abstand von 4 m	dB
L_{pAeq}	äquivalenter Dauerschalldruckpegel	dB
$L_{p,diff}$	Schalldruckpegel im Diffusfeld des Raums	dB
L_r	Beurteilungspegel	dB
L_w	Schallleistungspegel	dB
$m_{1,2}$	Luftabsorptionskoeffizient mit Klimabedingungen	Np/m
n	Anzahl der Objekte	
NRC	Noise Reduction Coefficient, Einzahlwert	1
p	Schalldruck	Pa
p_0	Referenzschalldruck	20 μPa
r	Abstand	m
r_D	Ablenkungsabstand	m

Zeichen	Beschreibung	Einheit
r_H	Hallradius	m
r_P	Vertraulichkeitsabstand	m
s	Streugrad für statistischen Schalleinfall	1
S	überdeckte Fläche des Prüfobjekts	m^2
SAA	Sound Absorption Average, Einzahlwert	1
STI	Sprachübertragungsindex	1
ST_{early}	frühe Unterstützung	dB
ST_{late}	späte Unterstützung	dB
ϑ	Lufttemperatur	°C
T_1	Nachhallzeit des leeren Hallraums	s
T_2	Nachhallzeit des leeren Hallraums mit Prüfobjekt	s
T_3	Nachhallzeit des leeren Hallraums, wiederholte Messung	s
T_4	Nachhallzeit des leeren Hallraums mit Prüfobjekt, wiederholte Messung	s
T_{20}	Nachhallzeit	s
T_{30}	Nachhallzeit	s
T_{Eyr}	Nachhallzeit nach Eyringscher Formel	s
T_{max}	maximale Nachhallzeit	s
T_S	Schwerpunktzeit	ms
$T_{SOLL,\ Flur}$	empfohlene Soll-Nachhallzeit für Nutzungsart Flur	s
$T_{SOLL,\ Inklusion}$	empfohlene Soll-Nachhallzeit für Nutzungsart Inklusion	s
$T_{SOLL,\ Musik}$	empfohlene Soll-Nachhallzeit für Nutzungsart Musik	s
$T_{SOLL,\ Sprache}$	empfohlene Soll-Nachhallzeit für Nutzungsart Sprache	s
$T_{SOLL,\ Sport\ 1}$	empfohlene Soll-Nachhallzeit für Nutzungsart Sport 1	s
$T_{SOLL,\ Sport\ 2}$	empfohlene Soll-Nachhallzeit für Nutzungsart Sport 2	s
$T_{SOLL,\ Unterricht}$	empfohlene Soll-Nachhallzeit für Nutzungsart Unterricht	s
V	Raumvolumen	m^3
Ξ	längenspezifischer Strömungswiderstand	$Pa \cdot s/m^2$
z	Weglängendifferenz	m

8.4 Stichwortverzeichnis

H

I

K

L

M

N

Danksagung

In diesem Buch wird eine Reihe von verschiedenen Aspekten aus meiner Arbeit als Akustiker zusammenfassend dargestellt. Ich hoffe, dass diese Zusammenstellung als hilfreich empfunden wird. Sie wäre in dieser Form sicherlich nicht entstanden, wenn nicht ab und an immer noch Räume mit akustischen Defiziten erstellt würden. Mein Dank gilt daher allen Leserinnen und Lesern mit Interesse an »guter Akustik«, auch wenn eine zu große Leserschaft dazu führen könnte, dass mein Tätigkeitsbereich sich ändern wird.

Seit der Gründung des Akustikbüros in Oldenburg gemeinsam mit Dr. Catja Hilge im Jahr 2000 ist die Raumakustik ein Thema mit kontinuierlich zunehmender Bedeutung geworden. Das Oldenburger Umfeld im Auditory Valley, aber auch schon vorher in der Arbeitsgruppe Akustik unter Leitung von Professor Dr. Volker Mellert, hat die Gründung und den Ausbau des Akustikbüros fortwährend gefördert. Ein besonderer Dank gilt Volker Mellert, dem »Vater« der Oldenburger Akustik.

Ohne die Absolventen der Universität, die den Weg ins Akustikbüro Oldenburg gefunden haben, wäre dieses Buch nicht möglich geworden. Ein weiterer Dank gilt daher Herrn Dipl.-Physiker Nils Freese, Herrn Dipl.-Physiker Tiedo Meyer, Frau M.Sc. Ina Eilers, Herrn B.Sc. Christian Schröder und Herrn B.Sc. Robert Müller-Rhein. Die fortwährende Verbindung zwischen Akustikbüro und Universität wird dankenswerter Weise von Frau Meike Scheicht gehalten.

Der größte Dank gilt meiner Frau!

Oldenburg, im Juli 2014

Christian Nocke